轨道交通装备制造业职业技能鉴定指导丛书

手工木工

中国北车股份有限公司　编写

中国铁道出版社

2015年·北京

图书在版编目(CIP)数据

手工木工/中国北车股份有限公司编写．—北京：中国铁道出版社，2015.3

(轨道交通装备制造业职业技能鉴定指导丛书)

ISBN 978-7-113-19286-0

Ⅰ.①手… Ⅱ.①中… Ⅲ.①手工－木工－职业技能－鉴定－教材 Ⅳ.①TS656

中国版本图书馆 CIP 数据核字(2014)第 220604 号

书　　名：轨道交通装备制造业职业技能鉴定指导丛书
手工木工

作　　者：中国北车股份有限公司

策　　划：江新锡　钱士明　徐　艳

责任编辑：冯海燕　　　　**编辑部电话：**010-51873371

封面设计：郑春鹏

责任校对：龚长江

责任印制：郭向伟

出版发行：中国铁道出版社(100054，北京市西城区右安门西街 8 号)

网　　址：http://www.tdpress.com

印　　刷：北京海淀五色花印刷厂

版　　次：2015 年 3 月第 1 版　2015 年 3 月第 1 次印刷

开　　本：787 mm×1 092 mm　1/16　**印张：**12.25　**字数：**307 千

书　　号：ISBN 978-7-113-19286-0

定　　价：39.00 元

序

在党中央、国务院的正确决策和大力支持下，中国高铁事业迅猛发展。中国已成为全球高铁技术最全、集成能力最强、运营里程最长、运行速度最高的国家。高铁已成为中国外交的新名片，成为中国高端装备“走出国门”的排头兵。

中国北车作为高铁事业的积极参与者和主要推动者，在大力推动产品、技术创新的同时，始终站在人才队伍建设的重要战略高度，把高技能人才作为创新资源的重要组成部分，不断加大培养力度。广大技术工人立足本职岗位，用自己的聪明才智，为中国高铁事业的创新、发展做出了重要贡献，被李克强同志亲切地赞誉为“中国第一代高铁工人”。如今在这支近5万人的队伍中，持证率已超过96%，高技能人才占比已超过60%，3人荣获“中华技能大奖”，24人荣获国务院“政府特殊津贴”，44人荣获“全国技术能手”称号。

高技能人才队伍的发展，得益于国家的政策环境，得益于企业的发展，也得益于扎实的基础工作。自2002年起，中国北车作为国家首批职业技能鉴定试点企业，积极开展工作，编制鉴定教材，在构建企业技能人才评价体系、推动企业高技能人才队伍建设方面取得明显成效。为适应国家职业技能鉴定工作的不断深入，以及中国高端装备制造技术的快速发展，我们又组织修订、开发了覆盖所有职业(工种)的新教材。

在这次教材修订、开发中，编者们基于对多年鉴定工作规律的认识，提出了“核心技能要素”等概念，创造性地开发了《职业技能鉴定技能操作考核框架》。该《框架》作为技能人才评价的新标尺，填补了以往鉴定实操考试中缺乏命题水平评估标准的空白，很好地统一了不同鉴定机构的鉴定标准，大大提高了职业技能鉴定的公信力，具有广泛的适用性。

相信《轨道交通装备制造业职业技能鉴定指导丛书》的出版发行，对于促进我国职业技能鉴定工作的发展，对于推动高技能人才队伍的建设，对于振兴中国高端装备制造业，必将发挥积极的作用。

中国北车股份有限公司总裁：[signature]

2015.2.7

前　言

鉴定教材是职业技能鉴定工作的重要基础。2002 年，经原劳动保障部批准，中国北车成为国家职业技能鉴定首批试点中央企业，开始全面开展职业技能鉴定工作。2003 年，根据《国家职业标准》要求，并结合自身实际，组织开发了《职业技能鉴定指导丛书》，共涉及车工等 52 个职业（工种）的初、中、高 3 个等级。多年来，这些教材为不断提升技能人才素质、适应企业转型升级、实施"三步走"发展战略的需要发挥了重要作用。

随着企业的快速发展和国家职业技能鉴定工作的不断深入，特别是以高速动车组为代表的世界一流产品制造技术的快步发展，现有的职业技能鉴定教材在内容、标准等诸多方面，已明显不适应企业构建新型技能人才评价体系的要求。为此，公司决定修订、开发《轨道交通装备制造业职业技能鉴定指导丛书》（以下简称《丛书》）。

本《丛书》的修订、开发，始终围绕促进实现中国北车"三步走"发展战略、打造世界一流企业的目标，努力遵循"执行国家标准与体现企业实际需要相结合、继承和发展相结合、坚持质量第一、坚持岗位个性服从于职业共性"四项工作原则，以提高中国北车技术工人队伍整体素质为目的，以主要和关键技术职业为重点，依据《国家职业标准》对知识、技能的各项要求，力求通过自主开发、借鉴吸收、创新发展，进一步推动企业职业技能鉴定教材建设，确保职业技能鉴定工作更好地满足企业发展对高技能人才队伍建设工作的迫切需要。

本《丛书》修订、开发中，认真总结和梳理了过去 12 年企业鉴定工作的经验以及对鉴定工作规律的认识，本着"紧密结合企业工作实际，完整贯彻落实《国家职业标准》，切实提高职业技能鉴定工作质量"的基本理念，在技能操作考核方面提出了"核心技能要素"和"完整落实《国家职业标准》"两个概念，并探索、开发出了中国北车《职业技能鉴定技能操作考核框架》；对于暂无《国家职业标准》、又无相关行业职业标准的 40 个职业，按照国家有关《技术规程》开发了《中国北车职业标准》。经 2014 年技师、高级技师技能鉴定实作考试中 27 个职业的试用表明：该《框架》既完整反映了《国家职业标准》对理论和技能两方面的要求，又适应了企业生产和技术工人队伍建设的需要，突破了以往技能鉴定实作考核中试卷的难度与完整性评估的"瓶颈"，统一了不同产品、不同技术含量企业的鉴定标准，提高了鉴定考核的技术含量，保证了职业技能鉴定的公平性，提高了职业技能鉴定工作质量和管理水平，将成为职业技能鉴定工作、进而成为生产操作者技能素质评价的新标尺。

本《丛书》共涉及98个职业(工种),覆盖了中国北车开展职业技能鉴定的所有职业(工种)。《丛书》中每一职业(工种)又分为初、中、高3个技能等级,并按职业技能鉴定理论、技能考试的内容和形式编写。其中:理论知识部分包括知识要求练习题与答案;技能操作部分包括《技能考核框架》和《样题与分析》。本《丛书》按职业(工种)分册,并计划第一批出版74个职业(工种)。

本《丛书》在修订、开发中,仍侧重于相关理论知识和技能要求的应知应会,若要更全面、系统地掌握《国家职业标准》规定的理论与技能要求,还可参考其他相关教材。

本《丛书》在修订、开发中得到了所属企业各级领导、技术专家、技能专家和培训、鉴定工作人员的大力支持;人力资源和社会保障部职业能力建设司和职业技能鉴定中心、中国铁道出版社等有关部门也给予了热情关怀和帮助,我们在此一并表示衷心感谢。

本《丛书》之《手工木工》由唐山轨道客车有限责任公司《手工木工》项目组编写。主编王艳敏,副主编张丽勇;主审张晓海,副主审刘志强;参编人员毛茂、陈伟、柯微微。

由于时间及水平所限,本《丛书》难免有错、漏之处,敬请读者批评指正。

中国北车职业技能鉴定教材修订、开发编审委员会

二〇一四年十二月二十二日

目　录

手工木工(职业道德)习题

一、填 空 题

1. 所谓职业道德，就是指从事一定职业的人，在工作或劳动过程中所要遵循的，与其职业活动紧密联系的(　　)的总和。

2. 职业道德是从(　　)中引申出来的。

3. 恩格斯指出：在社会生活中，实际上，每一个阶级，甚至每一个行业，都各有各的(　　)。

4. 职业道德又称为(　　)。

5. 职业道德存在普遍性与(　　)。

6. 社会公德与职业道德是部分与整体、个性与(　　)的关系。

7. 爱岗敬业是从业人员必备的(　　)。

8. 诚实守信是为人之本，是(　　)的基本要求。

9. 公民道德建设和职业道德建设的核心是(　　)。

10. 职业道德中的最高境界是(　　)。

11. 职业，就是人们由于分工，而(　　)的专门业务和特定的职责，并以此作为主要生活来源的工作。

12. 职业的本质是(　　)专业化与人的角色社会化的有机统一。

13. 个人立足于职场的前提条件是(　　)。

14. 社会主义精神文明建设要求(　　)与职业道德相辅相成。

15. 职业素养的特征是专业性、(　　)、内在性、整体性和发展性。

16. 职业素养的基本内容包括(　　)、职业精神、职业道德、职业技能、职业尊严、职业能力。

17. 要树立对用户负责、树立(　　)第一的思想。

18. 在操作中，首先要把好材料、配件的质量关，不合格的材料、配件(　　)。

19. 在操作中，严格按照有关的(　　)进行各种活动。

20. 职业精神就是与人们的职业活动紧密联系、具有自身职业特征的精神，反映出一个人的(　　)。

21. 社会主义职业道德区别于一切旧道德的根本标志是(　　)。

22. 社会主义职业道德是社会主义社会各行各业劳动者在职业活动中必须共同遵守的基本(　　)。

23. 社会主义集体主义的本质特征是在保障社会整体利益的前提下，实现个人利益和(　　)的结合。

24. 社会主义职业道德提高全社会的(　　)。

25. 社会主义职业道德主要规范的内容有:(　　)、诚实守信、办事公道、服务群众、奉献社会。

26. 从事任何工作都需要树立(　　)精神。

27. 每一个行业树立形象的根本是(　　)。

28. 处理个人、集体和国家三者关系的关键是(　　)。

29. 服务群众作为职业道德,不仅仅是对领导及公务员的要求,而且是对所有(　　)的要求。

30. 奉献社会是从业人员提高内在素质与体现(　　)的根本方法。

31. 职业道德行为修养是从业者在一定职业道德认识、情感、意志支配下所采取的(　　)。

32. 职业道德修养内容包括职业道德认识修养、职业道德情感修养、职业道德情感修养、职业道德(　　)和职业道德行为修养。

33. 职业道德评价包括两方面:道德的(　　)和道德的自我评价。

34. 员工接受并履行(　　)是企业顺利发展的前提。

35. 企业文化不止关乎企业(　　),还应把它归结为企业管理要素。

二、单项选择题

1. 以下关于“节俭”的说法,你认为正确的是(　　)。
(A)节俭是美德,但不利于拉动经济增长
(B)节俭是物质匮乏时代的需求,不适应现代社会
(C)生产的发展主要靠节俭来实现
(D)节俭不仅具有道德价值,也具有经济价值

2. 关于勤劳节俭的现代意义,你认为正确的是(　　)。
(A)太勤劳是不懂得生活的表现
(B)节俭不符合政府扩大内需政策的要求
(C)勤劳节俭有利于防止腐败
(D)艰苦创业精神应提倡,勤俭之风不宜宣扬

3. 对于成功者而言,无论天资如何,(　　)是不可缺少的重要条件。
(A)节俭　　(B)开拓　　(C)诚实　　(D)勤奋

4. 下列关于团结互助的表述中,你认为正确的是(　　)。
(A)尊重服务对象属于团结互助的范畴
(B)“师徒如父子”是团结互助的典范
(C)同事之间是竞争关系,难以做到团结互助
(D)上下级之间不会是平等的关系

5. 下列选项中,不符合平等尊重要求的是(　　)。
(A)员工年龄不同可以分配不同的工种
(B)员工之间在工作内容上不应有任何差别
(C)根据服务对象的性别给予不同的服务
(D)师徒之间要平等尊重

6.“你敬我一尺,我敬你一丈”反映的是团结互助道德规范中(　　)的具体要求。

(A)胸怀坦荡　(B)互助学习　(C)平等尊重　(D)助人为乐

7. 下列关于创新的论述中,正确的是(　　)。

(A)不是人人都能够做到创新的,只要善于学习就可以了

(B)创新就是独立自主,不需要合作

(C)创新需要树立科学的思维方式,需要标新立异

(D)引进技术显然不是创新,所以引进外国新技术不算创新

8. 实现人生理想和价值的具体表现和重要途径是(　　)。

(A)创新活动　(B)思维方式　(C)工作环境　(D)坚强的意志

9. 市场经济是一种竞争经济,竞争的结局必然是优胜劣汰、适者生存;要使自己在竞争中立于不败之地必须(　　)。

(A)按客观规律办事　(B)了解市场行情和动态

(C)推陈出新,开拓创新　(D)把要我做变成我要做

10. 下列表述中,违背遵纪守法要求的是(　　)。

(A)学法、知法、守法、用法　(B)研究法律漏洞,为企业谋利益

(C)依据企业发展需要,创建企业规章制度　(D)用法、护法,维护自身权益

11. 职业纪律是最明确的职业规范,它以(　　)方式规定了职业活动中最基本的要求。

(A)道德规范　(B)规章制度　(C)行政命令　(D)办法

12. 在以下认识中,你认为可取的是(　　)。

(A)任何时候都要树立干一行、爱一行、专一行的思想

(B)谁也不知道将来会怎样,因此要多转行,多受锻炼

(C)由于找工作不容易,所以干一行就要干到底

(D)我是一块砖,任凭领导搬

13. 现实生活中,一些人不断地从一家公司“跳槽”到另一家公司。虽然这种现象在一定意义上有利于人才的流动,但它同时也说明这些从业人员缺乏(　　)。

(A)工作技能　(B)强烈的职业责任感

(C)光明磊落的态度　(D)坚持真理的品质

14. 具有高度责任心应做到(　　)。

(A)方便群众,注重形象　(B)光明磊落,表里如一

(C)工作勤奋努力,尽职尽责　(D)不徇私情,不谋私利

15. 从业人员基于对本职工作的正确认识而产生的职业责任感和职业献身精神指的是(　　)。

(A)热爱本职,忠于职守　(B)遵章守纪

(C)团结互助　(D)精心操作

16.“质量是企业的生命”,高质量的产品,最终是靠从业人员(　　)出来的。

(A)精心制作　(B)钻研技术　(C)团结互助　(D)关心企业

17. 职业精神的核心是敬业、(　　)、创业、立业。

(A)精业　(B)勤业　(C)开业　(D)作业

18. 下列哪一项没有违反诚实守信的要求(　　)。

(A)凡有利于企业利益的行为
(B)根据服务对象来决定是否遵守承诺
(C)派人打进竞争对手内部，增强竞争优势
(D)保守企业秘密
19. 与法律相比，道德在调控人与人、人与社会以及人与自然之间的各种关系时，它的(　　)。
(A)时效性差　　(B)作用力弱　　(C)操作性强　　(D)适应范围大
20. 以下关于从业人员与职业道德关系的说法中，你认为正确的是(　　)。
(A)每个从业人员都应该以德为先，做有职业道德之人
(B)只有每个人都遵守职业道德，职业道德才会起作用
(C)遵守职业道德与否，应该视具体情况而定
(D)知识和技能是第一位的，职业道德则是第二位的
21. 职工在工作中必须遵守的行为准则不正确的说法是(　　)。
(A)自觉接受应承担的任务，不可有怨言　　(B)敢于对领导说不
(C)关心和信任对方　　(D)尊重同事的隐私
22. 职业劳动不仅是一种生产经营的职业活动，也是(　　)。
(A)创新活动　　(B)思想修养
(C)能力、纪律和品格的训练　　(D)道德情感
23. 语言简练、语义明确属于(　　)职业道德规范的具体要求。
(A)文明礼貌　　(B)爱岗敬业　　(C)诚实守信　　(D)团结互助
24. 下列体现办事公道的做法是(　　)。
(A)在任何情况下按"先来后到"的次序提供服务
(B)对当事人"各打五十大板"
(C)协调关系奉行"中间路线"
(D)处理问题"不偏不倚"
25. 坚持真理，秉公办事，就必须努力做到(　　)。
(A)优质服务　　(B)维护企业信誉　　(C)要敢于说"不"　　(D)举止得体
26. "三人同心，其利断金"这句话说明了(　　)。
(A)人与金子的关系　　(B)团结协作的重要性
(C)先进技术具有强大的生产力　　(D)发挥个人力量的作用
27. 下列说法中，包含着创新思想的是(　　)。
(A)与时俱进　　(B)"礼之用，和为贵"
(C)"民为邦本，本固邦宁"　　(D)发挥个人力量的作用
28. 一个人要立足社会并成就一番事业，除了刻苦学习，努力掌握专业知识、技能以外，更为关键的是应注重(　　)。
(A)遵纪守法　　(B)团结互助　　(C)职业道德修养　　(D)艰苦奋斗
29. 从我国历史和国情出发，社会主义道德建设要坚持以(　　)为原则。
(A)共产主义　　(B)集体主义　　(C)爱国主义　　(D)社会主义
30. 举止得体的具体要求是(　　)。
(A)态度严谨　　(B)表情严肃　　(C)行为适度　　(D)热情奔放

31. 下列关于职业道德的说法中,正确的是(　　)。
(A)职业道德的形式因行业不同而有所不同
(B)职业道德在内容上具有变动性
(C)职业道德在适用范围上具有普遍性
(D)讲求职业道德会降低企业的竞争力
32. 通常情况下,当你与同事一起做某项工作时,你会(　　)。
(A)说服同事按自己的想法做　(B)商量着做
(C)多听同事意见,自己配合着做　(D)谁年纪大就听谁的
33. 职业理想是个人对未来(　　)的向往和追求。
(A)生活　(B)职业　(C)事业　(D)家庭
34. 用人单位的权利正确的是(　　)。
(A)制定合法作息时间的权利　(B)无故解雇员工的权利
(C)要求员工加班的权利　(D)克扣员工工资的权利
35. 单位来了一位缺乏工作经验的新同事,如果你的工作经验比较丰富,你应该(　　)。
(A)如果领导让我帮助他,我就尽力去做,领导没有安排,我就不去干预别人
(B)各司其职,没必要对他人指手划脚
(C)在工作中遇到具体问题不提前提示他,问到再告诉他
(D)在工作中遇到具体问题再提示他

三、多项选择题

1. 以下属于职业特性的是(　　)。
(A)专业性　(B)多样性　(C)技术性　(D)时代性
2. 职业道德的基本规范包括(　　)。
(A)爱岗敬业　(B)诚实守信　(C)办事公道
(D)服务群众　(E)奉献社会
3. 新世纪职业发展变化的特点是(　　)。
(A)职业种类不断增加　(B)职业种类不断更新
(C)职业内容不断改变　(D)职业结构不断调整
4. 评价从业人员的职业责任感,应从(　　)。
(A)能否与同事和睦相处　(B)能否完成自己的工作任务
(C)能否得到领导的表扬　(D)能否为客户服务
5. 勤劳节俭不仅是抵制产生腐败行为的良药,还是(　　)。
(A)个人事业成功的催化剂　(B)企业在市场竞争中取胜的秘诀
(C)人生美德　(D)维持社会可持续发展的法宝
6."业精于勤,毁于惰"指的是(　　)。
(A)从细微处严格要求自己　(B)勤奋是事业成功的保证
(C)懒惰是事业无所成就的原因　(D)屈服私人感情
7. 遵守职业纪律,要求从业人员(　　)。
(A)履行岗位职责

(B)执行操作规程
(C)可以不遵守那些自己认为不合理的规章制度
(D)处理好上下级关系

8. 纪律是一种行为规范,它要求人们在社会生活中( )。
(A)文明礼貌 (B)遵守秩序 (C)执行命令 (D)履行职责

9. 在企业经营活动中,员工之间加强团结互助的要求包括( )。
(A)讲究合作,避免竞争 (B)平等交流,平等对话
(C)既合作,又竞争,竞争与合作相统一 (D)互相学习,共同提高

10. 以下关于平等尊重的说法中,你认为正确的有( )。
(A)师徒之间平等尊重
(B)师徒如父子
(C)下级尊重上级,无条件维护上级的权威
(D)下级可以对上级提出批评意见

11. 创新不一定要发明新东西,( )都是创新。
(A)绝妙的想法 (B)新颖的主意 (C)各种幻想 (D)诚实守信

12. 创新对企事业和个人发展的作用表现在( )。
(A)是企事业持续、健康发展的巨大动力
(B)是企事业竞争取胜的重要手段
(C)是个人事业获得成功的关键因素
(D)是个人提高自身职业道德水平的重要备件

13. 从职业道德的角度看,维护企业信誉的做法包括( )。
(A)树立企业利益绝对至上意识 (B)树立服务质量意识
(C)树立产品质量意识 (D)任何情况下都保守企业机密

14. 关于职业技能,正确的说法是( )。
(A)职业技能是人们履行职业责任的能力
(B)职业技能与职业活动经验密切相关
(C)职业技能高低就是看个人体力强弱
(D)人的先天因素影响了职业技能的高低

15. 下列说法中,正确的是( )。
(A)企业合法经营依法纳税,不应承担额外的保护环境的责任
(B)企业通过经济活动赚取利润,还要承担社会义务
(C)生产过程中多用电、水,可以提高电厂、水厂的经济效益
(D)每个职工都要树立可持续发展的理念

四、判 断 题

1. 在工作中我不伤害他人就是有职业道德。( )
2. 企业的利益就是职工的利益。( )
3. 每一名劳动者,都应坚决反对玩忽职守的渎职行为。( )
4. 为人民服务是社会主义的基本职业道德的核心。( )

5. 勤俭节约是劳动者的美德。(　　)

6. 职业只有分工不同,没有高低贵贱之分。(　　)

7. 铺张浪费与定额管理无关。(　　)

8. 企业职工应自觉执行本企业的定额管理,严格控制成本支出。(　　)

9. 搞好自己的本职工作,不需要学习与自己生活工作有关的基本法律知识。(　　)

10. 所谓职业道德,就是同人们的职业活动紧密联系的符合职业特点所要求的道德准则、道德情操与道德品质的总和。(　　)

11. 工资不包含福利。(　　)

12. 本人职业前途与企业兴衰、国家振兴毫无联系。(　　)

13. 社会主义职业道德的基本原则是用来指导和约束人们的职业行为的,需要通过具体明确的规范来体现。(　　)

14. 掌握必要的职业技能是完成工作的基本手段。(　　)

15. 职业道德与职业纪律有密切联系,两者相互促进,相辅相成。(　　)

16. 每一名劳动者,都应提倡公平竞争,形成相互促进、积极向上的人际关系。(　　)

17. 劳动合同分为固定期限劳动合同、无固定期限劳动合同和以完成一定工作任务为期限的劳动合同。(　　)

18. 节俭是个人品质,与反腐败也有内在关联。(　　)

19. 办事公道是对厂长、经理职业道德要求,与普通工人关系不大。(　　)

20. 倡导以德治国要淡化法律的强制性。(　　)

21. 职工在工作中必须遵守的行为准则包括自觉接受应承担的任务,不可有怨言。(　　)

22. 企业的目标分为长远的终极目标和短暂过渡性目标,作为企业文化的目标,一般是指长期目标。(　　)

23. 从业人员遵纪守法关系到企业的发展和个人的前途。(　　)

24. 按照《中华人民共和国劳动法》的规定,劳动者严重违反用人单位规章制度,用人单位可以解除劳动合同。(　　)

25. 职业纪律是社会上各类人群必须共同遵守的行为准则。(　　)

26. 职业既是人们社会地位和社会角色的集中体现,又是个人利益和自我价值实现的主要途径。(　　)

27. 从业人员良好的职业道德修养,不会影响到产品的品牌信誉和单位形象。(　　)

28. 职业活动是人们由于特定的社会分工而从事的具有专门业务和特定职责,并以此作为主要生活来源的社会活动。(　　)

29. 道德评价是一种善恶评价,它从既定的或所认同道德价值准则出发,对人们的行为作出正当与否的评价。(　　)

30. 道德的社会评价是内在压力,道德的自我评价是外在压力。(　　)

31. 道德选择受时代的客观条件和选择主体的选择意识和选择能力的水平影响。(　　)

32. 正确的道德选择应建立在对从事职业的部分、大概认识的基础上。(　　)

33. 无私奉献精神作为一种道德追求,具有与社会主义市场经济相容的因素。(　　)

34. 每个人都有权享受他人的服务,同时又承担着为他人做出服务的义务。(　　)

35. 坚持社会主义,可以容许个人主义存在。(　　)

手工木工(职业道德)答案

一、填 空 题

1. 道德规范　2. 职业生活　3. 道德　4. 行业道德
5. 特殊性　6. 共性　7. 基本规范　8. 职业道德
9. 服务群众　10. 奉献社会　11. 长期从事　12. 社会职能
13. 职业道德　14. 职业发展　15. 稳定性　16. 职业意识
17. 质量　18. 不得使用　19. 操作规程　20. 职业素质
21. 集体主义　22. 行为准则　23. 集体利益　24. 道德素质
25. 爱岗敬业　26. 敬业奉献　27. 诚实守信　28. 办事公道
29. 从业人员　30. 外在价值　31. 自觉行为　32. 意志修养
33. 社会评价　34. 企业价值观　35. 外在形象

二、单项选择题

1. D　2. C　3. D　4. A　5. B　6. C　7. C　8. A　9. C
10. B　11. C　12. A　13. B　14. C　15. A　16. A　17. B　18. D
19. D　20. A　21. A　22. C　23. A　24. D　25. C　26. B　27. A
28. C　29. B　30. C　31. A　32. B　33. B　34. A　35. D

三、多项选择题

1. ABCD　2. ABCDE　3. ABCD　4. BD　5. ABC　6. BC　7. AB
8. BCD　9. CD　10. AD　11. AB　12. ABC　13. BC　14. ABD
15. BD

四、判 断 题

1. ×　2. √　3. √　4. √　5. √　6. √　7. ×　8. √　9. ×
10. √　11. ×　12. ×　13. √　14. √　15. √　16. √　17. √　18. √
19. ×　20. ×　21. ×　22. √　23. √　24. √　25. ×　26. √　27. ×
28. √　29. √　30. ×　31. √　32. ×　33. √　34. √　35. ×

手工木工(初级工)习题

一、填 空 题

1. 树木按照树叶的形状不同分为针叶树和(　　)两大类。
2. 木材按软硬程度不同分为(　　)和硬木两大类。
3. 车辆上常用针叶树木材有红松、白松、(　　)、花旗松等。
4. 针叶树的叶子呈(　　),平行叶脉,材质较软。
5. 车辆上常用的阔叶树木材有(　　)、柞木、桦木、色木,还有榆木、黄菠萝、核桃秋、柳桉等。
6. 阔叶树的叶子呈大小不同的(　　),网状叶脉,材质较坚硬。
7. 树干的三个主要切面是横切面、(　　)和径切面。
8. 树干的最外层是(　　),是识别树种的重要特征之一。
9. 从树干的横切面上看树干的构造包括树皮、(　　)、木质部和髓心四部分。
10. 木材各个方面锯切出来的板材,性质不一样,因此它是(　　)。
11. 木材的主要缺陷有节子、(　　)、腐朽、虫害。
12. 通过年轮,不但可以知道树木生长的年限,而且还可识别木材的(　　)。
13. 木材中的水分按其存在的形式分为(　　)、结合水。
14. 边材的机械性能几乎与心材没有区别,只有(　　)比心材稍低些。
15. 木材的干燥方法主要分为天然干燥和(　　)两大类。
16. 从早晚材的管孔排列、大小和疏密度来分,阔叶材有环孔材和(　　)两种。
17. 天然干燥的堆垛方法有水平堆积、(　　)、三角形堆积和搭接堆积等多种形式。
18. 天然干燥的堆积方法一般采用(　　)。
19. 人工干燥主要包括(　　)、炉气体干燥、真空干燥、除湿干燥等。
20. 机车车辆工厂,大多采用(　　)干燥处理方法。
21. 车辆上常用的人造板有(　　)、纤维板、刨花板和细木工板等。
22. 人造板材分为木质人造板和(　　)人造板。
23. 按照耐水性,胶合板主要分为 NQF 耐气候沸水胶合板、(　　)、NC 耐潮胶合板;BNC 不耐潮胶合板。
24. 为克服木材各向异性的缺陷,相邻两层单板的木纹排列成(　　)或成一定角度。
25. 胶合板的幅面主要有 3 ft×6 ft、3 ft×7 ft、4 ft×6 ft、4 ft×7 ft、(　　)五种规格。
26. 车辆和建筑上木工常用胶有尿醛树脂胶、(　　)、白胶、皮骨胶等。
27. 木材本身构造不均匀,纹理不规则,很容易使木材发生(　　)、变形现象。
28. 木材的防腐一般采用(　　)。
29. 客车上常用的木螺钉有沉头木螺钉、(　　)和半圆头木螺钉。
30. 木材防火处理,一般是将防火涂料喷或刷于木材表面,也可用(　　)。

31. 钻眼时,应先将钻尖插入工件预钻孔位置进行(　　),再开始钻头钻进,这样可以防止钻头跳动打错眼位。

32. 木制件常用的连接方法有榫接合、钉接合、胶接合、(　　)及其他金属件接合。

33. 基准面包括平面(大面)、侧面(小面)和(　　)三个面。

34. 毛料的加工通常是从(　　)加工开始的。

35. 按榫头的形状,榫头主要分为直角榫、(　　)和圆榫。

36. 木制品的主要构件有(　　)、贴面构件、木框与框嵌板构件和箱框构件等。

37. 简单地说,加工余量就是毛料尺寸与(　　)尺寸之差。

38. 三视图的投影规律是:主、俯视图(　　);主、侧视图高平齐;俯、侧视图宽相等。

39. 三视图的名称是:主视图、俯视图、(　　)。

40. 常用的硬度有:(　　)、洛氏硬度、维氏硬度共三种。

41. 出材率、质量、经济效益最佳化的下锯方法称为(　　)。

42. 制作模板,我国北方地区多用(　　)和樟子松;南方地区多用红松、杉木和水杉。

43. 平屋面木基层包括檀条、屋面板、(　　)、顺水条、挂瓦条等。

44. 大直角尺由不锈钢制成,长边 500 mm,短边(　　)。

45. 量具是用来测量零件的尺寸、(　　)等所用的测量工具。

46. 钢卷尺常用的长度有 1 m、2 m、(　　)、10 m 等多种。

47. 木工用锯主要有框锯、(　　)和刀锯。

48. 修理锯齿时,应先进行(　　),然后再锉锯齿。

49. 木工用平刨子主要有长刨、中刨、(　　)和修台刨。

50. 木工凿按形状分主要有(　　)、圆凿和斜刃凿。

51. 凿子长时间使用,刃口就会变钝,严重时会出现(　　)或断裂。

52. 木工常用的电动工具有手电钻、手电锯、(　　)、电动曲线锯和电动磨光机。

53. 平凿有(　　)和宽刃凿两种。

54. 木工锯机主要有(　　)、带锯机、往复锯机和链条锯。

55. 圆锯可用于多种锯削,纵向与(　　)都可以。

56. 木工圆锯机主要有纵切圆锯机、横截锯、活盘圆锯机、吊截锯和(　　)等。

57. 带锯机主要包括跑车带锯、(　　)和细木带锯。

58. 木工刨床主要有(　　)、压刨床、三面刨床、四面刨床。

59. 手提电刨可以进行刨光、(　　)、裁口、铣线型等工序。

60. 三视图的形成就是说明怎样把(　　)的视图画在纸面上的问题。

61. 用来表达部件或机器的图样叫(　　)。

62. 零件图是指导、制造和(　　)零件的图样。

63. 我国机械图采用第一角投影法。根据投影面展开的法则,三个视图的相互位置:以主视图为主,俯视图位于主视图下面,左视图位于(　　)。

64. 国标规定形位公差共有(　　)项,其中形状公差 6 项,位置公差 8 项。

65. 用不去除材料的方法或者是保持上道工序状况获得的表面粗糙度,其表示的符号是(　　)。

66. 一般来说,榫头的宽度比榫眼长度大(　　　　　　)时接合强度最大。

67. 圆榫与榫眼径向配合应采用(　　)。

68. 带传动是利用挠性件来传递运动，所以工作(　　)，没有噪声。

69. 齿轮传动从传递运动和动力方面，应满足(　　)、承载能力强二个基本要求。

70. 含水率高的木零件在使用中会产生(　　)变形。

71. 1 kgf=(　　)N。

72. 为提高客车车厢的隔热性能，靠近钢结构各部位都要安装(　　)。

73. 在电路中，电流从电源的正极(　　)，对负载而言，电流从负载的正极流入。

74. 在原木的横切面上，可以看到树皮、形成层、木质部、髓心等(　　)。

75. 温带生长的树木，其横切面上有明显的年轮，同一年轮中春夏季生长形成的称为(　　)，秋季生长形成的称为晚材。

76. 三角尺是由不易变形的木料或金属片制成，是划(　　)斜角结合线不可缺少的工具。

77. 选料的总原则是要满足(　　)。

78. 切削三要素是(　　)、进改量 f、切削速度 v。

79. 划线配料法根据操作方法的不同，又分为(　　)划线法和交叉划线法。

80. 事实上，在配料时可以灵活采用各种方法，其目的是充分利用(　　)，提高工作效率和产品的质量。

81. 如果采用湿材配料，则加工余量中应注意包括湿材毛料的(　　)。

82. 通用夹具是指已经标准化的，在一定范围内可用于加工(　　)的夹具。

83. 目前我国采用的压力单位是帕(Pa)和兆帕(MPa)，1 Pa=1 N/m^2，1 MPa=(　　)Pa。

84. 组合夹具是按某一工件的某道工序的加工要求，由各种通用的(　　)和组合件组合而成的夹具。

85. 胶合板、纤维板、刨花板、塑料贴面板等材料，在长度和宽度上的加工余量一般取(　　)。

86. 平面划线要选择(　　)个划线基准，立体划线要选择三个划线基准。

87. 划线要在平整的工作台上进行，也可以采用适当的(　　)配合起来进行划线。

88. 切削加工过程中，工件上形成三个表面是(　　)表面、加工表面和已加工表面。

89. 平面刨刀刃磨机有(　　)种类型。

90. 刨削加工是将配料后的毛料经(　　)加工和相对面加工而成为合乎规格尺寸要求的净料的加工过程。

91. 在钻床上钻孔时，钻头的旋转是主运动，轴向移动是(　　)运动。

92. 刨削时，要先刨(　　)，后刨小面。

93. 刀具磨损的原因主要有机械磨损和(　　)磨损。

94. 钳工常用的刀具材料有碳素工具钢、(　　)工具钢、高速钢和硬质合金。

95. 工件的安装包括(　　)和夹紧两个过程。

96. 加工任何榫眼，都应按(　　)进行操作。

97. 钻直孔时，应使钻杆和工件面保持(　　)。

98. 螺纹按旋转方向分(　　)旋螺纹和左旋螺纹。

99. 油漆打磨的基本原理是仿 8 字形和(　　)的综合应用。

100. 钳工攻丝时，丝锥切削刃对材料产生挤压，因此攻丝前底孔直径必须(　　)螺纹小径直径。

101. 钻孔径大和深度较深的透孔，可以先钻一半深度后退出钻头，然后再从(　　)下钻直到钻透。

102. 钻孔时要保证旋转着的钻头正好钻到画了线的地方，不能(　　)。

103. 直角榫榫头的厚度视零件的断面尺寸的接合要求而定，单榫的厚度接近于方材厚度或宽度的(　　)。

104. 直角榫接合当零件的断面超过 40 mm×40 mm 时，应采用(　　)。

105. 直角榫接合先加工出榫眼，然后以榫眼的尺寸为依据加工(　　)。

106. 暗榫接合时，榫眼的深度应大于榫头长度(　　)。

107. 任何一台机器都是由若干零件、组件和(　　)等组成。

108. 未经考试合格，领取(　　)合格证，不能参加天车操作。

109. 铲车的行程速度在厂区内每小时不得超过 10 km，在车间内不得超过(　　) km。

110. 吊车不得(　　)使用，以免发生危险。

111. 当使用吊车吊起重物时，人员必须离开提升重物(　　)m 以外，不得将吊起的重物长时间悬挂在吊钩上。

112. 施工质量是在(　　)工序中形成的，而不是靠事后检验出来的。

113. 铲车在行驶中，无论是空载和负载其铲齿距地面不得少于(　　)mm，但也不得高于 50 mm。

114. 三视图的形成原理，即先取三个相互垂直的平面构成一个三投影面体系。这三个投影面分别为(　　)、水平投影面 H 和侧投影面 W。

115. 一个完整的尺寸要有尺寸界线、(　　)、箭头和尺寸数字组成。

116. 所谓图样，实际上就是一种(　　)，它是利用图形来解释，分析和演算产品的结构、形状和内在联系的。

117. 三视图中，正投影面(V)的视图为(　　)视图。(A、1、Z)

118. 客车地梁为便于制作和安装，一般采用(　　)接和榫接。

119. 三视图中，侧投影面(W)的视图为(　　)视图。(A、1、Z)

120. 钳工常用的刀具材料有碳素工具钢、合金工具钢、(　　)和硬质合金。

121. 木工作业现场应远离(　　)，严禁吸烟，防止劈柴、刨花、锯末等遇火引起火灾。

122. 旋凿又称螺丝刀、改锥、起子，分为普通旋凿、(　　)凿、自动旋凿，可用于装卸木螺钉。

123. 按照榫接合的形状，可分为直角榫、(　　)和圆榫三种。

124. 锯路(料路)的路度(　　)，则锯割时越省力，但速度越慢。

125. 榫接合中，按照榫头的数目，可分为单榫、(　　)榫和多榫。

126. 榫接合中，按榫头和方材的关系，可分为整体榫和(　　)。

127. 榫接合中，按榫头和榫孔之间的深度，可分为贯通榫和(　　)。

128. 榫接合中按榫头和榫孔的宽度，可分为开口榫和(　　)。

129. 25 型客车车体长度为(　　)m。

130. 木材的防火措施有两种方法：一是结构防火措施，二是用(　　)处理。

131. 特殊工种必须持证上岗，危险性较大的操作岗位施工人员应经过(　　)，考核合格后方可上岗。

132. 铁路车辆可分客车和(　　)。

133. 对于施工现场的木制品,都应按照规格、(　　)、类别、分类分项堆垛。

134. 直角尺可用于检验木制品表面是否(　　),可用于校验划线时的直角线是否垂直。

135. 机车车辆通常采用(　　)类胶合板,以酚醛树脂为胶合剂。

136. 平刨刨刃露出多少要根据刨削量而定,一般为 0.1～0.5 mm,最多不超过(　　)。

137. 在开刨操作之前,应对材面进行选择,先看木料的(　　),顺纹还是逆纹。

138. 玻璃可分平板玻璃、磨砂玻璃、磨光玻璃和钢化玻璃等。其中(　　)玻璃在车窗上应用最广。

139. 1 ft(′)=(　　)in。

140. 1 in(″)=(　　)分。

141. $2\frac{1}{2}$ in=(　　)mm。

142. 木工常用的五金配件种类繁多,应用广泛,单体上可以分为(　　)和锁具两大类。

143. 一般纵锯割要用(　　)料路锯齿。

144. 图纸上的尺寸规定以(　　)为单位。

145. 梯形的上底长 30 mm,下底长 50 mm,高为 10 mm,则面积为(　　)。

146. 圆的半径为 20 mm,则面积为(　　)。

147. 铁路车辆是运输旅客和(　　)的运载工具。

148. 结构装配图的基本视图一般都以(　　)的形式出现,特别是外形简单的家具或已经有设计图的家具。

149. 各单位应按照规定设置消防设施和器材、(　　)检验和维修,确保其完好和有效。

150. 现场使用的所有测量设备,均应采取(　　)等标识来识别其是否处于校准状态。

151. 产品的监视和测量的范围包括:采购产品、(　　)和最终产品。

152. 可能导致人身伤害和健康损害的根源、状态或行为,或其组合为(　　)。

153. 现场机具的临时拉用电线要经常检查,如发现线皮破损,应及时用(　　)胶布缠裹严密,以防人体发生触电意外。

154. 现场用木工机具的电线应尽量(　　)固定。

155. 凿子用完后,不能随地乱放,以免损伤(　　)或扎伤脚趾。

二、单项选择题

1. 节子的构造正常,与周围木材全部紧密相连叫做(　　)。

(A)死节　(B)活节　(C)漏节　(D)松软节

2. 木材中的水分蒸发时,首先蒸发(　　)。

(A)结合水　(B)自由水　(C)化合水　(D)吸附水

3. 木材的干缩率在不同方向是不同的,干缩率最大的是(　　)。

(A)顺木纹方向　(B)径向　(C)弦向　(D)横切向

4. 木材表面花纹较美丽的是(　　)。

(A)横切面　(B)径切面　(C)弦切面　(D)斜切面

5. 木材内部沿年轮方向的裂纹叫(　　)。

(A)径裂　(B)轮裂　(C)干裂　(D)环裂

6. 木材平衡含水率高低主要取决于(　　)。
(A)木材含水率的高低　(B)木材周围空气的湿度
(C)木材本身密度的大小　(D)木材的容积重
7. 木质件收缩变形的主要原因是(　　)。
(A)含水率偏高　(B)空气太干燥
(C)木质件本身的结构不合理　(D)木材太松软
8. 人工干燥方法采用最广泛的干燥方法是(　　)。
(A)除湿式干燥法　(B)红外线干燥法　(C)蒸汽干燥法　(D)炉气体干燥法
9. 人造板广泛应用于家具、车辆,其中在车辆上用途最多的是(　　)。
(A)细木工板　(B)装饰板　(C)胶合板　(D)纤维板
10. 耐气候、耐沸水胶合板的代号是(　　)。
(A)BNC　(B)NC　(C)NQF　(D)NC
11. 4 ft×7 ft 幅面的胶合板,其幅面为(　　)。
(A)1 220 mm×2 135 mm　(B)915 mm 2 135 mm
(C)1 220 mm×1 830 mm　(D)915 mm×1 830 mm
12. 普通木工刨的刨刀,它的锋利和迟钝以及磨后使用是否长久,与刃锋的角度大小有关,一般刨刀,它的角度为(　　)。
(A)25°　(B)35°　(C)30°　(D)20°
13. 木制件的连接方法采用最普遍的是(　　)。
(A)胶接合　(B)螺钉接合　(C)榫接合　(D)胶合剂配合下的榫接合
14. 榫头与榫孔的配合,松紧要适当,其榫头宽度与榫孔长度配合应产生(　　)。
(A)间隙　(B)既无间隙也无过盈
(C)过盈　(D)过量
15. 通过淬火或回火的钢制件硬度测试应采用(　　)。
(A)布氏硬度　(B)洛氏硬度　(C)维氏硬度　(D)邵氏硬度
16. 使用最广泛的建筑模板是(　　)。
(A)木模　(B)钢模　(C)钢木模　(D)砖模
17. 木工长刨子主要用于(　　)。
(A)细刨光　(B)粗刨光　(C)研缝　(D)净光
18. 电动工具的电线插头一般应采用(　　)。
(A)二爪插头　(B)三爪插头　(C)四爪插头　(D)混合插头
19. 平刨机的主要用途是(　　)。
(A)加工木料的基准面　(B)加工木料的厚度
(C)加工木料的宽度　(D)加工木料的长度
20. 细木工带锯的主要用途是(　　)。
(A)截断木料　(B)锯割木料的宽度或厚度
(C)锯割曲线　(D)切割榫头
21. 木工用胶合剂中在使用前需加入硬化剂的是(　　)。
(A)白胶　(B)氯丁胶　(C)尿醛树脂胶　(D)酚醛树脂胶

22. 一般阔叶树材其硬度较高,而有的阔叶树种其硬度反而较低,如(　　)。

(A)椴木　　(B)黄菠萝　　(C)榆木　　(D)水曲柳

23. 一般针叶树木材其硬度较低,而有的针叶树木材硬度反而较高,如(　　)。

(A)红松　　(B)落叶松　　(C)马尾松　　(D)果松

24. 存在于木材细胞壁中的水是(　　)。

(A)自由水　　(B)化合水　　(C)吸附水　　(D)游离水

25. 工厂施工中的安全电压为(　　)。

(A)48 V　　(B)36 V　　(C)24 V　　(D)110 V

26. 胶合板是由单板纵、横排列胶合压制成,其单板层数必须是(　　)。

(A)偶数层　　(B)奇数层　　(C)保证总厚度不变　　(D)无要求

27. 为了减少木制品的变形,其构件的含水率最好达到(　　)。

(A)略低于当时当地木材平衡含水率　　(B)接近木材的纤维饱和点

(C)含水率越低越好　　(D)≤18%

28. 锯割曲线形木零件一般使用的锯床是(　　)。

(A)圆锯机　　(B)往复锯　　(C)钢丝锯　　(D)曲线锯

29. 木工用胶粘剂中使用最方便最简单的是(　　)。

(A)聚醋酸乙烯乳液树脂胶(白乳胶)　　(B)尿醛树脂胶

(C)皮骨胶　　(D)氯丁胶

30. 箱框角和抽屉角的接合一般用(　　)。

(A)直角榫　　(B)圆榫　　(C)燕尾榫　　(D)齿形接合

31. 货车中保温车的代号是(　　)。

(A)B　　(B)P　　(C)N　　(D)G

32. 邮政车的代号是(　　)。

(A)CA　　(B)UZ　　(C)YZ　　(D)KD

33. 木材根据其方向不同,其收缩率不同,其弦向收缩大约为(　　)。

(A)3%～6%　　(B)6%～12%　　(C)0.1%　　(D)20%左右

34. 我国机械制图采用第一角投影法。根据投影面展开的法则,三个视图的相互位置必然是以(　　)为主。

(A)左视图　　(B)主视图　　(C)府视图　　(D)剖视图

35. 看图则是根据现有(　　)想象出零件实际形状。

(A)形态　　(B)视图　　(C)尺寸线　　(D)技术要求

36. 国标中规定用(　　)做为基本投影面。

(A)四面体的四个面　　(B)五面体的五个面

(C)正六面体的六个面　　(D)三角形的三个面

37. 绘图时,大多采用(　　)比例,以方便看图。

(A)1∶1　　(B)1∶2　　(C)2∶1　　(D)2∶3

38. 用基本视图表达零件结构时,其内部的结构和被遮盖部分的结构形状都用(　　)表示。

(A)细实线　　(B)点划线　　(C)虚线　　(D)粗实线

39. 零件图中尺寸标注的基准一定是(　　)。
(A)定位基准　(B)设计基准　(C)测量基准　(D)工艺基准
40. 用剖切面完全地剖开零件所得的剖视图称为(　　)。
(A)半剖视图　(B)局部视图　(C)全剖视图　(D)剖面图
41. 可能有间隙或可能有过盈的配合称为(　　)。
(A)过盈　(B)过渡　(C)间隙　(D)过硬配合
42. 用 90°角尺测量两平面的垂直度时,只能测出(　　)的垂直度。
(A)线对线　(B)面对面　(C)线对面　(D)都可以
43. 带传动时,其从动轮的转速与(　　)成正比。
(A)从动轮转速　(B)主动轮转速　(C)从动轮直径　(D)主动轮直径
44. 带传动时,其从动轮的转速与(　　)成反比。
(A)从动轮转速　(B)主动轮转速　(C)从动轮直径　(D)主动轮直径
45. 有一个 20 Ω 的电阻,在 30 min 内消耗的电能为 1 kW·h,则通过电阻的电流为(　　)。
(A)20 A　(B)18 A　(C)36 A　(D)10 A
46. 某一正弦交流电压的周期是 0.01 s,则其频率为(　　)。
(A)60 Hz　(B)50 Hz　(C)100 Hz　(D)1 000 Hz
47. 在交流输送配电系统中,向远距离输送一定的电功率都采用(　　)方法。
(A)高压电　(B)低压电　(C)中等电压　(D)安全电压
48. 用电流表测量电流时,应将电流表与被测电路连接成(　　)方式。
(A)串联　(B)并联　(C)串联或并联　(D)断路
49. 钻削时,切削热大部分由(　　)传散出去。
(A)钻头　(B)工件　(C)切屑　(D)空气
50. 经过划线确定加工时的最后尺寸,在加工过程中,应通过(　　)来保证尺寸的准确度。
(A)测量　(B)划线　(C)加工　(D)修正
51. 切削用量三个指标中,对刀具耐用度影响最大的是(　　)。
(A)切削深度　(B)切削速度　(C)进给量　(D)切削时间
52. 螺纹相邻两中径线上对应两点间的轴向距离叫(　　)。
(A)导程　(B)螺距　(C)导程或螺距　(D)牙距
53. 螺纹公称直径,指螺纹大径的基本尺寸,即(　　)。
(A)内外螺纹牙顶直径
(B)外螺纹牙底和内螺纹牙顶直径
(C)外螺纹牙顶和内螺纹牙底直径
(D)外螺纹和内螺纹中径
54. 攻丝时,丝锥切削刃对材料产生挤压,因此攻丝前底孔直径应(　　)螺纹小径的尺寸。
(A)等于　(B)小于　(C)大于　(D)不等于
55. 常用钢材的弯曲半径如果(　　)工件材料厚度一般就不会被弯裂。
(A)等于　(B)小于　(C)大于　(D)不等于
56. 同时承受径向力和轴向力的轴承是(　　)。

(A)向心轴承　(B)推力轴承　(C)向心推力轴承　(D)压力轴承

57. 零件在机械加工中,选择定位基准时,应与其(　　)一致。

(A)工艺基准　(B)设计基准　(C)测量基准　(D)装配基准

58. 在拧紧长方形布置的成组螺母(或螺钉)时应从(　　)。

(A)左端开始向右端扩展　(B)右端开始向左端扩展

(C)中间开始向两端对称扩展　(D)奇偶对称扩展

59. 每台天车司机是(　　)。

(A)固定的　(B)不固定　(C)不一定　(D)只限一人

60. 上下天车梯子时,双手(　　)。

(A)不能拿任何东西　(B)可以拿任何东西

(C)可以拿工具　(D)可以拿少量备品

61. 用钢丝绳吊挂带有棱角的物件时,在棱角的地方(　　)软垫,以免钢丝折断。

(A)不垫　(B)垫放　(C)可垫可不垫　(D)拿掉

62. 车削时切削热大部分由(　　)传散出去。

(A)刀具　(B)工件　(C)切削　(D)切削液

63. 待加工表面到已加工表面的垂直距离称为(　　)。

(A)加工余量　(B)铣削深度　(C)铣削宽度　(D)等加工深度

64. 砂轮的硬度是指(　　)。

(A)磨粒本身的硬度　(B)砂轮表面的硬度

(C)结合剂粘结磨粒的牢固程度　(D)可加工件的硬度

65. 磨削过程中要产生大量磨削热,在磨削区内温度有时高达(　　)。

(A)500℃　(B)1 000℃　(C)200℃　(D)100℃

66. 主视图是(　　)投影所得的视图。

(A)由前向后　(B)由左向右　(C)由上向下　(D)由后向前

67. 俯视图是(　　)投影所得的视图。

(A)由前向后　(B)由左向右　(C)由上向下　(D)由下向上

68. 左视图是(　　)投影所得的视图。

(A)由前向后　(B)由左向右　(C)由上向下　(D)由右向左

69. 当图形线性尺寸小于实际物体的相应线性尺寸,则为缩小比例,记作(　　)。

(A)$1:N$　(B)$N:1$　(C)$1:M$　(D)$M:1$

(其中 N 为大于 1 的正数;M 为小于 1 的正数)

70. 下列哪一个是放大的比例(　　)。

(A)1∶5　(B)2∶1　(C)1∶1　(D)1∶100

71. 下列表示金属材料的剖面符号是(　　)。

(A) 　(B) 　(C) 　(D)

72. 下列表示非金属材料的剖面符号是(　　)。

(A)　(B) 　(C) 　(D)

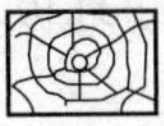

73. 下列表示木材的纵剖面符号是(　　)。

(A) (B) (C) (D)

74. 下列表示木材的横剖面符号是( )。

(A) (B) (C) (D)

75. 木工划线中表示下料线的是( )。

(A) (B) (C) (D)

76. 木工划线中表示作废线的是( )。

(A) (B) (C) (D)

77. 此图表示( )。

(A)半眼 (B)全眼 (C)明榫 (D)暗榫

78. 此符号表示( )。

(A)大面 (B)背面 (C)基准面 (D)加工面

79. 划圆和弧的一种常用工具是( )。

(A)角尺 (B)勒线器 (C)墨斗 (D)圆规

80. 用于顺木纹向锯割的是( )。

(A)细具 (B)绕具 (C)截锯 (D)顺锯

81. 主要用于锯割圆弧或曲线的是( )。

(A)细具 (B)绕具 (C)截锯 (D)顺锯

82. 专门用于圆孔或弧形部分的剔削用( )。

(A)平凿 (B)斜凿 (C)圆凿 (D)板凿

83. 一般木材含水率在( )的叫干材。

(A)18%以下 (B)18%～25% (C)25%以上 (D)等于零

84. 与母材脱离或稍用力敲击就很容易从母材中脱离的节子叫( )。

(A)漏节 (B)活节 (C)死节 (D)木节

85. 木制家具中最基本和最常用的接合方法是( )。

(A)胶接 (B)五金件接合 (C)卯榫接合 (D)钉接合

86. 制作圆棒榫时，必须选用较大密度的材料，如( )。

(A)柞木或水曲柳 (B)红松 (C)杨木 (D)泡桐

87. 刨床加工时，为了提高刨削质量，一般采取( )刨削。

(A)逆纹 (B)顺纹 (C)弦截面 (D)横截面

88. 阔叶树的木质较坚硬，大部分为硬木类，也有少数木材如( )属于软木类。

(A)水曲柳 (B)桦木 (C)榉木 (D)椴木

89. 实际应用中，由于( )板收缩小，不易翘曲变形，而且加工刨削时，不会发生撕裂现象，所以也叫做正理板。

(A)横切板 (B)弦切板 (C)径切板 (D)刨切板

90. 木材缺陷中的腐朽按在树干( )的不同，分为外部腐朽和内部腐朽。

(A)分布大小　(B)分布时间　(C)分布部位　(D)分布密度

91. 表示可见轮廓线或可见过渡线所用图线为(　　)。

(A)粗实线　(B)细实线　(C)虚线　(D)点划线

92. 除了基本的力学性质以外,(　　)是与木材生产工艺过程有直接关系的工艺力学性质。

(A)抗拉强度　(B)硬度　(C)容重　(D)握钉力

93. 端面硬度很软的树种是(　　)。

(A)红松　(B)水曲柳　(C)柞木　(D)落叶松

94. 车厢上的木骨架(也称木结构)如木梁、立柱、承木等大都采用(　　)。

(A)胶接合　(B)榫接合　(C)螺栓接合　(D)钉接合

95. 车厢上各种胶合板件,如两侧、两端墙板、顶板、地板一般采用(　　)方式。

(A)胶接合　(B)榫接合　(C)螺栓接合　(D)木螺钉接合

96. 一般建筑材料的热损失都比较大,其中(　　)的热损失最小。

(A)砖　(B)玻璃　(C)混凝土　(D)木材

97. 一般建筑材料的热损失都比较大,其中(　　)的热损失最大。

(A)砖　(B)玻璃　(C)混凝土　(D)木材

98. 木工使用最多的一种刨是(　　),主要用来刨削木料的表面。

(A)平刨　(B)槽刨　(C)线刨　(D)边刨

99. 幅面为 1 220 mm×2 440 mm 的胶合板英制尺寸为(　　)。

(A)3′×6′　(B)3′×7′　(C)4′×7′　(D)4′×8′

100. 所有木工用胶中使用最为简便的胶液是(　　)。

(A)白胶　(B)尿醛树脂胶　(C)酚醛树脂胶　(D)皮骨胶

101. 客车上厕所及盥洗室车窗一般使用(　　)玻璃。

(A)平板　(B)磨砂　(C)磨光　(D)钢化

102. 客车上的镜子必须使用(　　)玻璃。

(A)平板　(B)磨砂　(C)磨光　(D)钢化

103. 能耐急冷急热,其强度和抗冲击性比普通玻璃高,并且是一种安全玻璃,这种玻璃是(　　)。

(A)平板　(B)磨砂　(C)磨光　(D)钢化

104. 木工在作业中凡遇到不是 90°角和 45°角的工件,都必须用(　　)来划线。

(A)直角尺　(B)三角尺　(C)活动角尺　(D)曲尺

105. 三角尺也称斜尺,是由不易变形的木料或金属片制成,是划(　　)斜角结合线不可缺少的工具。

(A)30°　(B)45°　(C)60°　(D)120°

106. 通用的货车有(　　)种。

(A)5　(B)6　(C)7　(D)8

107. 硬卧车的车型代号是(　　)。

(A)RZ　(B)RW　(C)YW　(D)YZ

108. 平车的车型代号是(　　)。

(A)P　(B)K　(C)N　(D)X

109. 如果要把木材的色斑和不均匀色调消除,需要进行(　　)处理。

(A)漂白处理　(B)染色处理　(C)水煮处理　(D)防腐处理

110. 通过识别(　　),我们不但可以知道树木生长年限,而且还可识别木材的种类。

(A)管孔　(B)木射线　(C)年轮　(D)心边材

111. 机客车制造中,不外露的木骨架、木梁组成以及墙壁板、平顶板、顶板的安装常用(　　)。

(A)半沉头木螺钉　(B)沉头木螺钉

(C)半圆头木螺钉　(D)圆头木螺钉

112. 机客车制造中,外露的零、部件组成或安装等常用(　　)。

(A)半沉头木螺钉　(B)沉头木螺钉

(C)半圆头木螺钉　(D)圆头木螺钉

113. 机客车制造中用于薄铁板件与木制构件的连接时常用(　　)。

(A)半沉头木螺钉　(B)沉头木螺钉

(C)半圆头木螺钉　(D)圆头木螺钉

114. 榫头与榫孔的配合其松紧程度要适当,榫腰与榫孔的配合要(　　),榫头宽度与榫孔长度的配合要求(　　)。

(A)不太松,不太紧　(B)不太紧,不太松

(C)松,紧　(D)紧,松

115. 榫头与榫孔的配合其松紧程度要适当,榫腰与榫孔宽度要求(　　)。

(A)过盈配合　(B)间隙配合　(C)过渡配合　(D)自由配合

116. 榫头与榫孔的配合其松紧程度要适当,榫头宽度与榫孔长度的配合一般要求(　　)。

(A)过盈配合　(B)间隙配合　(C)过渡配合　(D)自由配合

117. 客车木骨架相互组成一般用(　　)连接。

(A)胶连接　(B)木螺钉　(C)螺栓　(D)金属件

118. 木质件与钢结构的连接多用(　　)接合。

(A)胶连接　(B)木螺钉　(C)螺栓　(D)金属件

119. 客车间壁板、车内固定座椅与地板的连接等多用(　　)。

(A)胶连接　(B)木螺钉　(C)螺栓　(D)金属件

120. 具有良好的的隔热、隔声性能,良好的电的绝缘性能和抗震性能,容重小,容易加工,应用广泛,这种物质应该是(　　)。

(A)钢材　(B)木材　(C)塑料　(D)橡胶

121. 进给速度不变,切削速度(　　)工件的表面粗糙度越高。

(A)越低　(B)越高　(C)适中　(D)低

122. 材质硬,易开裂,不易加工,主要用于客货车的梁柱、档木、垫木、枕木等,这种材料是(　　)。

(A)红松　(B)落叶松　(C)水曲柳　(D)杨木

123. 材质较硬,纹理直,韧性大,耐冲击,易加工,木纹美观,主要用来制造车内设备件和胶合板件。这种材料是(　　)。

(A)红松　(B)落叶松　(C)水曲柳　(D)杨木

124. 各地区木材的平衡含水率是不相同的,在北方约为( )。

(A)12% (B)18% (C)15% (D)22%

125. 各地区木材的平衡含水率是不相同的,在南方约为( )。

(A)12% (B)18% (C)15% (D)22%

126. 加工湿材时,在进给速度不变情况下,应选用( )的切削速度。

(A)较小 (B)适中 (C)较大 (D)最大

127. 气干材的含水率为( )。

(A)4%~12% (B)12%~18% (C)22%±4% (D)<30%

128. 窑干材的含水率为( )。

(A)4%~12% (B)12%~18% (C)22%±4% (D)<30%

129. 木材在吸湿过程中,当木材的细胞腔内还没有出现水分,只有细胞壁中含有最多水分时叫( )。

(A)纤维饱和点 (B)平衡点 (C)含湿点 (D)蒸发点

130. 多数树种的木材在纤维饱和点时含水率平均值为30%,变动范围在( )之间。

(A)29%~31% (B)28%~32% (C)27%~33% (D)23%~33%

131. 木材的一个最大缺点是( ),它使木制品的尺寸与形状不稳定。

(A)节子 (B)裂缝 (C)干缩与湿胀 (D)变色与腐朽

132. 木材干燥不均匀,干燥的方法不当或堆垛存放不良,容易造成木材的( )。

(A)收缩变形 (B)翘曲变形 (C)裂缝 (D)硬度降低

133. 木材容重的大小决定于( )多少。

(A)木材含水率 (B)早材率 (C)晚材率 (D)取材率

134. 木材切削与金属切削比较,其切削速度( )金属的切削速度。

(A)远大于 (B)略小于 (C)远小于 (D)等于

135. 车辆上所有地板木梁、承木、垫木及枕木等是利用了木材的( )力学性能。

(A)顺纹抗拉 (B)横纹抗拉 (C)顺纹抗压 (D)横纹抗压

136. 采用煨制方法制弯曲木零件的主要目的是( )。

(A)节约木材 (B)工艺简单 (C)增加强度 (D)节省工时

137. 在划线工具中,( )属于基准工具。

(A)V型铁 (B)角尺 (C)高度尺 (D)可调中心顶

138. 锉刀的粗细规格是按锉刀齿纹的齿距大小来表示的,( )号锉纹用于粗锉刀。

(A)1 (B)2 (C)3 (D)4

139. 标准麻花钻头的顶角为( )±2°。

(A)108° (B)118° (C)128° (D)138°

140. 木材的含水率同木腐菌有直接关系,一般含水率低于( )时就不利于菌类生长。

(A)10% (B)25% (C)35% (D)45%

141. 木材的燃点温度在( )。

(A)120~150℃ (B)150~200℃ (C)200~250℃ (D)260~290℃

142. 胶合板按耐水性能可分为4类,机车车辆工业通常多数采用( )胶合板。

(A)Ⅰ类 (B)Ⅱ类 (C)Ⅲ类 (D)Ⅳ类

143. 客车上使用的贴面胶合板，宜选用结构细致的散孔材作塑料贴面胶合板的芯板及表板，如(　　)。

(A)水曲柳　　(B)椴木　　(C)杨木　　(D)落叶松

144. 木工作业用胶按耐水性排序则(　　)。

(A)尿胶＞白胶＞鳔胶＞骨胶　　(B)尿胶＜白胶＜鳔胶＜骨胶

(C)鳔胶＞白胶＞骨胶＞尿胶　　(D)白胶＞鳔胶＞骨胶＞尿胶

145. 木工作业时所用胶种不同对木材含水率要求也不一样，一般要求木材含水率不得大于(　　)。

(A)5%～8%　　(B)8%～10%　　(C)12%～16%　　(D)16%～22%

146. 木工作业时所用胶种不同对木材含水率要求也不一样，其中(　　)要求很严，几乎接近于绝干材才能得到满意的胶合强度。

(A)尿醛树脂　　(B)酚醛树脂　　(C)环氧树脂　　(D)白胶

147. 油漆分类编号有三部分组成，如C01-5，其中C代表(　　)。

(A)序号　　(B)基本名称　　(C)成膜物质　　(D)溶剂

148. 木工油漆前表面处理需用砂纸打磨，宜选用磨料粒度适宜的砂纸，如(　　)。

(A)0号　　(B)1～2号　　(C)3号　　(D)4号

149. 下班或中途停电时，必须将各种走刀手柄放在(　　)位置。

(A)正转　　(B)反转　　(C)空挡　　(D)断电

150. 刃磨刀具时，工作者应避免站在砂轮机的(　　)。

(A)正面　　(B)侧面　　(C)斜侧面　　(D)下面

151. 在高速切削时操作人员(　　)戴防护镜。

(A)必须　　(B)不须　　(C)可以　　(D)禁止

152. 直接决定产品质量水平的高低是(　　)的高低。

(A)工作质量　　(B)工序质量　　(C)技术标准　　(D)设备水平

153. 安全文明施工是建设行业对每个项目最基本的要求，既要保证施工质量，又要保证(　　)。

(A)施工规范　　(B)施工成本　　(C)施工安全　　(D)施工进度

154. 表示轴线或对称中心线所用图线为(　　)。

(A)粗实线　　(B)细实线　　(C)虚线　　(D)点划线

三、多项选择题

1. 以下树种属于硬木类的有(　　)。

(A)椴木　　(B)桦木　　(C)落叶松　　(D)柞木

2. 常用作机车车辆制造的针叶树种有(　　)。

(A)柞木　　(B)落叶杉　　(C)红松　　(D)椴木

3. 在实际生产中，木材的主要切面有(　　)。

(A)横切面　　(B)顺切面　　(C)弦切面　　(D)径切面

4. 常用的木材防火涂料有(　　)。

(A)氯化钠防火涂料　　(B)氯乙烯防火涂料

(C)硅酸盐防火涂料　　　　　　　　　(D)可赛银防火涂料

5. 板材的翘曲变形主要有(　　)。

(A)瓦形翘曲　　(B)弓形翘曲　　(C)边弯　　(D)扭翘

6. 胶合板的构造原则有(　　)。

(A)对称原则　　(B)偶数层原则　　(C)奇数层原则　　(D)层的厚度原则

7. 结构装配图内容主要有(　　)。

(A)视图　　(B)尺寸　　(C)零部件明细表　　(D)技术条件

8. 基本视图选择剖视种类应注意的原则(　　)。

(A)尽可能多的表达清楚内部结构　　(B)图形不要过多

(C)剖视图尽可能多　　(D)详细表达主要结构

9. 装配图上的标注尺寸包括(　　)。

(A)总体轮廓尺寸 (B)部件尺寸　　(C)零件尺寸　　(D)定位尺寸

10. 关于正投影图描述正确的是(　　)。

(A)生产用的机械图,都是采用正投影原理画出来的

(B)正投影的三等关系是指:主侧等长,主俯等宽,俯侧等高

(C)三视图来自三个互相垂直的投影面上的正投影图

(D)直线垂直于投影面,投影积聚成一点,反应了投影的积聚性

11. 下面几种描述,错误的是(　　)。

(A)图纸上的尺寸规定以毫米为单位,不能采用其他单位

(B)一个完整的尺寸要有尺寸界线、尺寸线箭头和尺寸数字组成

(C)木制件表面光洁度符号▽,符号后面的数字越大,表面越光滑

(D)正规图纸上要使用标准规定的各种线条

12. 关于车辆木制件技术要求,正确的是(　　)。

(A)木梁、承木的含水率必须达到 16%±4%

(B)地板和外墙板的含水率必须符合 12%±4%

(C)木制车窗的含水率均在 12%±4%范围内

(D)木压条的含水率必须在 12%以下

13. 铁路车辆上的配属标记、客车车种及定员标记、车号、车辆定位标记分别属于(　　)。

(A)产权标记　　(B)制造标记　　(C)检修标记　　(D)运用标记

14. 车辆木骨架的技术要求(　　)。

(A)木骨架交出前必须进行三防处理

(B)外墙板之板材不允许有死节、虫蛀或者裂纹等缺陷

(C)插口板地板上裂纹在 1 mm 以内的可填堵处理

(D)必须在车下组成的零部件,要按工艺要求在车下组装好

15. 车辆木制件图有(　　)。

(A)结构安装图　(B)零件图　　(C)部件图　　(D)大样图

16. 车辆木制件图样与金属加工机械图的相比较,描述错误的是(　　)。

(A)木制设备件的组装图相当于机械的部件装配图

(B)木制件图通常需要采用较多的剖面图或局部放大图

(C)机械图中出现的各种材料的剖面符号较多
(D)车辆木结构图样中基本视图使用较多
17. 人体触电的方式有(　　)。
(A)单相触电　(B)双相触电　(C)三相触电　(D)跨步电压触电
18. 引发电气设备过度发热的不正常运行,大体有(　　)情况。
(A)接触不良　(B)过载　(C)短路　(D)散热不良
19. 机床夹具按照通用化程度可分为(　　)。
(A)通用夹具　(B)专用夹具　(C)成组可调夹具　(D)组合夹具
20. 下面关于 C6132 车床的叙述,正确的是(　　)。
(A)C6132 车床为普通车床,转速不高于 320 r/min
(B)C6132 车床采用操纵杆式开关,手柄向上为正转,向下为反转
(C)操作时,如果手柄或手轮扳不到正常位置,要用手扳转卡盘
(D)使用时,必须停车变速,以免打坏齿轮
21. 下列木模板,按照形式划分的是(　　)。
(A)玻璃钢模板　(B)定型模板　(C)滑升模板　(D)整体模板
22. 门窗框的安装方法(　　)。
(A)油灰嵌固法　(B)砌前立框法　(C)砌后嵌框法　(D)压条镶嵌法
23. 根据家具与人体的使用关系和人体工程学原理,家具的基本类别分为(　　)。
(A)支承类家具　(B)凭倚类家具　(C)贮存类家具　(D)其他类家具
24. 三视图的形成原理,即先取三个相互垂直的平面构成一个三投影面体系。这三个投影面分别为(　　)。
(A)正投影面 V　(B)水平投影面 H　(C)俯投影面 S　(D)侧投影面 W
25. 客车上常用的玻璃有(　　)。
(A)平板玻璃　(B)磨光玻璃　(C)钢化玻璃　(D)磨砂玻璃
26. 按榫头的形状,榫头主要分为(　　)。
(A)直角榫　(B)椭圆榫　(C)燕尾榫　(D)圆榫
27. 以下木工划线正确的有(　　)。
(A)半眼　(B)中心线
(C)基准面　(D)作废线
28. 木工常用的划线工具有(　　)。
(A)划线笔　(B)墨斗　(C)墨株　(D)勒子
29. 手工木工用量尺主要有(　　)。
(A)金属直尺　(B)角尺　(C)折尺　(D)钢卷尺
30. 手工木工常用的角尺有(　　)。
(A)直角尺　(B)活络尺　(C)折尺　(D)三角尺
31. 关于木工锯维修的叙述,正确的是(　　)。
(A)修理锯齿时,应先进行拨料,再锉锯齿
(B)拨料的方法有四种:两开一停式、两开式、一开一停式、一开两停式

(C)锉伐时,推锉和回锉都要适当加压力,用力要一致
(D)伐锯分描尖、掏膛两种,描尖一般可用旧锉,掏膛用新锉较为便利
32. 平刨的种类较多,他们的差异主要在长度上,以下对应描述错误的有(　　)。
(A)光刨,长度为 150～180 mm,多用于木制品最后的细致刨削
(B)荒刨,长度为 200～250 mm ,刨削后的木料面比较平直
(C)大刨,长度为 450～500 mm ,用于刨削木料的粗表面
(D)大平刨,长度为 600 mm,专供板方材的刨削拼接之用
33. 平刨床按照其刨削宽度可分为(　　)。
(A)轻型平刨床　(B)中型平刨床　(C)重型平刨床　(D)特型平刨床
34. 常用的三种钢锉是(　　)。
(A)圆锉　(B)刀锉　(C)平锉　(D)三棱锉
35. 凿子按照凿口形状可以分为(　　)。
(A)圆凿　(B)斜凿　(C)平凿　(D)三棱凿
36. 关于凿的描述正确的是(　　)。
(A)平凿有窄刃凿和宽刃凿两种,窄刃凿是铲削的专用工具
(B)凿孔时,从榫孔的近端逐渐向远端凿削,先从榫孔后部下凿
(C)凿完一面之后,将木料翻过来再凿削另一面
(D)以斧击凿顶时,注意“锤要打准打平,凿要扶直扶正”
37. 用斧砍削木料是效率较高的粗加工方法。按照砍削方式不同分为(　　)。
(A)横砍　(B)平砍　(C)立砍　(D)竖砍
38. 框锯按照其用途不同分为(　　)。
(A)纵向锯　(B)横向锯　(C)曲线锯　(D)直线锯
39. 常用的轻便机具主要有(　　)。
(A)手提电锯　(B)手提式电刨　(C)手提式电钻　(D)手提式磨光机
40. 手提电刨可以进行(　　)等工序。
(A)裁口　(B)倒棱　(C)刨光　(D)铣线型
41. 关于手提式磨光机叙述错误的是(　　)。
(A)手提式磨光机常采用带状砂磨,按结构分为带式、盘式、振动式等几种
(B)手提式磨砂机的规格以砂带的宽度来表示
(C)操作手提式磨光机时,双手握紧机体,先将末端放在材面上,再放前端
(D)磨光移动方向有两种:沿直线移动和圆形移动
42. 根据制品的质量要求,合理选料,应该(　　)。
(A)认真检查木材的干燥质量以及缺陷状况,排除有缺陷的木材
(B)充分考虑不同材种具有不同颜色、花纹和光泽
(C)外用料要选择材质好、纹理美观、涂饰性能好的木材
(D)尽量用优质材、大材、长材,以保证木制品质量
43. 不同地区对配料含水率要求存在差异,以下对胶拼部件含水率要求正确的是(　　)。
(A)华北:12%　(B)华南:20%　(C)华东:18%　(D)西南:15%
44. 主要的配料方法有两种,分别是(　　)。

(A)划线配料法 (B)粗刨配料法 (C)交替配料法 (D)相接配料法

45. 木材加工行业中采用的加工余量的经验值,以下说法正确的是( )。

(A)长度方向上的加工余量一般取5~20 mm,端头无榫头的零件取5 mm,端头带榫头的零件取5~10 mm

(B)在毛料比较平直的情况下,当毛料长度小于500 mm时,宽度和厚度方向加工余量取5 mm

(C)胶合板、塑料贴面板等人造板类覆面材料在长度和宽度上的加工余量一般取15~20 mm

(D)当毛料长度大于1 200 mm时,根据实际情况,宽度和厚度方向加工余量取5 mm或适当增加一些

46. 加工工序分为( )两个方面。

(A)粗加工 (B)精加工 (C)毛料加工 (D)净料加工

47. 木工常用的连接方法有( )及其他金属连接件接合。

(A)胶接合 (B)钉接合 (C)榫接合 (D)螺钉接合

48. 毛料的刨削加工是将配料后的毛料经( )而成为合乎规格尺寸要求的净料。

(A)精基面加工 (B)基准面加工 (C)净表面加工 (D)相对面加工

49. 基准面包括( )三个面。

(A)平面 (B)侧面 (C)截面 (D)端面

50. 直线形毛料的加工技术标准是( )。

(A)通常从基准面加工开始

(B)对于翘曲变形的工件,要先刨其凹面

(C)平面和侧面的基准面可以采用铣削方式加工,常在平刨或铣床上完成

(D)端面的基准面一般用横截锯加工

51. 曲线形毛料的加工技术标准是( )。

(A)通常从平面基准面加工开始

(B)对于弯曲面工件的加工,应根据弯曲工件形状设计曲面导板

(C)曲面可以在铣床上完成

(D)端面的基准面一般用横截锯加工

52. 水平仪可以用来检验大工件表面是否( )。

(A)水平 (B)倾斜 (C)垂直 (D)平行

53. 木结构施工操作工艺主要有三个步骤,分别为( )。

(A)配料 (B)调整 (C)加工 (D)安装

54. 关于胶平口拼板的操作,正确的表述有( )。

(A)完成拼接主要有备料、拼接刨削、胶拼和检查四个步骤

(B)拼板木料最好经过整角机的修整,所有的棱角都要方正、尖锐

(C)拼接时,让木纹的走向、年轮的方向均一致,以减少木材的翘曲变形

(D)实木拼接不限制单块板的宽度,但对板材的含水率有所限制

55. 拼板结构的加工技术标准( )。

(A)要将拼缝木板的大面首先刨削平直后再拼接

(B)要求拼接面平直、板面平整
(C)在拼缝的全长内外面,出现的缝隙即胶缝均匀一致
(D)要保证所拼木板平直不串角和不出现"＜"形状
56. 手工进行企口拼和穿条拼的加工应使用(　　)。
(A)平刨　　(B)边刨　　(C)槽刨　　(D)线刨
57. 关于直角榫接合的技术要求,下面描述正确的是(　　)。
(A)当榫头的厚度略大于榫眼的宽度 0.1～0.2 mm 时,接合较紧密
(B)榫头的宽度比榫眼长度大 0.5～1.0 mm 时,接合强度最大
(C)当采用暗榫接合时,榫头的长度不小于榫眼零件宽度(或厚度)的 1/2
(D)榫头和榫肩应垂直,也可略小,但不可大于 90°
58. 关于圆榫接合的技术要求,以下描述正确的是(　　)。
(A)制造圆榫的材料应选用密度大、无节不朽、无缺陷、纹理通直、具有中等硬度和韧性的木材
(B)选用的圆榫的直径应为板材厚度的 0.4～0.5 倍
(C)当采用暗榫接合时,榫头的长度不小于榫眼零件宽度(或厚度)的 1/2
(D)圆榫应保持干燥,所以不用时要放在干燥的地方,不得弄潮
59. 关于榫头和榫眼的配合,以下描述错误的是(　　)。
(A)为使榫头易于插入榫眼,常将榫端倒棱,两边或四边削成 35°的斜棱
(B)榫头的宽度不宜小于构件厚度的 1/4,也不宜大于构件厚度的 1/2,否则容易发生构件断裂现象
(C)当采用明榫接合时,榫头的长度等于榫眼零件宽度(或厚度)
(D)榫头的厚度视零件的断面尺寸的接合要求而定,单榫的厚度接近于方材厚度或宽度的 0.4～0.5 倍
60. 平刨在用前要调整好刨刀,刃口露出量(　　)。
(A)一般为 0.1～0.5 mm　　(B)最多不超过 0.8 mm
(C)决定吃刀的深度　　(D)粗刨大些,细刨小些
61. 槽刨有(　　)两种。
(A)固定槽刨　　(B)专用槽刨　　(C)万能槽刨　　(D)边缘槽刨
62. 按照蛀蚀程度不同,虫眼可分为(　　)。
(A)表皮虫沟　　(B)小虫眼　　(C)大虫眼　　(D)深层虫沟
63. 刨削时,"认表里,辨木纹,不戗槎来不费力"是指(　　)。
(A)开刨前,对材面进行选择,先看木料的平直程度,顺纹还是逆纹
(B)一般选择洁净,纹理清楚的心材作为正面,先刨其他几面,再刨心材面
(C)要逆纹刨削,既省力又能使刨削面平整光滑
(D)要顺纹刨削,既省力又能使刨削面平整光滑
64. 榫头可以在(　　)上加工。
(A)手锯　　(B)圆锯机　　(C)手工木框锯　　(D)专用开榫机
65. 木工锯修理锯齿主要有两个步骤,分别为(　　)。
(A)规整　　(B)拨料　　(C)研磨　　(D)锉伐
66. 木工锯的料路有(　　)三种形式。

(A)一左一右　(B)左、中、右、中　(C)左、中、右　(D)左左右右

67. 磨光移动方向有(　　)。

(A)直线移动　(B)圆形移动　(C)单方向移动　(D)多方向移动

68. 手电钻是由(　　)和开关等部分组成。

(A)电动机　(B)手柄　(C)钻卡头　(D)机壳

69. 关于手提式电钻,描述正确的是(　　)。

(A)轻型电钻的电机功率为0.1 kW

(B)中型电钻的电机功率为0.5 kW

(C)轻型电钻可钻孔直径最大为40 mm

(D)电钻的卡头最常用的是齿轮式,用特制钥匙打开或锁紧

70. 木制品用材的部位有(　　)。

(A)外表用料　(B)内部用料　(C)暗用料　(D)散用料

71. 划线配料法根据操作方法不同,可以分为(　　)。

(A)直线划线法　(B)弧线划线法　(C)平行划线法　(D)交叉划线法

72. 加工余量是(　　)之差。

(A)毛料尺寸　(B)长度尺寸　(C)零件尺寸　(D)宽度尺寸

73. 加工余量分为(　　)两种。

(A)长度余量　(B)宽度余量　(C)工序余量　(D)总余量

74. 加工余量的大小直接影响(　　)。

(A)加工的质量　(B)零件正品率　(C)木材利用率　(D)劳动效率

75. 用下轴铣床可以加工(　　)。

(A)基准面　(B)侧基准面　(C)基准边　(D)曲面

76. 在平刨上进行短薄工件刨削时,要用(　　)推送。

(A)左手　(B)推板　(C)薄板　(D)推棍

77. 木材长度方向的拼接有(　　)。

(A)搭接　(B)对接　(C)斜接　(D)指接

78. 榫接合的配合原则有(　　)。

(A)基准制　(B)基面制　(C)基孔制　(D)基轴制

79. 手工加工直榫时,习惯做法都用(　　)划线。

(A)直尺　(B)角尺　(C)圆规　(D)水平尺

80. 某一家具零件规格是45 mm×50 mm×780 mm,一端开榫,在正常含水率情况下,其毛料的尺寸应该是(　　)。

(A)宽度方向尺寸53～54 mm　(B)长度方向尺寸785～790 mm

(C)厚度方向尺寸48～49 mm　(D)宽度方向尺寸55 mm

81. 木制品制作加工的质量检查程序是(　　)。

(A)隐蔽工程检查　(B)分项工程检查　(C)预检　(D)过程控制检查

82. 事后控制具体包括(　　)。

(A)竣工质量检验　(B)验收报告审核　(C)竣工检验　(D)工程质量评定

83. 木制品制作加工的质量检查方法主要有(　　)。

(A)观察　(B)尺量检查　(C)材料检查　(D)手扳检查

84. 造成木制品变形的原因有(　　)。

(A)木材干燥后,含水率未达到规定的数值

(B)木制品进入施工现场后,没有很好地采取保护措施,重新被风吹雨淋高温曝晒

(C)没有及时分类堆放,后在堆放下面没有垫平垫实,处在长期的压力下

(D)以上原因都会造成变形

85. 防止木门不平易变形的技术措施(　　)。

(A)工厂定制加工　(B)采用实木收边

(C)木料开防变形槽　(D)采用质量可靠的铰链

86. 施工单位对质量方面的准备工作有(　　)。

(A)图纸会审及技术交底　(B)质量控制系统组织

(C)施工方案、施工计划　(D)现场环境监督检查

87. 拆装式家具的零部件之间通常采用(　　)。

(A)钉　(B)圆榫　(C)胶　(D)连接件

88. 属于刨削加工过程中,容易出现的缺陷有(　　)。

(A)戗槎　(B)毛刺　(C)刨痕　(D)脱棱与缺角

89. 木制品完工后认真检查,要做到(　　)。

(A)立即离开　(B)现场机具、余料退场

(C)测量工作量　(D)清洁现场

90. 符合现场文明施工要求的有(　　)。

(A)无特殊情况时,进入现场施工区域可以不佩戴安全帽和胸卡

(B)库房、作业区域必须配备足够的灭火器具,并由专人负责日常维修

(C)定期检查施工电气设备,保证接地良好

(D)没有悬挂"严禁吸烟"标示牌的施工现场允许吸烟

91. 压刨床一般分为两种,是(　　)。

(A)平面刨床　(B)单面压刨床　(C)四面刨床　(D)双面压刨床

92. 对需要控制的工作环境,应保持(　　)和改进措施的记录。

(A)监视　(B)测量　(C)控制　(D)保持

93. 质量管理体系可以(　　)。

(A)帮助组织实现顾客满意　(B)为组织提供实现持续改进的框架

(C)使管理过程标准化　(D)向顾客提供信任

94. 产品质量检验的步骤可包括(　　)。

(A)测量或实验　(B)原因调查与分析　(C)记录　(D)比较和判定

95. 产品实现过程中的产品质量信息包括(　　)。

(A)产品良品率及合格率　(B)质量问题情况

(C)纠正和预防措施处理结果　(D)质量经济性

四、判 断 题

1. 针叶树木材一般材质较软不易变形,容易加工,多用于建筑门窗和车辆上非外露件。(　　)

2. 黄花松属针叶树材，其材质比较软，应当列在软木类。(　　)

3. 所有阔叶树木材其材质都很坚硬，统称为硬木。(　　)

4. 木材的干缩发生在木材水分蒸发的全过程中。(　　)

5. 活节是指树木的活枝条在树干中着生的断面，它与木材周围紧密相连。(　　)

6. 木材干缩率，长度方向最小，弦向中等，径向最大。(　　)

7. 木材在干燥过程中，首先蒸发自由水。(　　)

8. 木材强度主要是指木材密度的大小。(　　)

9. 为保证和提高产品质量所做的工作的质量，叫工作质量，它是产品质量的根本保证。(　　)

10. 在框锯操作不方便的场合最合适使用钢丝锯。(　　)

11. 无论是检测工件平面是否水平还是垂直，水平仪都要紧靠在工件表面上。(　　)

12. 木材的含水率越低其强度越高。(　　)

13. 各单位施工区域内的“临边洞口”应按安全生产规定做好防护。(　　)

14. 在木结构采用榫接合中，明榫的接合比暗榫牢固，但美观性较差。(　　)

15. 木结构中，榫头与榫孔的配合其松紧程度要适当，榫颊与榫孔的配合要紧，而榫头宽度与榫孔的长度的配合要松。(　　)

16. 以卯榫接合为主的木制品，其榫肩的内肩不能高于外肩，也就是外肩要严，但两肩高低应基本一致。(　　)

17. 木制品变形的主要原因是其含水率偏高，因此要求木材的含水率越低越好。(　　)

18. 木板拼接时，为减少弯曲变形，应使相邻两块木板的年轮方向相反。(　　)

19. 木工划线时的下料线为“——”。(　　)

20. 制造木门窗时，如果采用半榫，其中榫长度应与榫孔深度完全相同。(　　)

21. 客车中，行李车的代号是 CL。(　　)

22. 车辆方位中一位端是指有手制动装置那一端。(　　)

23. 夹背锯主要用于锯割细木工制品的肩和角。(　　)

24. 木工平刨子中，长刨主要用于木板拼缝时将木料刨直。(　　)

25. 木工刨料前应先观察木料的平直程度，一般选择里材面(靠髓心一侧)或缺陷少的平直表面为大面。(　　)

26. 电动工具的电线插头一般采用两爪插头比较合理。(　　)

27. 木工机械主要分八大类，榫槽机的代号是 MQ。(　　)

28. 细木工带锯机的主要用途是锯割曲线形零件。(　　)

29. 铁道车辆与其他车辆的最大不同点在于这种车辆的轮子必须在专门为其铺设的钢轨上运行。(　　)

30. 在平刨上加工基准面时，为获得光洁平整的表面，将前、后工作台调平行，并在同一水平面上。(　　)

31. 零件图中角度的数字一律写成水平方向。(　　)

32. 剖面图与剖视图不同之处是：剖面图仅画出机件被切断面的图形，而剖视图则要求画出剖切平面以后的所有部分的投影。(　　)

33. 投影法分为垂直投影法和平行投影法两大类。(　　)

34. $\phi 25$ mm 的工件，它的公差为 $+0.021$ mm。(　　)

35. 公差等级的选择原则是:在满足使用性能要求的前提下,选用较高的公差等级。( )

36. 机构就是具有相对运动构件的组合。( )

37. 根据木材的缺陷状况,合理选料,是手工木工操作的重要一步。( )

38. 根据制品的质量要求,只需要确定零部件的树种。( )

39. 划线配料法最适用于弯曲部件或异形部件。( )

40. 人们可以根据静电场的原理,使静电应用于静电植绒、静电喷漆等工业生产中,因此静电总是有益的。( )

41. 对称的三相负载作三角形联接时,线电流为$\sqrt{3}$倍的相电流。( )

42. 配料时用平行划线法生产效率高且出材率高。( )

43. 划线时都应从划线基准开始。( )

44. 安装锯条时,锯齿尖应朝向前推的方向。( )

45. 锯割管料和薄板料时,须选用粗齿锯条。( )

46. 大批量配料时采用交叉划线法较适宜。( )

47. 一般钻孔时冷却润滑的目的是以润滑为主。( )

48. 攻丝时退出刀具均用反转退出。( )

49. 相同材料的变形,弯曲半径越小,表面材料变形越小。( )

50. 工件置于夹具中,相对于机床和刀具占有一个预定的正确位置,称为工件的定位。( )

51. 事实上,在配料时可以灵活采用各种方法。( )

52. 螺纹防松的目的,就是防止磨擦力矩减少和螺母回转。( )

53. 确定加工余量时要注意木材加工行业中采用的加工余量的经验值。( )

54. 起吊物件尚在地面,可以行车。( )

55. 吊运物体时,如没有钢丝绳,可以用麻绳、三角带代替。( )

56. 在工程上,常用立体图来表现建筑物、机械设备等的外观。( )

57. 三视图中,正投影面(V)的视图为俯视图。( )

58. 当物体内部构造和形体复杂时,为了能够清楚的反映其自身结构,采用绘制剖面图和剖视图的方法来表达。( )

59. 当图样与实际物体的大小相同时,比例为1∶1。( )

60. 基本视图表示的是物体在投影方向的可见形状,对物体的内部形状可用虚线表示。( )

61. 墨斗是用于在未经刨削或不规则的木料上弹印直线的。( )

62. 短刨适用于刨削长料。( )

63. 长刨用于刨削木料的粗糙面。( )

64. 光刨用于修光木料表面。( )

65. 斧是一种砍削和敲击工具,可分为单刃和双刃两种。( )

66. 髓心附近的木质部分称为边材。( )

67. 死节和漏节在加工过程中必须予以剔除或修补。( )

68. 为了提高木材的耐用性,必须对其进行防腐处理,以便延长其使用年限。( )

69. 钉接合是目前常用的接合方法,分圆钉接合、螺钉接合和螺栓接合等几种。( )

70. 采用明钉接合时,钉帽要敲平,在同一部位钉入多支圆钉时应钉在同一木纹线上。( )

71. 外划线一般是用样板在板材上划出毛料的大概轮廓,为配料时横截或纵剖作准备。( )

72. 内划线一般是指在经过初加工的毛料或经过刨光的木料上，按图纸要求进行划线。（ ）
73. 如果木材中的含水率大于平衡含水率，木材向外蒸发水分而收缩，称为解湿。（ ）
74. 如果木材中的含水率小于平衡含水率，木材向外吸收水分而胀大，称为吸湿。（ ）
75. 木材是各向同性的材料。（ ）
76. 在含水率不变的情况下，木材容重愈小，强度愈高，容重愈大，强度愈低。（ ）
77. 木工按生产对象不同可分为粗木工、细木工、木模工、木旋工、木雕工和园木工。（ ）
78. 生产中可用手拇指指甲刻划木材表面，看其有无痕迹来确定木材的软硬程度。（ ）
79. 由于心材的渗透性减低，是制造盛液体木桶的好材料。（ ）
80. 木材的含水率，针叶树比阔叶树多，心材比边材多。（ ）
81. 当木材蒸发水分的速度等于吸收水分的速度，这时木材的含水率称为平衡含水率。（ ）
82. 纤维饱和点是木材干缩或湿胀、引起材性变化的转折点。（ ）
83. 干缩和湿胀是发生在木材水分蒸发或吸湿的整个全部过程。（ ）
84. 所有树种的比重都大于1，约为1.49～1.57之间。（ ）
85. 木材握钉力的大小，与树种、硬度、弹性、含水率和木纹方向等因素没有关系。（ ）
86. 客车上用的底架地梁、车顶弯梁、两侧各梁、柱等木材要求最终含水率为16%～20%。（ ）
87. 客车上各门窗、座椅、卧铺茶桌、办公桌以及内墙板、间壁板等含水率要求在20%以下。（ ）
88. 客车上用的水曲柳薄木贴面板，高级车厢上使用的贵重树种如核桃楸、桃花心木胶合板都是旋切胶合板。（ ）
89. 如果背面不外露，只考虑它的结构对称均匀、受力平衡，则可利用破损的次等塑料贴面板。（ ）
90. 在我国的木材加工业中，使用胶合剂最多最广的是尿醛树脂胶。（ ）
91. XL所指车种是餐车。（ ）
92. 各种工业产品或者是设计产品，都是有图样的。（ ）
93. 车辆上木制件的图样只包括结构安装图这一类。（ ）
94. 木螺钉使用在较硬的木材上时，可以先钻小孔后锤击敲入。（ ）
95. 木材切削的工作运动只采用一种方式，即切削刀具移向被加工的材料。（ ）
96. 木材三个方向的切削分别是端向切削、纵向切削、横向切削。（ ）
97. 木工锯的料路有左右分、左中右中、左右中三种形式。（ ）
98. 一般纵锯割都用二料路，横锯割都用三料路。（ ）
99. 斧有单刃和双刃之分。双刃斧只适合砍不适合劈，单刃斧适合于砍和劈。（ ）
100. 木框也叫框架，其纵向方材又叫“立边”，有榫孔；横向方材又叫“帽头”，有榫头。（ ）
101. 木材在一般情况下没有可塑性。（ ）
102. 针叶材的弯曲性能比阔叶材的好。（ ）
103. 齿形胶接是一种将短料拼接成长料的接长方法。（ ）
104. 为了保证产品的装配质量，要求同一批量生产出来的零件具有互换性。（ ）
105. 榫头的厚度大于榫眼的宽度0.2 mm，即采用过盈公差。（ ）
106. 榫头的宽度要小于榫眼的长度0.5～1 mm，即采用间隙公差。（ ）
107. 定位尺寸是决定零件中各基本形体的相互位置的尺寸。（ ）

108. 结构装配图要标出产品结构的整体总长、总宽、总高。(　　)

109. 图纸上的尺寸规定以米为单位。(　　)

110. 刨削松软且含水率大的木材时,会因刨刀不锋利而产生毛刺,这一缺陷不克服,将会影响油漆制品质量。(　　)

111. 木材是由无数木细胞组成的多孔性物质。(　　)

112. 使用凿进行凿眼操作时,为了方便出屑,凿可以左右和前后晃动。(　　)

113. 木材干缩率最大的是径向。(　　)

114. 在弦切面上,年轮线在板面上呈现美丽的花纹,外观质量高。(　　)

115. 木制件图样与机械图样完全相同。(　　)

116. 我们通常所说的"木材"就是指木质部。(　　)

117. 零件图上有零件的图形、尺寸、技术要求和加工注意事项等。(　　)

118. 木射线在木材三个不同切面上,呈现出相同的形态。(　　)

119. 在同一胶拼件上,只要制作工艺好,软材和硬材可以同时使用。(　　)

120. 使用框锯进行圆弧锯割操作时,锯条应该垂直于工件面。(　　)

121. 同一根厚度的不同材面,呈现的木花纹是相同的。(　　)

122. 木材花纹不能帮助我们识别木材的树种。(　　)

123. 在使用木工刨床时,加工木料应顺木纹刨削,木料弯曲时应使凹面向下。(　　)

124. 在使用木工刨床作业时允许戴有指手套。(　　)

125. 磨刨刃选用磨石时,一般粗磨石或细磨石任选取其一即可。(　　)

126. 手工锯经过一段时间应用后需进行锉伐锯齿。(　　)

127. 尿醛胶既可用于冷压粘贴也可用于热压粘贴。(　　)

128. 用斧砍削的操作,如果节子在板材的中心,应从节子的两边砍削。(　　)

129. 尿醛树脂胶使用前无需添加其他物质。(　　)

130. 当介质的湿度和流动速度不变时,温度越高,木材干燥越快。(　　)

131. 零件图的绘制不可以为了简化划图,而简化某些交线。(　　)

132. 木材锯割配料时,应考虑锯缝的消耗量:大锯为 4 mm,中锯为 2～3 mm,细锯为 1.5～2 mm。(　　)

133. 木材组织构造均匀,各方向的强度一致。(　　)

134. 刨料前,要检查木料的弯曲和木纹方向等情况。(　　)

135. 木材无弹性,不能承受冲击和振动。(　　)

136. 按照行业不同,木工工种分为建筑木工、家具木工、造船木工、车辆木工。(　　)

137. 用手指向上轻摸锯齿尖,如感觉"挂手",则锯齿较锋利。(　　)

138. 圆锯机的锯片厚,锯路宽,木材加工损耗较大,一般只用于截断、裁边、配料、锯榫等。(　　)

139. 图形线性尺寸与实际物体的相应线性尺寸之比,称为图样的比例。(　　)

140. 锯路的作用是使锯缝的宽度大于锯条背部的厚度,从而防止夹锯。(　　)

141. 测量胶合板的厚度时取一条边的中部,距板边 10 cm 处,用精度为 0.05 mm 的游标卡尺测量即可。(　　)

142. 研磨刨刃时,刃口的坡面要紧贴磨石,来回推磨。要保持角度不变,切忌两手忽高忽低,以至把刨刃斜坡磨成圆棱。(　　)

143. 判断车辆方向时，人站在车辆的中间，面向一位端，右手一侧为一位侧，左手一侧为二位侧。（　　）

144. 所有车辆上使用的木质零件都不允许使用湿材。（　　）

145. 从零件的生产到产品的组装，质量都要符合标准。（　　）

146. 库房、作业区域必须配备足够的灭火器具，并有专人负责日常维护。（　　）

147. 钻通孔在将要钻穿时，必须加大进给量，如采用手动进给的，最好切换成自动进给。（　　）

148. 在钻较大的孔眼时，预先用小钻头钻穿，然后再使用大钻头钻孔。（　　）

149. 提高生产效率，无需要掌握安全常识。（　　）

150. 总余量是为了消除上道工序所造成的形状和尺寸误差而应当切去的木材表面部分。工序余量是为了获得尺寸、形状和表面光洁度都符合要求的零部件而应从毛料表面切去的总厚度。（　　）

151. 木工锯在锯削过程中，如若感到进锯慢而费力，则表明锯齿已不锋利，需要锉伐锯齿。（　　）

152. 刨削时，刨底应始终紧贴木料面，开始时不要将刨头翘起来，刨到前端时，不要使刨头低下，否则，刨出来的木料表面，中间部分会凹陷。（　　）

153. 要把施工质量从事后把关，变为事前控制。（　　）

154. 进入现场施工区域必须佩戴安全帽和胸卡。着装统一整齐，严禁施工人员穿背心、拖鞋进入现场。（　　）

155. 木材刨光净耗量：单面刨光为 1～1.5 mm，双面刨光为 2～3 mm，料长 2 m 以上，应再加大 1 mm。（　　）

五、简 答 题

1. 简述榫接合的含义。
2. 木工用的凿，标号是 3/8"和 5/8"，它们的宽度是多少毫米？4 ft×6 ft 和 3 ft×7 ft 胶合板的幅面分别是多少毫米？
3. 简述锯路的含义。
4. 简述锯路的作用。
5. 简述木工常用量具。
6. 简述木工常用划线工具。
7. 简述木工用锯种类。
8. 简述木工用刨种类。
9. 简述木工用铲凿工具种类。
10. 简述木工用辅助工具种类。
11. 简述木制家具中常用的接合方法。
12. 举出五种以上常用木工普通机床。
13. 简述常用的单板种类。
14. 简述切削速度的含义。
15. 简述影响产品质量五个方面的因素。
16. 简述用眼睛检查加工构件平、直的基本要领。

17. 简述钢丝锯的含义。
18. 简述常用的手工木工工具种类。
19. 木工手工锯纵锯和横锯的锯齿有何不同?
20. 影响木材切削加工质量的主要因素是什么?
21. 简述钻孔应注意事项。
22. 简述质量缺陷的定义及分类。
23. 什么是单线刨?它的用途如何。为什么斜刃比直刃好?
24. 简述工艺纪律的含义。
25. 什么是产品质量?
26. 简述木制品零件配料方式。
27. 简述木材的缺点。
28. 简述翘曲度的测定。
29. 简述平度值的测定。
30. 简述邻边垂直度的测定。
31. 简述嵌板的装配形式。
32. 什么是锯齿的料路?
33. 什么是锯齿的料度?
34. 简述基本偏差的特点。
35. 什么是锯齿的斜度?
36. 什么是加工余量?
37. 简述不同长度毛料宽度和厚度的加工余量值。
38. 简述锯条规格的表示方法及常用规格。
39. 简述长度方向的加工余量值。
40. 简述平刨的种类。
41. 简述整体单榫的适用范围。
42. 简述设计基准与划线基准的含义。
43. 简述整体双榫的适用范围。
44. 什么是 QC 小组?
45. 全面质量管理常用的统计方法有哪些?
46. 简述榫结合的构成。
47. 什么是木材表面粗糙度?
48. 简述锯缝产生歪斜的原因。
49. 木制件常用的连接方法有哪几种?最常用的是哪几种?
50. 简述尺寸公差的定义及公差带包含的基本内容。
51. 简述标准公差的特点。
52. 简述手动锯割工件发生锯条折断的原因。
53. 木工用长刨子、中刨子和细刨子其用途和结构有何不同?
54. 什么是划线配料?
55. 简述木制品加工中的配料。

56. 常用的轻便机具有哪些？
57. 如何根据不同产品和质量要求进行合理选料？
58. 简述加工精度的含义。
59. 简述开榫机的安全操作技术要求。
60. 什么是板式家具？
61. 简述翘曲变形。
62. 简述使用手电钻时的注意事项。
63. M12 螺栓拧紧时发生螺栓断裂，简述取出断裂的螺栓的方法。
64. 简述形位公差。
65. 简述工序质量的真正含义。
66. 简述组装或装配。
67. 简述施胶粘接工艺流程。
68. 简述何谓工序和工序质量。
69. 简述框架式家具。
70. 什么是五金件接合？

六、综 合 题

1. 如何防止木制品变形？
2. 木工用锯主要有哪几种？其用途有何不同？
3. 使用木工刨子刨料应注意哪些事项？
4. 滚刨(蟹刨)分哪两种？其用途是什么？
5. 木工刨子应怎样保养？
6. 木结构中榫头与榫孔的配合有哪些技术要求？
7. 手持电动工具的种类和使用要点是什么？
8. 平刨机和压刨机的主要用途是什么？
9. 试述手电锯安全操作规定。
10. 什么是相对面的加工？
11. 什么是基孔制和基轴制？
12. 请根据图 1 的主视图、侧视图及立体图，补画出俯视图。

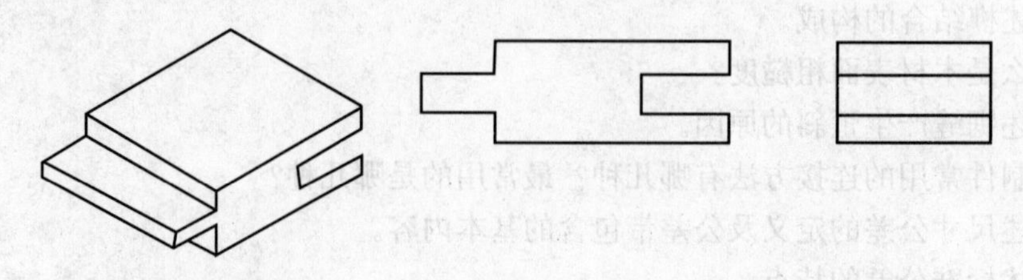

图　1

13. 已知有一批板材，其中 47 mm 厚，280 mm 宽，4 m 长，共 5 块；47 mm 厚，250 mm 宽，4 m 长，共 5 块；加工成 40 mm×50 mm×1 800 mm(厚×宽×长)共 75 根，求该板材的出材率？

14. 请根据图 2 的立体图及三视图中的两个视图,补画主视图。

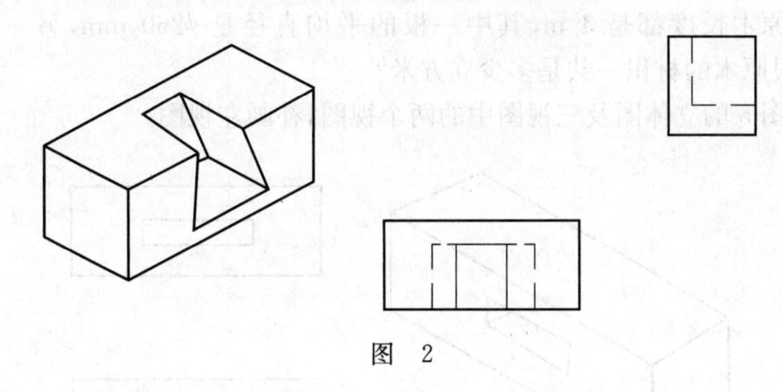

图 2

15. 请简述手电钻的使用注意事项。
16. 请根据图 3 的主视图、侧视图及立体图,补画出俯视图。

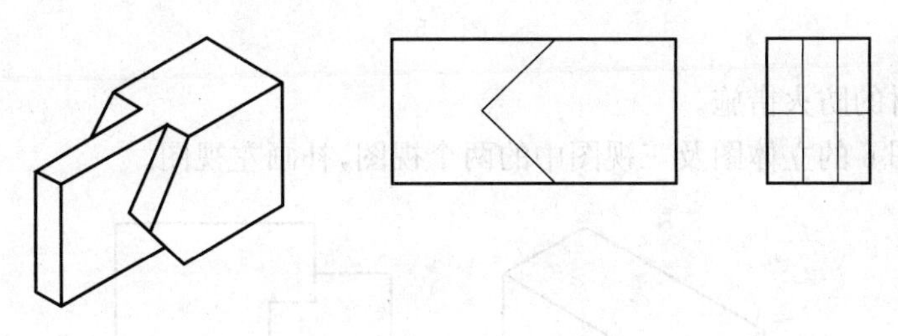

图 3

17. 按榫头的形状分,榫头主要有哪几种?用于何处?
18. 3 ft×6 ft,3 ft×7 ft,4 ft×6 ft,4 ft×7 ft,4 ft×8 ft 胶合板幅面分别是多少平方米?
19. 木工手工凿孔应遵循哪些事项?
20. 木制件划线的技术要求有哪些?
21. 已知正六边形的边长为 30 mm,求正六边形的面积。
22. 试述木工手工平刨子的构造。
23. 简述面板拼接中穿条拼及其用途。
24. 什么是事前控制?
25. 请根据图 4 的立体图及三视图中的两个视图,补画主视图。

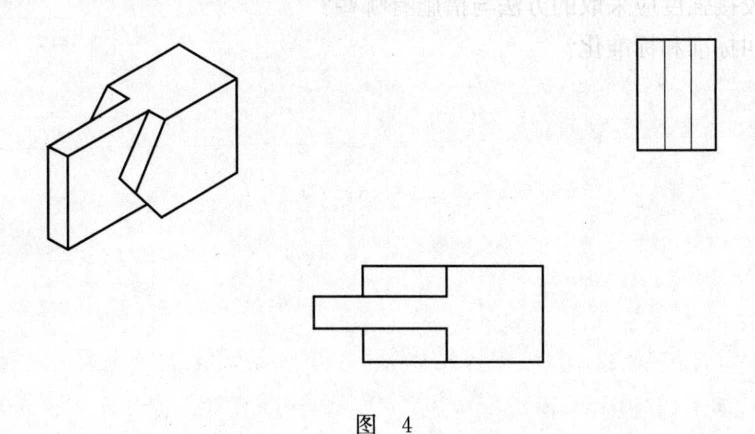

图 4

26. 木工用手刨子分哪几种？其用途如何？

27. 有两根原木长度都是 4 m，其中一根的平均直径是 $\phi260$ mm，另一根平均直径为 $\phi320$ mm，这两根原木的材积一共是多少立方米？

28. 请根据图 5 的立体图及三视图中的两个视图，补画左视图。

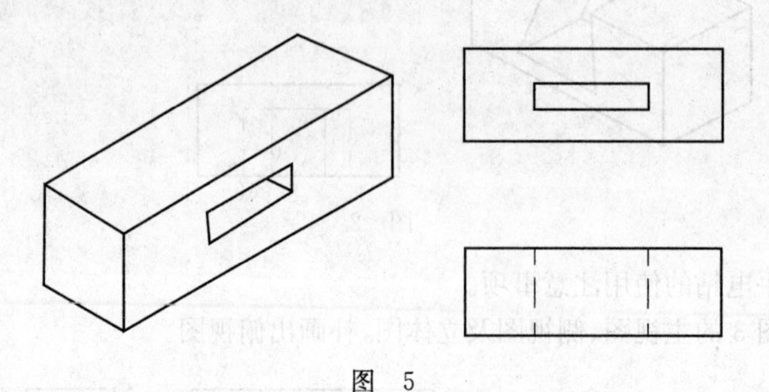

图　5

29. 简述木材的防火措施。

30. 请根据图 6 的立体图及三视图中的两个视图，补画左视图。

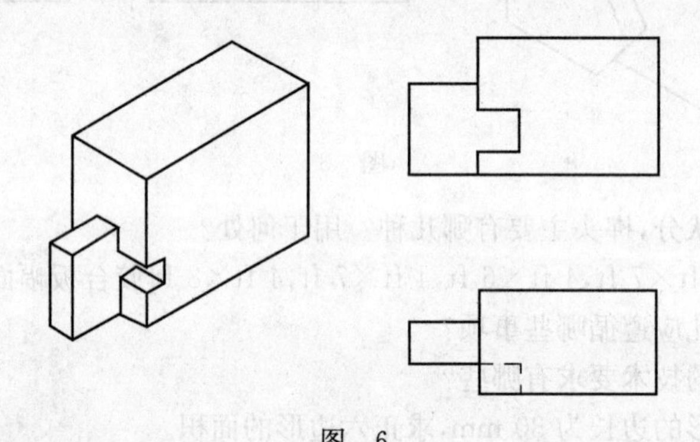

图　6

31. 简述锤的安全操作。

32. 简述直角榫接合的技术要求。

33. 简述刨刃的研磨方法。

34. 提高胶接强度应采取的方法与措施有哪些？

35. 什么叫标准和标准化？

手工木工(初级工)答案

一、填 空 题

1. 阔叶树　2. 软木　3. 落叶松　4. 针状
5. 水曲柳　6. 片状　7. 弦切面　8. 树皮
9. 形成层　10. 各向异性　11. 变色　12. 种类
13. 自由水　14. 耐磨性　15. 人工干燥　16. 散孔材
17. 交叉堆积　18. 水平堆积　19. 蒸汽干燥　20. 蒸汽
21. 胶合板　22. 非木质　23. NS耐水胶合板　24. 互相垂直
25. 4 ft×8 ft　26. 酚醛树脂胶　27. 翘曲　28. 防腐剂法
29. 半沉头木螺钉　30. 浸渍法　31. 定位　32. 螺钉接合
33. 端面　34. 基准面　35. 燕尾榫　36. 拼板构件
37. 零件　38. 长对正　39. 左视图　40. 布氏硬度
41. 合理下锯　42. 红松　43. 油毡　44. 250 mm
45. 角度　46. 3 m　47. 板锯　48. 拨料
49. 细刨　50. 平凿　51. 缺口　52. 手电刨
53. 窄刃凿　54. 圆锯机　55. 横向　56. 万能木工圆锯机
57. 台式带锯　58. 平刨床　59. 倒棱　60. 互相垂直
61. 装配图　62. 检验　63. 主视图右面　64. 14
65. √　66. 0.5～1.0 mm　67. 过盈配合　68. 平稳
69. 传动平稳　70. 干缩　71. 9.8　72. 防寒材
73. 流出　74. 组成部分　75. 旱材　76. 45°
77. 设计要求　78. 切削深度 p　79. 平行　80. 木材
81. 干缩量　82. 多种工件　83. 10^6　84. 标准元件
85. 15～20 mm　86. 两　87. 夹具　88. 待加工
89. 三　90. 基准面　91. 进给　92. 大面
93. 热效应　94. 合金　95. 定位　96. 所划的线
97. 垂直　98. 右　99. 螺旋形　100. 大于
101. 另一面　102. 跑偏　103. 0.4～0.5　104. 双榫
105. 榫头　106. 2 mm　107. 部件　108. 安全操作
109. 3　110. 超负荷　111. 2　112. 施工
113. 30　114. 正投影面 V　115. 尺寸线　116. 图形语言
117. 主　118. 搭　119. 左　120. 高速钢
121. 火源　122. 十字槽旋　123. 燕尾榫　124. 越宽

125. 双　126. 插入榫　127. 暗榫　128. 闭口榫
129. 25.5　130. 防火剂　131. 培训　132. 货车
133. 品种　134. 平整　135. Ⅰ　136. 1 mm
137. 平直程度　138. 钢化　139. 12　140. 8
141. 63.5　142. 铰链　143. 三　144. 毫米
145. 400 mm^2　146. 1 256.6 mm^2　147. 货物　148. 剖视图
149. 定期　150. 标签　151. 过程产品　152. 危险源
153. 绝缘　154. 架空　155. 凿刃

二、单项选择题

1. B　2. B　3. C　4. C　5. B　6. B　7. A　8. C　9. C
10. C　11. A　12. D　13. D　14. C　15. B　16. A　17. C　18. B
19. A　20. C　21. C　22. A　23. B　24. C　25. B　26. B　27. A
28. D　29. A　30. C　31. A　32. B　33. B　34. B　35. B　36. C
37. A　38. C　39. B　40. C　41. B　42. B　43. B　44. C　45. D
46. C　47. A　48. A　49. C　50. A　51. B　52. B　53. C　54. C
55. C　56. C　57. B　58. C　59. A　60. A　61. B　62. C　63. B
64. C　65. B　66. A　67. C　68. B　69. A　70. B　71. A　72. B
73. C　74. D　75. A　76. B　77. B　78. A　79. D　80. D　81. B
82. C　83. A　84. C　85. C　86. A　87. B　88. D　89. C　90. C
91. A　92. D　93. A　94. C　95. D　96. D　97. C　98. A　99. D
100. A　101. B　102. C　103. D　104. C　105. B　106. A　107. C　108. C
109. A　110. C　111. B　112. A　113. C　114. C　115. B　116. A　117. B
118. C　119. D　120. B　121. B　122. B　123. C　124. A　125. B　126. C
127. B　128. A　129. A　130. D　131. C　132. B　133. C　134. A　135. D
136. D　137. C　138. A　139. B　140. B　141. D　142. A　143. B　144. A
145. B　146. B　147. C　148. B　149. C　150. A　151. A　152. A　153. C
154. D

三、多项选择题

1. BCD　2. BC　3. ACD　4. BCD　5. ABCD　6. ACD　7. ABCD
8. AB　9. ABCD　10. ACD　11. AC　12. ABCD　13. AD　14. CD
15. ABCD　16. CD　17. ABD　18. ABCD　19. ABCD　20. CD　21. BCD
22. BC　23. ABC　24. ABD　25. ABCD　26. ABCD　27. CD　28. ABCD
29. ACD　30. ABD　31. AD　32. BC　33. ABC　34. BCD　35. ABC
36. BCD　37. BC　38. ABC　39. ABCD　40. ABCD　41. BD　42. BC
43. BCD　44. AB　45. CD　46. CD　47. ABCD　48. BD　49. ABD
50. ABCD　51. ABCD　52. AC　53. ACD　54. AB　55. BD　56. BC
57. BCD　58. ABC　59. AB　60. ACD　61. AC　62. ABC　63. AD

64. BCD　65. BD　66. ABC　67. ABD　68. ABCD　69. BD　70. ABC
71. CD　72. AC　73. CD　74. ABCD　75. ABCD　76. BD　77. BCD
78. CD　79. AB　80. ABC　81. ABC　82. ABCD　83. ABD　84. ABCD
85. ABCD　86. BCD　87. BD　88. ABC　89. BCD　90. BC　91. BD
92. ABC　93. ABD　94. ACD　95. ABC

四、判 断 题

1. √　2. ×　3. ×　4. ×　5. √　6. ×　7. √　8. ×　9. √
10. ×　11. √　12. ×　13. √　14. √　15. ×　16. √　17. ×　18. √
19. ×　20. ×　21. ×　22. √　23. √　24. √　25. √　26. ×　27. ×
28. √　29. √　30. ×　31. √　32. √　33. ×　34. √　35. ×　36. ×
37. √　38. ×　39. √　40. ×　41. √　42. ×　43. √　44. √　45. ×
46. ×　47. ×　48. √　49. ×　50. √　51. √　52. √　53. √　54. ×
55. ×　56. √　57. ×　58. √　59. √　60. √　61. √　62. ×　63. ×
64. √　65. √　66. ×　67. √　68. √　69. √　70. ×　71. √　72. √
73. √　74. √　75. ×　76. ×　77. √　78. √　79. √　80. ×　81. √
82. √　83. ×　84. √　85. ×　86. √　87. ×　88. ×　89. √　90. √
91. ×　92. √　93. ×　94. ×　95. ×　96. √　97. √　98. ×　99. ×
100. √　101. √　102. ×　103. √　104. √　105. ×　106. ×　107. √　108. √
109. ×　110. ×　111. √　112. ×　113. ×　114. √　115. ×　116. √　117. √
118. ×　119. ×　120. √　121. ×　122. ×　123. √　124. ×　125. ×　126. √
127. √　128. ×　129. ×　130. √　131. ×　132. √　133. ×　134. √　135. ×
136. √　137. √　138. ×　139. √　140. √　141. ×　142. √　143. √　144. √
145. √　146. √　147. ×　148. √　149. ×　150. ×　151. √　152. ×　153. √
154. √　155. √

五、简 答 题

1. 答:榫接合俗称卯榫接合(1 分),也就是指木零件的榫头嵌入另一木零件的榫孔或榫槽的接合(3 分),它是木结构中最常用的接合方法(1 分)。

2. 答:3/8″=9.525 mm(1.5 分),5/8″=15.875 mm(1.5 分),4 ft×6 ft 幅面为 1 220 mm×1 830 mm(1 分),3 ft×7 ft 幅面为 915 mm×2 135 mm(1 分)。

3. 答:在制造时,使锯条上的全部锯齿按一定的规则左右错开,排列成一定的形状,称锯路(5 分)。

4. 答:锯路的作用是使锯缝的宽度大于锯条背部的厚度(2 分),从而防止"夹锯"(1 分),减小锯条与锯缝的磨擦阻力(1 分),使锯割时省力(1 分)。

5. 答:木工常用量具有量尺(1.5 分)、角尺(1.5 分)、水平尺(1 分)、线锤等(1 分)。

6. 答:木工常用划线工具有划线笔(1.5 分)、线勒子(勒线器)(1.5 分)、墨株(1 分)和圆规(1 分)。

7. 答:按锯割要求的不同,常见木工用锯有框锯(1 分)、侧锯(1 分)、刀锯(1 分)、手锯(1

分)和钢丝锯等(1 分)。

8. 答:木工刨削木料常用的有平底刨(1 分)、槽刨(1 分)、线刨(1 分)、边刨、轴刨(1 分)、凸刨、凹刨等几种(1 分)。

9. 答:按用途分凿子可分为平凿(2 分)、斜凿(1.5 分)和圆凿(1.5 分)。

10. 答:木工用辅助工具有斧(1 分)、锤(1 分)、木锉(1 分)、钳(1 分)、扳手和旋凿等几种(1 分)。

11. 答:在木制家具中,常用的有榫接合(1.5 分)、钉接合(1.5 分)、胶接合(1 分)、五金件接合(1 分)等几种。

12. 答:框锯机(1 分)、带锯机(1 分)、圆锯机(1 分)、刨床(1 分)、铣床、开榫机、钻床、车床、仿型机床等(1 分)。

13. 答:常用的单板有锯制单板(1.5 分)、刨切单板(1.5 分)和旋切单板(2 分)。

14. 答:切削速度指刀具或工件运动时,刀刃相对于加工件的运动速度(5 分)。

15. 答:在生产现场影响产品质量五个方面的因素是人、机器、材料、方法(1 分)、环境(1 分)。

16. 答:(1)站在料旁,以所看平面的纵长线为标准,看对面边线是否与其重合,若重合则表示材料面平直;否则表示材料面不平直(2 分)。(2)站在料的端部,以所看平面的横端线和身边两角为标准看另一头的两角和端部是否平直,来判断和测定材料面是否平直(3 分)。

17. 答:钢丝锯又名弓锯,是一种特殊的锯割工具,用来锯割薄板的各种曲线,特别是一般曲线锯无法完成的曲线和透孔(3 分)。钢丝锯由剁出锯齿的钢丝和紧绷钢丝的弓形竹片或弹性钢带组成(2 分)。

18. 答:常用的手工木工工具可分为六种,分别是:量具、划线工具、锯类工具、刨类工具、制孔类工具、锤子和斧。(评分标准:每种 1 分,答出 5 种即可,共 5 分)

19. 答:木工手工具的纵锯锯齿其切削角有 90°和 88°两种(1 分)。横锯的锯齿其切削角有 90°和 100°两种(1 分),其锯齿的楔角都在 60°左右(1 分)。一般锯割原木和板材的锯齿其切削角较大(1 分),而锯割木零件的锯齿其切削角较小(1 分)。

20. 答:(1)切削速度和进给速度(1 分);(2)木材性质(结构)(1 分);(3)顺纹切削与逆纹切削(1 分);(4)木材含水率与气候条件(1 分);(5)刀具与机床性能(1 分)。

21. 答:(1)钻孔前先划线、打样冲眼(1 分);(2)选好夹持面,找正并夹紧(1 分);(3)钻孔时根据材料硬度,适当加冷却液(1 分);(4)钻孔时先钻一浅坑,找正后再钻孔,并经常提起钻头,排除钻屑;钻通孔时,将要钻透时,应减小钻刀量,以防卡住或折断钻头(2 分)。

22. 答:质量缺陷是指产品质量"未满足与预期或规定用途有关的要求"(1 分)。

质量缺陷分类:(1)偶发性的质量缺陷。偶发性的质量缺陷又称急性质量缺陷,它是由系统因素引起的质量失控所出现的质量异常波动(2 分)。(2)经常性的质量缺陷。经常性的质量缺陷又称慢性质量缺陷,它是由随机性的因素引起的质量正常波动所造成的质量缺陷(2 分)。

23. 答:单线刨又叫边刨和沟刨,主要用于木零件边缘上裁口或打槽(1 分)。斜刃线刨切削时阻力少,不易起呛,刨削的光洁度较好(2 分),而直刃线刨阻力大,木材表面容易起呛(2 分)。

24. 答:工艺纪律是对劳动者在生产过程中执行工艺文件规定的纪律要求,是严格执行工艺文件的行为准则(5 分)。

25. 答:产品质量指的是产品满足使用要求所具备的特性即适用性(1 分)。它一般包括性能(1 分)、寿命(1 分)、可靠性、安全性(1 分)、经济性五个方面(1 分)。

26. 答:(1)先横截再纵解(1 分);(2)划线配料(2 分);(3)经粗刨后再横截或纵解(2 分)。

27. 答:木材的缺点有:(1)组织构造不均匀,各方向的强度不一致(1.5 分);(2)木材有干缩和湿胀的特性,容易变形、开裂和腐朽(1.5 分);(3)木材的耐火性差,保管不善易受虫害(1 分);(4)木材具有天然缺陷,如疤节、扭转纹等(1 分)。

28. 答:将翘曲度测定器放置在被测产品平面的对角线上(2 分),测量其中点与基准线的距离(2 分),以其中一个最大距离为翘曲度定值(1 分)。

29. 答:测定时将平整度测定器放置在产品的被测表面(1 分),同时选择不同程度最严重的三个部件(1 分),测量 0~150 mm 长度内与基准直线间距离(1 分),以其中一个最大距离为平整度测定值(2 分)。

30. 答:用钢卷尺或钢直尺测量产品矩形面的两对角线,其差值即为邻边垂直度测定值(5 分)。

31. 答:嵌板的装配形式分为裁口法(2.5 分)和槽榫法(2.5 分)两类。

32. 答:料路是指锯齿向左右两侧倾斜的方式,分为二料路和三料路两种(2 分)。二料路是指锯齿按顺序一个向左、一个向右倾斜(1.5 分)。三料路指锯齿排列分左、中、右排列(1.5 分)。

33. 答:料度是指锯齿齿尖向两侧倾斜的程度(1 分),一般纵锯的料度为其锯条厚度的 0.6~1 倍(2 分);而横锯的料度为锯条厚度的 1~1.2 倍(2 分)。

34. 答:基本偏差的特点:(1)基本偏差原则上与标准公差无关,彼此独立(2.5 分);(2)公差带在零线上方时,基本偏差为下偏差,反之则为上偏差(2.5 分)。

35. 答:锯齿的斜度是指锯齿的前角(2 分)、楔角(2 分)、切削角(1 分)的大小。

36. 答:在木家具的制作过程中,按照零件规格的尺寸,将成材锯割成毛料(2 分),再将毛料加工成符合设计要求的零件时所切削掉的部分称为加工余量(3 分)。

37. 答:(1)长度在 500 mm 以下的毛料,宽度和厚度的加工余量取 3 mm(1 分);(2)长度在 500~1 000 mm 的毛料,宽度和厚度加工余量取 3~4 mm(1 分);(3)长度在 1 000~1 200 mm 的毛料,宽度和厚度加工余量取 5 mm(1 分);(4)长度超过 1 200 mm 时,加工余量需再适当增加(2 分)。

38. 答:锯条的长度是以两端安装孔的中心距来表示的(2 分),其规格有 200 mm、250 mm、300 mm(2 分),常用的锯条规格为 300 mm(1 分)。

39. 答:(1)对于端头有榫头的零件,长度加工余量取 5~10 mm(2.5 分);(2)对于胶拼成板材的零件,长度加工余量取 15~20 mm(2.5 分)。

40. 答:平刨按用途可分为荒刨(1 分)、长刨(1.5 分)、大平刨(1.5 分)、净刨(1 分)。

41. 答:适用于各种木框中部接合(2 分),如橱柜类家具(1 分),桌类家具中的面板、门扇、旁板等竖撑(1 分),木框中撑及各种拉挡(1 分),应用极广。

42. 答:在零件图上用来确定其他点、线、面位置的基准,称为设计基准(2.5 分)。划线基准是在划线时,选择工件上的某个点、线、面作为依据,用它来确定工件的各部分尺寸、几何形状及工件各要素的相对位置(2.5 分)。

43. 答:适用于各种断面较大的中撑接合,如各种橱柜类家具、桌类家具等横挡的接合(5 分)。

44. 答:凡在生产或工作岗位上从事各种劳动的职工,围绕企业的方针目标,运用质量管理的理论和方法,以改进质量、提高经济效益为目的,组织起来开展活动的小组,可统称为质量管理小组即 QC 小组(5 分)。

45. 答:常用的统计方法有排列图、因果图、直方图、管理图、散布图、调查表、数据分层法。(评分标准:每个 1 分,共 5 分,答出 5 个即可)

46. 答:榫结合是由榫头、榫眼或榫沟连接的(5 分)。

47. 答:木材表面粗糙度是指木材在加工过程中由于切削用量、切削工具、机床及工件的刚度(2 分)、木材的物理力学性质(1 分)和切削方向等因素的影响(1 分),在加工表面留下的加工痕迹(1 分)。

48. 答:(1)工件安装,锯缝线方向未能与铅垂线方向一致(1 分);(2)锯条安装太松或锯弓平面扭曲(1 分);(3)使用锯齿两面磨损不均的锯条(1 分);(4)锯割压力过大使锯条左右偏摆(1 分);(5)锯弓未摆正或用力歪斜,使锯条背偏离锯缝中心平面,而斜靠在锯齿断面的一侧(1 分)。

49. 答:木制件常用的连接方法有榫接合、胶接合、钉接合、螺钉接合及其他金属连接件接合(2 分),其中以榫接合用的最多(2 分),接合时通常要用胶配合下的榫接合(1 分)。

50. 答:尺寸公差(简称公差)是尺寸允许的变动量(1 分)。公差带包含标准公差和基本偏差两个方面的内容(1 分)。标准公差是指公差带的宽度,即公差值的大小,它决定该尺寸的公差等级(1.5 分);基本偏差表示靠近基本尺寸零线的那个偏差值,它决定该尺寸公差带的位置(1.5 分)。

51. 答:(1)标准公差的大小反映了精度等级(1.5 分);(2)标准公差的大小取决于基本尺寸和公差等级,即同一等级,公差值随尺寸的增大而增大;同一尺寸,等级愈高,公差值越小(2 分);(3)标准公差与配合无关(1.5 分)。

52. 答:手动锯割锯条折断的主要原因:(1)锯条装得过松或过紧(1 分);(2)工件抖动或松动(1 分);(3)锯缝歪斜,校正时锯条扭曲折断(1 分);(4)锯时压力太大(1 分);(5)新锯条在旧锯缝中卡住(1 分)。

53. 答:根据用途,木工长刨子一般用于木板研缝(1 分);中刨子多用于荒刨或精刨(1 分);细刨子一般用于木件的精刨(1 分)。长刨子的刨身长度为 400~500 mm,中刨子的刨身长度 300~350 mm,细刨子的刨身长度为 180~200 mm(1 分);长刨子的刃口斜度一般为 45°左右,中刨子为 43°~45°,细刨子为 47°(1 分)。

54. 答:主要是按零件的规格、形状和质量要求先在板材表面划线,然后锯解,这样可提高出材率(5 分)。

55. 答:将成材或人造板锯割成各种规格的毛料的加工过程成为配料(3 分),它主要包括选料、确定加工余量、横向截断、纵向锯解等工序(2 分)。

56. 答:常用的轻便机具主要有手提电锯(1.5 分)、手提式电刨(1.5 分)、手提式磨光机(1 分)、手提式电钻等 (1 分)。

57. 答:(1)选择产品所用的材料、规格要符合设计要求(1 分)。(2)成材含水率要符合产品技术要求,一般应不高于适用地区的平均含水率标准(2 分)。(3)在选料时要考虑产品中各零件受力情况和强度要求,对有缺陷的木材应有选择的使用,应符合家具国家标准(2分)。

58. 答:加工精度是指木制品或木家具的零件在加工后所得到的尺寸、几何形状等参数的实际数值(2分)和图纸上规定的尺寸、几何形状等参数的理论数值相符的程度(2分)。符合程度越高即两者之间的差距越小,表明加工精度越高(1分)。

59. 答:(1)加工长度超过1.5 m的木料时,必须有两人进行操作。短料开榫,必须加垫木夹牢,禁止用手握料(2.5分)。(2)发现有刨渣或木片堵塞时,要用木棍推出,禁止用手掏(2.5分)。

60. 答:采用板件并用金属件将其连接而成形体的家具,称为板式家具(3分)。这类家具不采用框架作为骨架,结构简单,便于实现加工、涂饰自动化(2分)。

61. 答:干缩时木材的纵向和横向产生收缩变形(2.5分)。若板材的两端或两边发生弯曲,扭转变形,则叫做翘曲变形(2.5分)。

62. 答:(1)在使用手电钻之前,应先开机空转1 min,检查各个部件是否正常。如有异常现象,应在故障排除后再进行钻削(2.5分)。(2)使用电钻头必须保持锋利,且钻孔时不宜用力过猛。当孔将被钻穿时,应逐渐减轻压力,以防发生事故(2.5分)。

63. 答:当螺栓断裂后,根据螺栓直径首先要选一个比被拧断螺栓要细的断丝取出器(1分),再找一个和断丝取出器最细端一样大小的钻头(1分),然后在断螺栓中间钻个足够深的孔(1.5分),最后用断丝取出器逆时针旋入被拧断螺栓中,直到旋出被拧断螺栓(1.5分)。

64. 答:形位公差是标准规定的实际形状误差,关联实际要素的位置,对基准所允许的变动量(3分)。形位公差是形状公差和位置公差的简称(2分)。

65. 答:工序质量真正的含义不仅仅是指该工序的产品质量(1分),它还包括在工序中的工作质量(1.5分)、工程质量(1.5分)以及对下道工序的服务质量(1分)。

66. 答:将经过加工后的零件按设计图纸和技术要求组成部件,或将零部件组成制品的过程称为组装或装配(5分)。

67. 答:(1)被粘接表面清洁(0.5分);(2)被粘接表面涂底涂(0.5分);(3)被粘接表面涂胶(1分);(4)粘接(1分);(5)去除表面多余胶(1分);(6)使用平滑剂平整表面(1分)。

68. 答:工序是指操作者在一个工作地,连续完成一个或多个零部件的工艺过程中的某一基本单元(2分)。工序质量是操作者在该工序的工艺(包括加工、检修或装配)成果符合设计、工艺、管理及下道工序要求的程度(3分)。

69. 答:主要部件由框架形式构成的家具,称之为框架式家具(2分)。这类家具采用榫孔接合,具有连接稳固、适应性强、外观整洁等特点(2分)。大部分传统家具都属于这一类(1分)。

70. 答:五金件接合是指螺栓、螺钉等紧固件及金属件将木质件连接起来的接合方法(5分)。

六、综 合 题

1. 答:木制品变形的主要原因是含水率偏高或存放不当(2分),因此防止木制品变形,一方面应严格控制木制件的含水率,最好使木制件的含水率略低于当时当地的木材平衡含水率(2分),另外在存放过程中注意合理堆放,垫木要平整(2分),周围环境应保持干燥和良好的通风(2分),分层堆放木制品时,所用垫木上下应对齐,垫木或垫条厚度应一致(2分)。

2. 答:木工用锯有框锯、刀锯、手锯、侧锯、钢丝锯等多种,较常用的有框锯和刀锯两种(3分)。框锯又分为纵向锯、横向锯和曲线锯三种,纵向锯用于顺木纹纵向锯削;横向锯用于垂直木纹方向的锯削;曲线锯用于锯削内外曲线或圆弧工件(2分)。刀锯分为双刃刀锯、夹背刀锯、鱼头刀锯,双刃刀锯适用于锯削薄木板、胶合板等长而宽的材料;夹背刀锯多为细木工活时使用;鱼头刀锯只能横向锯削木料,它是建筑木工制模板最常用的工具之一(2分)。钢丝锯是锯削比较精密的圆弧和曲线形工件时使用的工具(1分)。手锯分为板锯和搂锯两种,板锯专门用来切削框锯不能锯削的宽而且长的木料;搂锯在较大的工件上挖孔时使用(1分)。侧锯在刨削较宽的槽和榫肩研缝时使用(1分)。

3. 答:(1)刨料前首先观察木料的平直程度,一般选择里材面(靠髓心侧)或表面缺陷少的表面做为大面(基准面),然后顺木纹刨削(1分)。(2)平面刨削时如发现木料弯曲应先刨两端,待木料基本平直后再大面积刨削(2分)。(3)刨好木料的基准面后,再刨侧面基准面,并随时用角尺检查两面的垂直度,待两基准面刨好后用笔做上标记(2分)。(4)以刨好的基准面为基准用勒刀勒出木料的厚度和宽度,然后照线刨其余两面(2分)。(5)端向刨削时应注意从两边向中间刨削,不可一刨到底,以免造成劈裂(1分)。(6)刨料时不可将手指贴近刨底,以免伤手(1分)。(7)刨料时应及时磨刃,保持刃具锋利(1分)。

4. 答:滚刨又叫蟹刨,一般是钢制,分为平底和圆弧底两种(4分)。平底蟹刨用于刨削平刨子不易加工的短水平面和凸面(3分),圆弧底面蟹刨则用于木零件内弧面的刨削加工(3分)。

5. 答:木工刨子在使用过程中要经常擦油(一般用机油),拆卸刨刃时应敲打刨身的后端(2.5分);安装刨刃时楔木不宜打的太紧,以免损坏“千斤”(2.5分);使用中的刨子放置时应底面朝上(2.5分);刨子用完后应松掉楔木,不要将刨子放在阳光下或暖气附近,以免刨身裂纹和变形(2.5分)。

6. 答:(1)榫头与榫孔的配合其松紧程度要适当,榫腰与榫孔的配合要松,一般要求间隙配合,约0~0.2 mm,榫头宽度与榫孔长度的配合要求过盈配合,一般过盈量为0.2~0.5 mm,软材可适当大一些(3.5分)。(2)榫肩的内肩不能高于外肩,也就是外肩配合要严,但两肩高低应基本一致(3.5分)。(3)榫头和榫槽的尺寸、形状应符合木制品总体结构的要求(3分)。

7. 答:目前各铁路工厂木工常用的电动工具有:手电钻、手电刨、手电锯、手提镂铣机、电动曲线锯和电动磨光机(4分)。使用电动工具之前首先必须看懂使用说明书,同时掌握使用方法,初级工使用电动工具应在师傅的指导下学会使用要领后再用(2分)使用电动工具必须严格检查其绝缘状况,外皮漏电的坚决禁止使用(2分),电动工具的插头应采用三爪插头,其中一个插头接火线,一个插头接零线,另一个较粗的插头接地线(2分)。

8. 答:平刨机主要用于刨削木零件的基准面,使被加工的基准面又平又直,同时达到同一木零件的两个相邻基准面互相垂直(5分)。压刨机主要用于对平刨机加工好基准面之后的木料进行厚度和宽度(薄板件的宽度加工除外)的加工(5分)。

9. 答:(1)工作前应检查手动开关是否灵敏可靠,检查接地线是否合乎要求,防护罩是否牢固(2分);(2)锯轮安装后应检查圆锯片锯齿是否锋利,有裂纹的锯片不准使用,锯片安装时应注意将螺母上紧,锯片空转不得左右摇摆,不得有任何障碍(2分);(3)工作时不准戴手套,开始下锯时,进料速度要慢,只能向前推,不准向后拖(2分);(4)操作者的身体应与锯片旋转方向错开,注意力要集中(2分);(5)工作中发现电机升温太高应注意冷却(2分)。

10. 答:为了满足所需要的零件规格尺寸和形状(2 分),在加工出基准面后,还需对毛料的其余表面进行加工(2 分),使之平整光洁,与基准面之间具有正确的相对位置和准确的断面尺寸(2 分),从而形成规格精料(2 分),这就是基准相对面的加工(2 分)。

11. 答:基孔制,即先加工出榫眼,然后以榫眼的尺寸为依据来调整开榫的刀具,使榫头与榫眼之间具有规格公差与配合,获得具有互换型的零件(5 分)。

基轴制,即先加工出榫头,然后根据榫头尺寸来选配加工榫眼的钻头,则不仅费工费时,而且也很难保证得到精确而紧密的配合(5 分)。

12. 答:如图 1 虚线框内所示。(10 分)

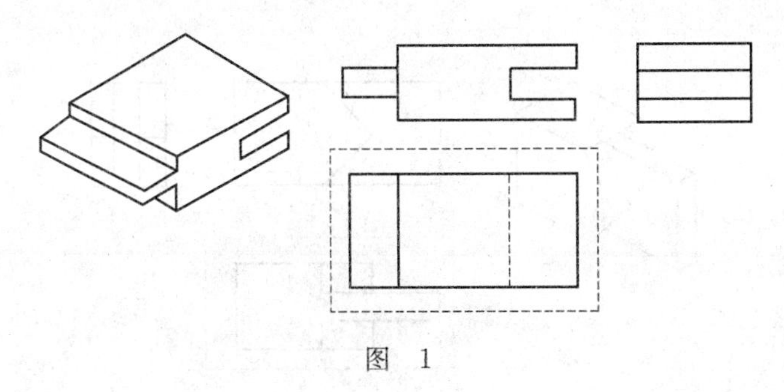

图 1

13. 解:(1)求出板材的材积:$V=0.047\times0.28\times4\times5+0.047\times0.25\times4\times5=0.498(m^3)$。(3 分)(2)求出所锯得木零件的材积:$V'=0.04\times0.05\times1.8\times75=0.27(m^3)$。(3 分)(3)该批板材的出材率$=V'/V\times100\%=0.27/0.498\times100\%=54\%$。(3 分)

答:该批板材的出材率为 54%。(1 分)

14. 答:如图 2 虚线框内所示(评分标准:每条线 1.5 分,共 10 分,凡错、漏、多一条线,各扣 1.5 分)。

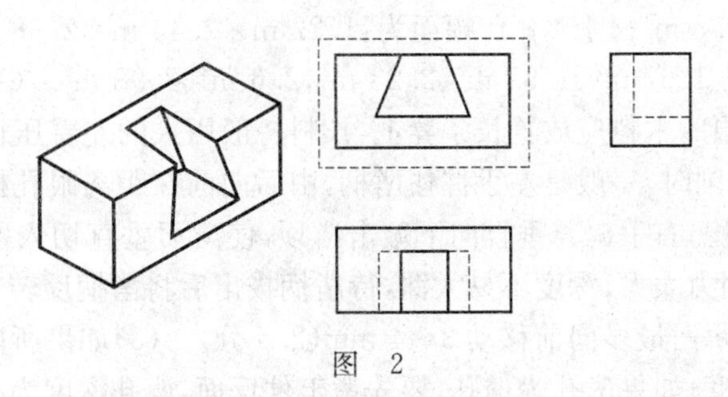

图 2

15. 答:(1)作业时电钻操作人员必须穿戴绝缘鞋,严禁戴手套(尤其是线手套)。面部朝上作业时,要戴上防护面罩。在生铁铸件上作业时要戴好防护眼镜,以保护眼睛。(2)站在梯子上工作或高处作业应做好高处坠落防护措施,梯子应有地面人员扶持。(3)操作时,应先启动,后缓慢接触工件。钻孔时不得用力过猛,不准用撬杠等其他物撬压电钻体。钻薄工件时要垫平垫实,压力要轻,进刀要慢(对于小工件必须借助夹具来夹紧,再使用手电钻),钻斜孔要避免滑钻伤人。孔快钻通时,压力要小,防止卡住钻头,电钻体旋转伤人。(4)在钻较大的孔眼时,预先用小钻头钻穿,然后再使用大钻头钻孔。(5)操作时要双手紧握电钻,尽量不要单手操作,应掌握正确操作姿势。严禁将身体直接压在电钻上,不准用脚踩压电钻。(6)使用中如发现严重打火、怪声、异味、冒烟等现象,立即停止使用电钻,找专业人员检修。(7)钻孔时产生的钻屑严禁用手直接清理，应用专用工具清屑。(8)装卸钻头应在电钻完全停止时进行，不准用锤和其他器件敲打钻夹头或夹头钥匙。用夹头钥匙或扳手旋紧卡头时力量应适当，以免损害夹头。旋紧后且应该将夹头钥匙或扳手取下，避免电钻转动时夹头钥匙或扳手飞出去或将电源线卷入。(9)在对电钻进行任何操作或是改变工作地点之前，要切断电钻电源。(10)避免电钻的电线碰触尖锐的物体而损害绝缘皮，并应避免电钻的电线沉浸于油脂、其他化学物品之内及置于温度较高的物体表面上。(11)在操作过程中若发现钻头龟裂，则必须立即更换钻头。

(评分标准：每条 2 分，共 10 分，答出 5 条即可)

16. 答：如图 3 虚线框内所示（评分标准：每条线 1 分，共 10 分，凡错、漏、多一条线，各扣 1 分)。

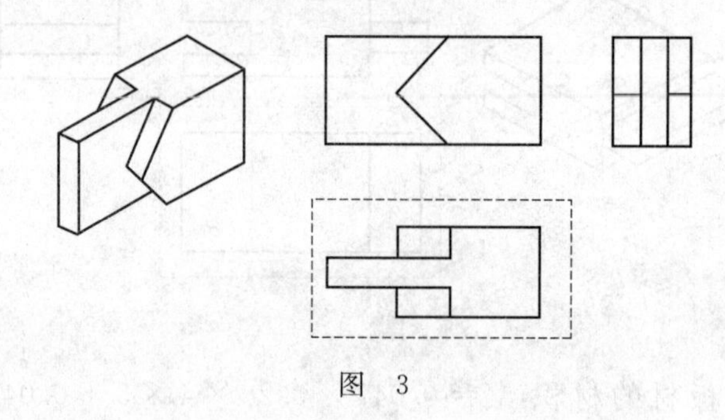

图 3

17. 答：按榫头的形状主要有三类，即直角榫、燕尾榫和圆榫(4 分)。直角榫一般用于木制各种框架接合，如木质门、窗、木制橱、柜、桌等(2 分)；燕尾榫多用于箱框结构、抽屉面板与侧板的连接(2 分)；圆榫则多用于木制件拼接，有的抽屉面板与侧板的连接也用圆榫接合(2 分)。

18. 解：3 ft×6 ft 幅面为：0.915 m×1.83 m=1.67 m^2；3 ft×7 ft 幅面为：0.915 m×2.135 m=1.95 m^2；4 ft×6 ft 幅面为：1.22 m×1.83 m=2.23 m^2；4 ft×7 ft 幅面为：1.22 m×2.135 m=2.6 m^2；4 ft×8 ft 幅面为：1.22 m×2.44 m=2.98 m^2。

答：各幅面分别为 1.67 m^2、1.95 m^2、2.23 m^2，2.6 m^2、2.98 m^2。(10 分)

19. 答：(1)被凿眼的木料应放置长条凳上，长料一般用人的左臂压住，小而短的料可用脚踏住(2.5 分)。(2)凿削时，一般是左手握住凿柄，由后向前在距离眼孔横线约 4～6 mm 附近凿刃斜面向外垂直拿稳，右手握斧垂直向下敲击凿顶，使凿刃垂直切入木料内，边凿边前后摇动凿柄，第一凿不要用力太大，深度不易太深，待凿柄拔出后将凿柄反转来，再依次由后向前移动，边凿边掘出木屑，每凿最多向前移动 3～4 mm(2.5 分)。(3)如果所凿榫孔为半眼，则头几凿就应凿到要求的深度；如果凿孔为透孔，要先凿工件反面，凿孔深度为孔深的 2/3 左右，再反转过来凿正面，眼孔凿通后，如发现孔壁粗糙，可用扁铲修整(2.5 分)。(4)凿孔过程中应随时将孔中木渣清除干净，最后依照墨线将后、前两孔壁垂直凿齐(2.5 分)。

20. 答：(1)下料划线时，必须留出加工余量和干缩量。锯口余量一般留 2～4 mm，单面刨光余量为 3 mm，双面刨光余量为 5 mm(2 分)。(2)对含水率不符合要求的木材，如果先下料而后再进行干燥处理，则毛料划线尺寸应增加 4%的干缩量(2 分)。(3)划对向线时，必须将料合起来，相对性的划线(1 分)。(4)制品的结合处必须避开节子和裂纹，并把允许存在的缺陷放在隐蔽处(1 分)。(5)划榫头和榫眼的纵向线时，要用线勒子紧靠正面划线(2 分)。(6)划线时，必须注意尺寸的正确性，一般划线后要经过校核才能进行加工(2 分)。

21. 解：正六边形的面积 $S=6\times1/2\times a\times h=6\times1/2\times a\times a\times\cos30^\circ=3\times0.03^2\times$

0.866=0.002 3(m^2)。(8分)

答:该正六边形的面积为0.002 3 m^2。(2分)

22. 答:木工手工平刨子的构造主要包括刨身、刨柄、刨刃、压刃盖、紧固螺钉及木楔(2.5分)。刨身一般采用干燥、坚韧、耐磨的硬质木材制作,刨身上开有安装刨刃与木楔的斜坡形槽口(2.5分)。刨柄一般采用桦木制作,中间有凸榫与刨身的凹槽配合,两端做成羊角形,便于用手握住(2.5分)。刨刃一般用工具钢或其他高碳钢制作;刨刃压盖靠紧固螺钉与刨刃配合(2.5分)。

23. 答:穿条拼俗称上塞条,这种方法是先将塞条塞入一边木板槽内(2分),然后再将一块同样有槽的板置与塞条上(2分),上部另垫一块木条,用锤子敲打木条,将力传于木板,使木板槽塞入塞条上,以避免损坏木板口(2分),这种方法由于加工过程比较麻烦,使用不多,但效果要比截口拼更好(2分)。适用范围:高级面板或悬空使用的宽板(2分)。

24. 答:事前控制指对投入资源和条件的质量控制(2分),具体包括:(1)图纸会审及技术交底(2分);(2)施工单位自身对质量方面的准备工作,质量控制系统组织,保证体系;施工人员资质审查;机械设备的质量控制准备;原材料、半成品及配件的质量控制;施工方案、施工计划、施工方法、检验方法审查;现场环境监督检查;新技术、新工艺、新材料审查把关(4分);(3)审查开工申请,把好开工关(2分)。

25. 答:如图4虚线框内所示(评分标准:每条线2分,共10分,凡错、漏、多一条线,各扣2分)。

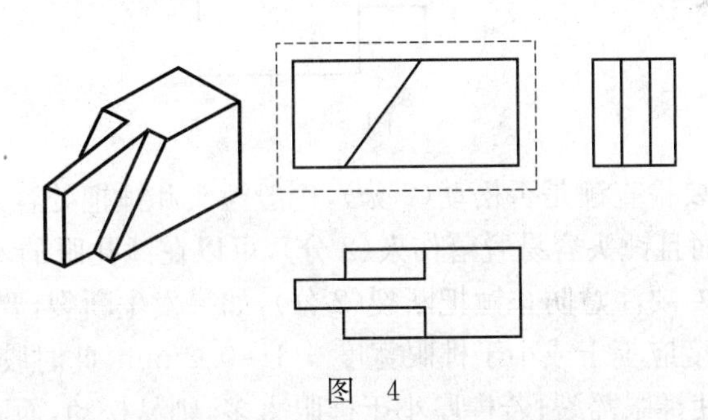

图 4

26. 答:木工用平刨主要有四种,即长刨、中刨、细刨和修台刨(2分)。长刨又名大刨,由于刨身较长,刨底平直,主要用于研缝和刨直材料(2分)。中刨又名荒刨,应用广泛,主要用于木质件表面的粗刨光,有时也可细刨光(2分)。细刨的刨身较短,主要用于工件的细刨光和木结构组成表面的精刨(2分)。修台刨是一种专门用于修整平刨子底平面的专用工具(2分)。

27. 解:材积 $V=\pi R_1^2 H+\pi R_2^2 H=3.141\ 6\times 0.13^2\times 4+3.141\ 6\times 0.16^2\times 4=0.534\ m^3$

答:两根原木的材积共0.534 m^3。(10分)

28. 答:如图5虚线框内所示(评分标准:每条线2分,共10分,凡错、漏、多一条线,各扣2分)。

29. 答:木材的防火措施有两种方法:一是结构防火措施;二是用防火剂处理(3分)。结构防火措施:在设计和建造木制品时,应使木结构构件远离火源或采取防火隔离措施(2分)。用防火剂处理:这是在施工制作过程中常用的方法,防火剂一般采用磷酸铵、硫酸铝、氯化铵和硼砂等,这些防火剂在高温时软化,形成玻璃状的薄膜覆盖在木材表面,这样可阻止助燃的氧气与木材接触,达到防火的目的(2分)。

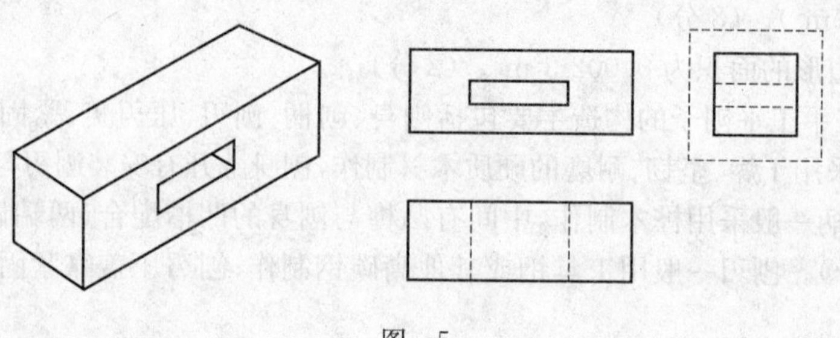

图 5

应做好生产工地的木材堆放，工地、仓库的消防设施和消防工作，要使得木材和制品的摆放和储存远离火源，从根本上杜绝火灾隐患(3 分)。

30. 答：如图 6 虚线框内所示（评分标准：每条线 1.5 分，共 10 分，凡错、漏、多一条线，各扣 1.5 分）。

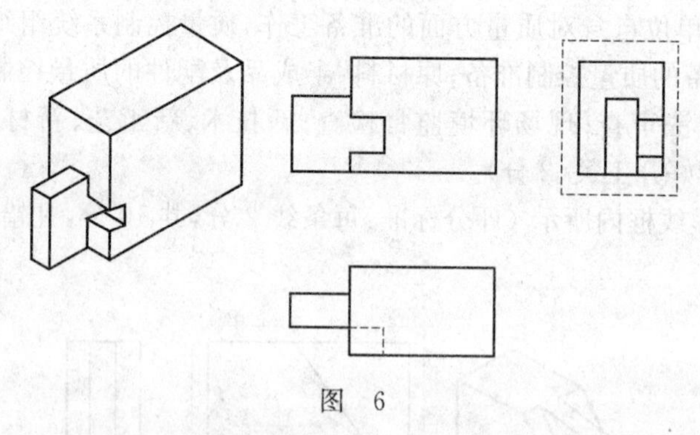

图 6

31. 答：锤使用前，要检查锤是否松动(2 分)，一般锤头和锤把处容易松动，松动的锤头，钉钉子时容易将钉钉弯，而且锤头容易脱落伤人(2 分)，可以在锤孔眼的木把中打入铁楔或钉子紧靠(2 分)；使用过程中，要注意防止锤把断裂(2 分)，如果发生断裂，要及时更换锤把(2 分)。

32. 答：(1)榫舌厚度应等于或小于榫眼宽度 0.1～0.2 mm，此时胶结强度最大；若榫厚大于榫眼宽度，装配时易使榫眼豁裂；若榫厚小于榫眼太多，则易松动，而降低榫的结合强度。

(2)榫舌宽度一般以大于榫眼长度 0.5～1 mm 为宜。硬材大于 0.5 mm，软材大于 1 mm，配合最为紧密，强度最大。特大或特小规格的部件，应适当放大或缩小配合量。

(3)当榫头宽度超过 60 mm 时，应从中间锯割开，分成两个榫头，以提高榫结合强度。

(4)采用贯通榫时，榫头长度应大于榫眼深度 3～5 mm，以利于结合后截齐刨平；如果明榫端部用插销紧固，则应长出 20～30 mm，以便穿插销钉。

(5)采用不贯通榫时，榫长不应小于榫眼部件厚度的一半；榫眼深应大于榫长 2 mm，以防止榫端顶与榫眼底部不正而使榫肩与方材之间出现缝隙。

(6)榫头厚度应根据部件尺寸而定，为保证结合强度，一般单榫厚度为部件宽度或厚度的 1/2 左右，双榫厚度应为部件宽度或厚度的 1/3～1/2 左右。

(7)单榫和双榫的外肩部分不应小于 8 mm，里肩或中肩可灵活掌握，一般情况下双榫的中肩和榫厚应一致，特殊情况中肩可略小于榫厚，但不应小于 5 mm。

(8)榫头长度方向应为木材纵向纹理方向，应尽量避免榫长方向的木纹倾斜。

(9)榫眼应开在木材纵切面上，即径切面或弦切面上，不应在木材的横向联合切面上鑿榫眼。

(评分标准:每条 2 分,共 10 分,答出 5 条即可)

33. 答:磨刃所用磨石有粗磨石和细磨石,先用粗磨石磨刨刃的缺口或磨平刃口的斜面,用细磨石把刀刃研磨锋利(2 分)。研磨时,先在粗磨石上洒水,用右手握住刨刃上部(2 分),食指压在刨刃上面,左手食指和中指压在刨刃上,使刃口斜面紧贴磨石(2 分),前后推磨,当刨刃磨到极薄时再换细磨石研磨(2 分)。当锋刃磨到稍向正面倒卷时,可把刨刃正面贴到磨石上横磨,反复磨至刃口锋利为止(2 分)。

34. 答:(1)尽量增大粘接面(2 分);(2)粘接表面应粗糙(2 分);(3)胶接剂应涂均匀,避免气泡产生,胶接剂厚度以 0.1～0.15 mm 为宜(2 分);(4)粘接面应清洁干燥、无油污(2 分);(5)固化速度要适宜,在固化过程中,不得使胶接件移动(1 分);(6)在有机胶接剂中,可根据需要加入适量填料,改善其性能(1 分)。

35. 答:标准是指为取得全局的最佳效果,依靠科学技术和实践经验的综合成果,在充分协商的基础上,对经济技术和管理等活动具有多样性、相关性特征的重复事物和概念,以特定的程序和形成颁发的统一规定(5 分)。

标准化是指以国家利益为目标,以重复性特征的事物和概念为对象,以管理、技术和科学实验(或经验)为依据,以制定和贯彻标准为主要内容的一种有组织的活动过程(5 分)。

手工木工(中级工)习题

一、填 空 题

1. 温带生长的树木,其横切面上有明显的年轮,同一年轮中春夏季生长形成的称为(　　)。

2. 影响木材强度的主要原因是(　　)、含水率、长期负重、温度及缺陷等。

3. 拼板镶端处理一般常用榫槽镶端法,又叫封边法加以控制,有(　　)榫和燕尾榫两种。

4. 木材的三切面形状完全不同,横切面为许多同心圆,弦节面为(　　)形木纹,径切面为平行线木纹。

5. 油漆工常用的手工工具有:刮刀、腻子板、油刷、(　　)。

6. 直线度的测量方法,常用的有间接测量法、光线基准法和(　　)三种主要方法。

7. 油漆施工操作的基本技术可用估、嵌、磨、配、(　　)、喷六个字来概括。

8. 锯解后的毛料往往会产生弯曲变形,因此对弯料必须进行(　　)。

9. 含有正常树脂道的针叶树木材主要有松属、云杉属、(　　)、黄杉属、银杉属和油杉属。

10. 木材弯曲工艺主要包括:配料、加工、蒸煮、弯曲、冷却和(　　)。

11. 木材的外形性能有颜色、(　　)、结构、纹理、花纹和光泽。

12. 木门、窗扇厚度在 60 mm 以上时应用双夹榫,榫的厚度约为门窗扇厚度的(　　)。

13. 木材中的花纹主要由年轮、木射线、木材细胞大小、木材细胞排列方式、(　　)、锯切方向等因素综合形成的。

14. 木门、窗扇厚度在 60 mm 以下时可用单榫,榫的厚度为门窗扇厚度的(　　)。

15. 木材的翘曲变形有四种,它们是瓦形翘曲、(　　)、边弯和扭翘。

16. 客车车内木质设备件的含水率要求为(　　),木骨架的含水率要求为 16%±4%。

17. 门窗冒头宽度在 100～145 mm 之间可划单榫,但要大进小出,单榫小出部分宽度约为料宽的(　　)。

18. 家具结构装配图上画有家具的(　　)和装配关系,以及装配工序所用的尺寸和技术要求等。

19. 木材干燥的三个要素是(　　)、介质湿度和气流速度。

20. 介于结构装配图和零件图之间的图样叫(　　)。

21. 带状纹理是(　　)纹理的木材沿径向锯解,板材表面呈现出一条色深一条色浅形如带状的纹理。

22. 车辆上常用的人造板有胶合板、(　　)、细木工板、塑料贴面板等。

23. 木构件的连接方式很多,目前常用的连接有齿连接、螺栓连接、销连接、承拉连接、斜键连接和(　　)等。

24. 键连接中键块应用耐腐蚀的硬木制作,并应使键块(　　)受力。

25. 车辆上常用的油漆有防腐清漆、(　　)、醇酸磁漆、聚氨酯漆和硝基纤维漆等。

26. 油漆的主要成分有(　　)、溶剂、颜料及其他一些辅助材料。

27. 门、窗、桌、椅及框架式的柜一般属于(　　)结构。

28. 车辆上油漆作业常用的溶剂有松节油、松香水、煤油、稀料(　　)、二甲苯等。

29. 木材三个方向的切削中,切刀刃口与切刀运动方向均垂直于纤维方向的称为(　　)刨削。

30. 以木结构中榫头侧面能否见人来分,榫的结构分为(　　)、开口榫和半闭口榫。

31. 成组工艺是一种按(　　)原理进行生产的工艺方法。

32. 以榫头的断面形状来分,榫分为(　　)和圆榫。

33. 互换装配法的实质就是控制零件的(　　)来保证装配精度。

34. 箱框角接合的榫接方法主要有三种,即(　　)、明燕尾榫和半隐燕尾榫。

35. 木零件长度方向的接合方式主要有(　　)和斜口接合。

36. 木工铣刀主要用于铣削(　　)、沟槽、缺口以及各种断面形状装饰线条。

37. 拼板构件边沿的接合方式主要有(　　)、企口接合、榫槽接合和插销榫接。

38. 圆锯片可用来对木材进行纵向锯割、横向截断和(　　)等。

39. 木工刨子主要有长刨,中刨和细刨三种,长刨刃口斜角为(　　)左右,中刨为 43°～45°,细刨为 47°。

40. 木材受到腐朽菌的侵蚀后,不但颜色和结构发生变化,而且变松软脆弱,这种状态称为(　　)。

41. 木、油工常用的磨光材料有(　　)、水砂纸、砂布。

42. 木材受拉力作用,因作用力(拉力)的方向与木材纤维方向不同,又分为顺纹抗拉强度和(　　)。

43. 木材的强度包括木材的抗拉强度、抗压强度、抗剪强度和(　　)。

44. 因木材含水率增加引起木材尺寸增大,体积膨胀,强度减低的现象叫(　　)。

45. 木材油漆前主要处理内容有(　　)、杂色处理、单宁处理、木毛处理。

46. 家具上常有曲线形的零件,为了满足加工要求,把曲线形的零件画成和产品一样大小的图形,这种图形就成为(　　)。

47. 国家标准中对锯材的等级应以以下内容进行评定,这些内容是:死节、腐朽、裂纹、(　　)、斜纹。

48. 用两个相交的剖切平面,将机件剖开,所得到的剖视图称为(　　)。

49. 阔叶树木材中多数具有明显的管孔,根据管孔在横切面上排列方式不同分为:环孔材、(　　)、半散孔材和辐射孔材四种。

50. 木工机械的基本传动方式有皮带传动、齿轮传动、(　　)、磨擦传动、气动和液压传动。

51. 将木模的工艺分块分成(　　)相等的结构分块称为自然分块法。

52. 木工机械中,车床的代号是 MC,锯机的代号是(　　)。

53. 三角带是以(　　)的长度作为公称长度。

54. 刨削中如遇到节疤、纹理不顺或材质坚硬时,刨刀的切削阻力增大,操作者应适当降低(　　)。

55. 对于翘曲变形的工件，要先刨其(　　)，若必须先刨削凸面时，应先刨最大凸出部位。

56. 平刨加工基准面时，一次刨削的最佳切削层厚度为(　　)。

57. 三角形木屋架的屋架高度一般为屋架跨度的(　　)。

58. 木材干燥时，发现发霉生菌，应及时处理，处理温度为(　　)。

59. 建筑用材按含水率要求主要分为三类，其含水率分别为：潮湿木材 25%；半干木材(　　)；干材<18%。

60. 刀具材料愈硬，耐磨性愈(　　)，韧性和强度愈差。

61. 组合体的尺寸分三类有(　　)、定位尺寸和总体尺寸。

62. 当遇到逆茬、节疤、纹理不顺、材质坚硬、刨刀不锋利时，应适当减慢进料速度或(　　)，防止发生危险。

63. 国家标准规定木板厚度自(　　)以下者称为薄板。

64. 在对配对零件进行划线时，就必须考虑其(　　)。

65. 加工直角榫眼可采用手工打眼的方法，使用的工具是凿子，选用凿子的宽度需和(　　)的宽度相一致。

66. 不易发生变形开裂等缺陷的树种和厚度小的板材，干燥时应采用(　　)基准。

67. 木工机械加工工艺过程是在各种木工机床上用(　　)方法加工零件的工艺过程。

68. 夹具中的定位装置，用以确定工件在夹具中的(　　)，使工件在加工时相对刀具及切削运动处于正确位置。

69. 为使榫头易于插入榫眼，常将榫端倒棱，两边或四边削成(　　)的斜棱。

70. 要达到装配精度，不能只依赖于提高零件的加工精度，在一定程度上必须依赖于(　　)。

71. 夹具中的夹紧装置，用于夹紧工件，保证工件在夹具中的确定位置在加工过程中(　　)。

72. 工件在夹具中的六个自由度，必须用夹具上按一定要求布置的六个支承点来限制，其中每个支承点相应地限制一个自由度。这就是(　　)原理。

73. 工件在夹具中未定位前有(　　)个自由度。

74. 液压系统中的压力损失有(　　)和局部两种。

75. 木材顺纹抗剪极限强度约为顺纹抗压极限强度的(　　)。

76. 通常液压缸是用来将液体的(　　)转换为机械能的能量转换装置。

77. 合成树脂胶涂胶厚度在(　　)范围比较适宜。

78. 立体划线一般要在(　　)三个方向上进行。

79. 找正就是利用(　　)使工件上有关的毛坯表面处于合适的位置。

80. 根据树枝和树干木材连生情况，节子分为(　　)。

81. 用加工不锈钢的钻头加工不锈钢，钻削时(　　)要低，进给量可稍大一些，一般超过 0.1 mm/r。

82. 修配法解尺寸链的主要任务是确定(　　)在加工时的实际尺寸。

83. 夹紧装置产生的夹紧力是由力作用方向、作用点、作用(　　)三个要素来体现的。

84. 设备维护保养的的作用在于防止或延续设备(　　)能力的降低。

85. 工件定位的基本原理是六点定位原理。为了使定位稳定，对于任何工件和任何加工方式,实际限制的自由度数不得少于(　　)。

86. 机器设备必须有牢固的电气接地线,局部照明一律采用(　　)V以下电压。

87. 放样划线有(　　)种划线法。

88. 磨削时,在砂轮和工件上分别作用着大小相等、方向相反的力,这种相互作用力称为(　　)。

89. 磨削区域的瞬时高温会使工件表层产生(　　),而引起工件的热变形。

90. 木工带锯条齿形分直槽齿、直背齿、(　　)、细木工带锯齿。

91. 客车上采用煨弯木零件,弯曲性能最好的木材是(　　)。

92. 钻小孔时要选择没有(　　)干扰的地方,因为操作者主要凭手感和切削声音来判断钻头的工作情况。

93. 通过测量某一量值,并借助已知函数关系计算出需要的测量数据的测量方法叫(　　)。

94. 木材各方向收缩(　　),会使木材产生翘曲、变形和开裂。

95. 胶合板由多层薄板胶合而成,由于它的相邻单板的的纤维方向成(　　)形相互交错,故能降低顺纹和横纹材性之间的不均匀性。

96. 从零件表面上切去多余的材料,这一层材料的厚度称为(　　)。

97. 木材防腐可采取两方面的措施:一是保证有良好的通风条件,防止木材产生冷凝水;二是(　　)各类防腐剂进行防腐处理。

98. 框式家具的制作一般包括配料、刨削、划线、凿眼、开榫、拼板、净光、开槽和裁口、零部件组装和(　　)等工序。

99. 开槽的要求较高,尤其是用(　　)开槽的时候。

100. 手工开槽应使用槽刨,操作前,在槽刨上根据槽的(　　)装上相应尺寸的刀片。

101. 裁口采用(　　),操作时需左手扶料,右手推刨。

102. 用电动工具开槽和裁口按切割纤维方向来分有(　　)方向切削和横纤维方向切削。

103. 家具采用连接件组装时,连接件的装配精度要满足(　　)的精度要求,其装配精度直接影响产品的精度。

104. 用机械或手工进行刨加工时,都要按(　　)选择加工面,否则容易出现啃头、嵌楂、崩楂、毛刺等现象。

105. 弯曲状零件的加工方法,主要有(　　)和弯曲法。

106. 无论采用弯曲法和锯割法中的哪种方法加工弯曲零件,都要采用(　　)划线,以保证其准确的弧度。

107. 油漆对于建筑及家具来说主要有两种作用,一是装饰作用,二是(　　)作用。

108. 影响木材性质的主要因素是(　　)水。

109. 当自由水完全排除干净,而结合水处于饱和状态时的木材含水率叫做(　　)含水率。

110. 木材的(　　)性能是表示木材抵抗外力作用的能力。

111. 木材除了基本力学性质以外,还有些与生产工艺过程有直接关系的工艺力学性质,如(　　)、抗劈强度、弯曲能力等。

112. 榫头与榫眼结合时，要轻轻敲入或压入，不可一次(　　)，以免零件劈裂。

113. 车上各设备件和家具结构，大部分都采用(　　)或榫胶接合。

114. 木材的(　　)剖面具有颜色深浅不同的木纹，可以用它来制造家具和车厢内部设备及装饰。

115. 客车上各门窗、座椅、卧铺茶桌、办公桌以及内墙板、间壁板等含水率要求在(　　)以下。

116. 所谓防腐处理就是采用(　　)浸注到木材中去，消除腐朽菌的繁殖与生存条。

117. 机车车辆工厂的木材防腐大部采用涂刷与(　　)两种方法。

118. 一种比较高级一些作装饰性用的胶合板是(　　)面胶合板。

119. 塑料贴面板是一种装饰板，客车上常用的是(　　)贴面板。

120. 玻璃可分平板玻璃、磨砂玻璃、磨光玻璃和钢化玻璃等。其中(　　)玻璃在车窗上应用最广。

121. 机车车辆上各种木弯梁的制作方法有(　　)、旋制和弯曲加工三种。

122. 木材在一般情况下没有可塑性，但经过(　　)处理后，木材就比较软韧，有了一定程度的可塑性。

123. 木材经水热处理后弯曲时逐渐形成凹凸两面，凸面上产生拉伸应力，凹面上产生压缩应力。中间层即无拉伸又无压缩，称为(　　)层。

124. 木工加工机床与金属切削加工机床的主要区别是木材加工需要(　　)切削。

125. 带锯机、圆锯机、平刨机、压刨机、铣床、钻床等木工设备都属于(　　)机床。

126. 为了保证产品的装配质量，做到统一标准，要求批量生产出来的零件具有(　　)性。

127. 零件的最大极限尺寸与最小极限尺寸之差称为(　　)。

128. 家具在组装过程中，用木工角尺测量其角度是否(　　)，用钢卷尺测量其框架的对角线是否相等。

129. 与零件加工一样，部件修整也是从加工出(　　)开始。

130. 质量的检查方法主要有观察、(　　)、手板检查。

131. 仪表垂直检测尺检测时握尺的倾斜度不得超过(　　)。

132. 用来表示对称线、半剖视的分界线、圆的中心线等是(　　)线。

133. 放行是对进入一个过程的下一阶段的(　　)。

134. 现场文明施工要求包括定期检查施工电器设备，保证(　　)。

135. 零件图是作加工用的，所以要求在零件图上标注出一切加工用的定形尺寸和(　　)尺寸。

136. 适用于车辆材原木的等级标准为(　　)。

137. 对于进行天然干燥的湿材，堆垛应离开地面(　　)以上。

138. 零件加工时一般要经过粗加工、半精加工和精加工三个过程，习惯上把它们称为(　　)。

139. 木制品完工后对木制品彻底清理完后清理作业场地，使现场(　　)。

140. 木制品的基本质量要求包括尺寸正确，表面(　　)，拐角方正，嵌合严密，无挂胶等缺陷。

141. 磨刨刃一般应准备(　　)块磨石。

142. 建筑木质门窗拼装成型时，所有榫头均需加(　　)，且打入前要粘胶。

143. 建筑木质门窗拼装成型时，普通双扇门窗刨光后平放，加工(　　)，并成对作记号。

144. 将板方材锯割成各种规格毛料的加工过程叫(　　)。

145. 把锯齿分别拨向锯片的左右两侧，防锯割时出现夹锯现象。这种操作叫(　　)。

146. 新锯片刚度小切削时容易被卡住，通常要做(　　)处理。

147. 木材受到挤压力如果超出木材的屈服点，即使去掉挤压力后木材也不能恢复到原来形状，这就称为(　　)变形。

148. 螺纹连接时放置弹簧垫圈或锁紧螺母等，起(　　)作用。

149. 测量胶合板的厚度用精度为 0.05 mm 的游标卡尺测量，取(　　)个点厚度的算术平均值，即为平均厚度。

150. 刀具前面与切削平面的夹角叫(　　)。

151. 我国当前木材综合利用的主要途径是大力发展(　　)板材。

152. 为确保施工安全，施工人员在工作前应检查周围环境、工具设备、(　　)。到位后方可施工。

153. 木工机械中，(　　)主要用于刨削木零件的基准面，使被加工的基准面又平又直。

154. 胶合板的构造原则主要有三条基本原则，(　　)原则、奇数层原则、层的厚度原则。

155. 工业"三废"是指废水、废气和(　　)。

156. 记录是阐明所取得的结果或提供所完成活动的证据的(　　)。

157. 木材受到外力作用，单位面积上所产生的最大抵抗力，称为(　　)强度。

158. 木料用专用机床和刀具，先开齿，然后施胶加压接成长料的木料接长方法叫(　　)。

159. 一般细长构件如房屋的立柱，其轴向承受压力，无其他侧向阻力，这类构件称为(　　)构件。

160. 皮带传动是依靠皮带与皮带轮之间的(　　)来传动的。

161. 在原木的横切面上，可以看到树皮、形成层、木质部、髓心等(　　)。

162. 在树木与木质部之间有很薄的一层组织叫形成层，它是树木的(　　)。

163. 形成层以内的部分是木质部，它是树干中最有经济价值的(　　)。

164. 木板宽度局部缺损不超过板宽的(　　)允许修补。

165. 原木长度检量，若截面偏斜时，应按(　　)长度为准。

二、单项选择题

1. 水曲柳是阔叶树材，其管孔的排列属于(　　)。

(A)环孔材　(B)散孔材　(C)半散孔材　(D)辐射孔材

2. 客车木结构中常用的散孔材有(　　)。

(A)柞木和榆木　(B)黄菠萝　(C)桦木和色木　(D)红松木

3. 在下列情况下，木材的强度较高(　　)。

(A)木材含水率低于纤维饱和点　(B)木材含水率高于纤维饱和点

(C)木材含水率等于纤维饱和点　(D)木材的木材含水率为 0

4. 客车木骨架的含水率应达到以下要求(　　)。

(A)12%±4%　(B)16%±4%　(C)20%±4%　(D)30%

5. 在绝大多数产品中,装配时各组成环不需挑选或改变其大小或位置,装配后即能达到装配精度的要求,但少数产品有出现废品的可能性,这种装配方法称为(　　)。

(A)完全互换法　(B)概率互换法　(C)选择装配法　(D)修配装配法

6. 木材硬度在端面、径切面和弦切面各不相同,硬度最大的是(　　)。

(A)端面　(B)径切面　(C)弦切面　(D)斜切面

7. 胶合板的翘曲度等于(　　)。

(A)胶合板长度方向的弦高/胶合板长度　(B)胶合板宽度方向的弦高/胶合板宽度

(C)对角线最大弦高/对角线长度　(D)中心最大挠度

8. 各种胶粘剂由于原料配比和生产工艺的不同,其使用特性也不一样,应根据本单位的(　　)、设备条件、对产品的质量要求等来选择胶粘剂。

(A)操作人员　(B)生产工艺　(C)物流状况　(D)技术水平

9. 按耐水性分,胶合板分为四类:Ⅰ类胶合板的代号是(　　)。

(A)NQF　(B)NS　(C)NC　(D)BNC

10. 木结构的榫头分为明榫和暗榫,明榫比暗榫的强度(　　)。

(A)小　(B)大　(C)相同　(D)弱

11. 抽屉面板与侧面的接合应当采用(　　)。

(A)直角开口多榫　(B)明燕尾榫　(C)半隐燕尾榫　(D)暗榫

12. 客车间壁板的横向拼接最牢固的接合方法是(　　)。

(A)板条接合　(B)榫槽接合　(C)插销榫搭接　(D)钉接

13. 平刨机的后工作台应当比刀刃最高点(　　)。

(A)略高　(B)在同一水平面上　(C)略低　(D)保持±1

14. 半榫的长度应比榫槽深度(　　)。

(A)短 2 mm 左右　(B)相同　(C)长 2 mm　(D)保持±1 mm

15. 三角形屋架从受力大小方面考虑,结构强度要求最高的是(　　)。

(A)脊节点　(B)端节点　(C)中间节点　(D)角结点

16. 三角屋架选配木料时,最好的料应用于(　　)。

(A)下弦　(B)上弦　(C)斜杆　(D)中竖杆

17. 木质件挖补时,子板(补板)的含水率比母板(工件)含水率(　　)。

(A)高　(B)低　(C)相同　(D)高 5%

18. 三角形木屋架的竖杆应承受(　　)。

(A)压力　(B)不受力　(C)拉力　(D)扭力

19. 大批、大量生产的装配工艺方法大多是(　　)。

(A)按互换法装配　(B)以合并加工修配为主

(C)以修配法为主　(D)以调整法为主

20. 木工刨子的木楔与刨刃的松紧要合适,应达到(　　)。

(A)上、下松紧一样　(B)上紧下松　(C)下紧上松　(D)不松不紧

21. 使用平刨机加工矩形截面木料时,其加工程序是(　　)。

(A)先刨大面,后刨小面

(B)先刨小面,后刨大面

(C)都可以

(D)先刨一大面,然后刨一小面,再刨另一大面和小面

22. 使用平刨机加工带弯的木料,应使凹面(　　)。

(A)向上　(B)向下　(C)都可以　(D)在侧面

23. 平刨机加工木零件的主要目的是(　　)。

(A)得到需要的光洁度　(B)得到所需的断面尺寸

(C)得到加工基准面　(D)满足形位公差

24. 木工铣床和开榫机的代号是(　　)。

(A)MX　(B)MZ　(C)MC　(D)MS

25. 下列装配中属于主要操作的有(　　)。

(A)连接　(B)运输　(C)清洗　(D)贮存

26. 车辆全长指的是(　　)。

(A)车体长度　(B)车体两端车钩内舌面之间距离

(C)两端车钩外端面之间的距离　(D)转向架中心距

27. 树木中都有木射线,只是有的明显,有的不明显而已,车辆上常用的木材中,木射线最明显的是(　　)。

(A)桦木　(B)核桃楸　(C)柞木　(D)落叶松

28. 表面需附贴塑料皮的胶合板其含水率必须控制在一定限度,其含水率应达到(　　)。

(A)18%以下　(B)16%以下　(C)14%以下　(D)10%以下

29. 硬卧车的间壁板,一般采用 25 mm 厚的硬木胶合板,当该种客车内部油漆采用清漆时,间壁板应采用(　　)。

(A)刨切水曲柳胶合板　(B)旋切硬木胶合板

(C)只要是硬木胶合板都可以　(D)椴木胶合板

30. 线锯锯条产生裂纹时,必须及时在裂纹根部打眼,以防裂纹继续扩展,一般规定裂口长度不得超过锯条宽度的(　　)。

(A)1/4　(B)1/6　(C)1/8　(D)1/10

31. 涂醇酸清漆木质件的第一道工序是(　　)。

(A)涂底漆　(B)染色填孔　(C)木质件表面处理　(D)刮腻子

32. 工件材料的强度和速度愈高,切削力就(　　)。

(A)愈大　(B)愈小　(C)切削力不变　(D)到固定值时不再变化

33. 在切削加工中,主运动通常只有(　　)。

(A)一个　(B)二个　(C)三个　(D)四个

34. 装配时用来确定零件在部件中或部件在产品中的位置所使用的基准为(　　)。

(A)定位基准　(B)装配基准　(C)工艺基准　(D)测量基准

35. 木工带锯条齿形分直槽齿、直背齿、(　　)、细木工带锯齿。

(A)三角齿　(B)斜三角齿　(C)凸背齿　(D)凹背齿

36. 带锯条齿形前角在锯割软材时为(　　)。

(A)5°～10°　(B)10°～20°　(C)20°～25°　(D)20°～35°

37. 带锯条齿形前角在锯割硬材时为(　　)。

(A)5°～10°　(B)10°～20°　(C)20°～25°　(D)20°～35°

38. 净材四面刨刨刀刃磨采用的方法是(　　)。

(A)手工磨刀法　(B)半自动磨刀法

(C)纵向进给自动磨刀法　(D)横向进给自动磨刀法

39. 跑车是(　　)带锯机不可缺少的重要机构，跑车的作用是支承原木，使原木作纵向进给和横向进尺的运动。

(A)成材　(B)细木工　(C)制材　(D)平台

40. 木工作业耐水性最好的胶合剂是(　　)。

(A)鱼鳔胶　(B)酚醛树脂胶　(C)尿醛树脂胶　(D)白胶

41. MJ3310A 台式木工带锯机锯轮直径为(　　)。

(A)800 mm　(B)900 mm　(C)1 000 mm　(D)1 070 mm

42. 锯条的线速度高，进料速度快，锯条的线速度低，进料速度应(　　)。

(A)缓慢　(B)慢　(C)快　(D)减速

43. 平台带锯机上下手操作者要密切配合好，木料锯出(　　)以上时，下手才能接拉木料。

(A)100 mm　(B)150 mm　(C)200 mm　(D)250 mm

44. 木工圆锯机工作台面上少量堆放木料，在加工中是(　　)的。

(A)许可　(B)不许可　(C)视情况而定　(D)领导批准

45. 提高产品质量的决定性环节，在于要大力抓好产品质量产生和形成的起点，这就是(　　)过程。

(A)生产制造　(B)产品检验　(C)设计开发　(D)物资采购

46. 在组装过程中，用(　　)测量其框架的对角线是否相等。

(A)钢卷尺　(B)角度尺　(C)水平仪　(D)游标卡尺

47. 四面刨加工出的企口板企口不在板厚的中心位置，产生的原因是(　　)。

(A)刀刃有缺口　(B)左右立刀高度不一致

(C)刀具断面形状歪斜　(D)左右刀具号码不配对

48. 刀具刀口与纤维方向垂直，刀具运动方向与纤维方向平行，则切削为(　　)切削。

(A)横向　(B)纵向　(C)端向　(D)纵端向

49. 锯割硬性材料时，应选用(　　)锯条。

(A)粗齿　(B)细齿　(C)中齿　(D)大齿

50. 固定式结构家具部件的装配主要是采用榫、钉、(　　)等结构形式连接的。

(A)胶　(B)五金配件　(C)拼板　(D)圆孔

51. 一般木材的径向收缩量约为(　　)。

(A)1%　(B)6%～12%　(C)3%～6%　(D)15%左右

52. 锯割的行程长度应(　　)。

(A)不小于锯条的 2/3　(B)不大于锯条 1/2

(C)任意长度　(D)等于锯条长度

53. 暗榫的榫头长度不小于有榫零件的宽度或厚度的(　　)。

(A)2/3　(B)1/3　(C)1/4　(D)1/2

54. 单榫榫头的厚度一般等于方材厚度或宽度的(　　)。
(A)1/2～1/3　　(B)1/3～1/4　　(C)2/3～3/4　　(D)1/2
55. 双榫榫头的厚度一般等于方材厚度或宽度的(　　)。
(A)1/4　　(B)1/3　　(C)1/5　　(D)1/2
56. 榫头厚度应比榫孔宽度小(　　),这时的抗拉强度最大。
(A)1～2 mm　　(B)0.5～1 mm　　(C)0.1～0.2 mm　　(D)0.05 mm
57. 单板表面的纹理比较单调,不很美观,一般只作胶合板用的制作方式是(　　)。
(A)锯制　　(B)刨切　　(C)旋切　　(D)拼接
58. 木材含水率对强度影响很大。一般来说,含水率每增加1%,木材强度较原来降低(　　)。
(A)3%～5%　　(B)10%～20%　　(C)30%～50%　　(D)1%左右
59. 刃磨刀具时,工作者应避免站在砂轮机的(　　)。
(A)正面　　(B)侧面　　(C)斜侧面　　(D)下面
60. 只对木材的重量、燃烧、干燥及渗透有关,对其他材性无影响的是(　　)。
(A)自由水　　(B)结合水　　(C)附着水　　(D)饱和水
61. 木材经自然干燥后,直到含水率为(　　)时,不再继续蒸发,这时的木材称为气干材。
(A)4%～12%　　(B)22%±4%　　(C)12%～18%　　(D)<4%
62. 当木材蒸发水分的速度(　　)吸收水分的速度,这时木材的含水率称为平衡含水率。
(A)大于　　(B)小于　　(C)等于　　(D)不等于
63. 在高速切削时操作人员(　　)戴防护镜。
(A)必须　　(B)不须　　(C)可以　　(D)禁止
64. 木工长刨主要用于(　　)。
(A)细刨光　　(B)粗刨光　　(C)研缝　　(D)净光
65. 我国木材的端面硬度可分为(　　)。
(A)软、中、硬　　(B)很软、软、硬、很硬
(C)很软、软、中等、硬、很硬　　(D)1,2,3,4,5
66. 端面硬度很软的树种是(　　)。
(A)红松　　(B)水曲柳　　(C)柞木　　(D)落叶松
67. 木工钻头主要有(　　)种。
(A)两　　(B)三　　(C)四　　(D)五
68. 下列哪种防松方法具有拆卸后连接零件不可重复使用的特性(　　)。
(A)锁紧螺母防松　　(B)弹簧垫圈防松　　(C)串联钢丝绳防松　　(D)点铆法防松
69. 用90°角尺测量两平面的垂直度时,只能测出(　　)的垂直度。
(A)线对线　　(B)面对面　　(C)线对面　　(D)都可以
70. 经过划线确定加工时的最后尺寸,在加工过程中,应通过(　　)来保证尺寸的准确度。
(A)测量　　(B)划线　　(C)加工　　(D)修正
71. 全面质量管理中,PDCA循环法,C代表的含义是(　　)。
(A)总法　　(B)执行　　(C)检查　　(D)计划

72. 产品为满足使用目的所具备的技术特性是指产品的(　　)。

(A)寿命　(B)性能　(C)安全性　(D)经济性

73. 利用木材加工中的废料加入尿醛或酚醛树脂经压制而成的是(　　)。

(A)细木工板　(B)纤维板　(C)刨花板　(D)胶合板

74. 在我国的木材加工业中,使用胶合剂最多最广的是(　　)。

(A)尿醛树脂胶　(B)酚醛树脂胶　(C)白胶　(D)环氧树脂胶

75. 一般木材胶合时所需压力为(　　)。

(A)0.098～1.47 MPa　(B)1.976～2.94 MPa

(C)2.94 MPa以上　(D)1.568～1.976 MPa

76. 在质量管理活动中,分析质量问题常用的因果图又叫(　　)。

(A)散布图　(B)直方图　(C)鱼刺图　(D)排列图

77. 全面质量管理中,PDCA循环可分为(　　)步骤。

(A)五个　(B)六个　(C)七个　(D)八个

78. 刨光机根据木构件和刨刀的运动方式,大致可分为(　　)形式。

(A)三种　(B)四种　(C)五种　(D)六种

79. 木材三个方向的切削中,切刀刃口垂直于纤维方向,而切刀运动方向平行于纤维方向的称为(　　)刨削。

(A)端向　(B)纵向　(C)横向　(D)水平

80. 多数树种的木材纤维饱和点时的含水率平均值为(　　)。

(A)30%左右　(B)20%左右　(C)40%左右　(D)25%左右

81. 木材加工的进给速度和进给量与金属切削相比(　　)。

(A)木材切削大　(B)金属切削大　(C)差别不大　(D)近似相等

82. 将短料拼接成长料的最好的接长方法是(　　)。

(A)榫接合　(B)胶接合　(C)钉接合　(D)齿形胶接

83. 工艺过程的基本组成单元是(　　)。

(A)工步　(B)工序　(C)工段　(D)工艺

84. 在孔或轴的基本尺寸后面,既注出基本偏差代号和公差等级,又同时注出上、下偏差数值,这种标注形式用于(　　)零件图上。

(A)成批生产　(B)单件或小批量生产

(C)生产批量不定　(D)大批量生产

85. 樟木、楠木、桃花心木一般多见于我国的(　　)。

(A)东北　(B)西北　(C)华北　(D)南方

86. 在进行刨削加工时,为了保证刨削质量,刨削中如遇到节疤、纹理不顺或材质坚硬的木料时,应采取(　　)操作。

(A)先在毛料上加工出正确的基准面　(B)操作者适当加快进料速度

(C)操作者适当降低进料速度　(D)保持刨削进料速度均匀

87. 对于翘曲变形的工件进行刨削加工时,一般应按(　　)操作。

(A)要先刨大面,后刨小面

(B)要先刨其凹面,将凹面的凸出端部或边沿部分多刨几次,直到凹面基本平直,再全面

刨削

(C)要先刨其凸面,将凸面刨到基本平直,再全面刨削

(D)应先刨最大凸出部位,并保持两端平衡,刨削进料速度均匀

88. 常用木工机械的擦净方法有四个方面的内容:清洁、紧固、调整和(　　)。

(A)润滑　(B)拆卸　(C)防腐　(D)保养

89. 影响胶干燥快慢的环境因素不包括(　　)。

(A)温度　(B)湿度　(C)是否有氧　(D)胶层厚度

90. 对工业企业来说,质量的全过程管理可分为设计控制、生产制造、辅助生产、使用服务四个过程,其中(　　)过程是中心环节。

(A)设计控制　(B)生产制造　(C)辅助生产　(D)使用服务

91. 平刨机后工作台上平面应与刀刃最高点(　　)同一水平面上,前工作台略(　　)后工作台,前后工作台上平面高度之差即为平刨机刨削余量。

(A)在,低　(B)不在,低　(C)在,高　(D)不在,高

92. 胶合板表面粘贴贴面板,胶合板表层板厚应大于(　　),且芯板无叠层、离缝等。

(A)0.8 mm　(B)0.7 mm　(C)0.5 mm　(D)1 mm

93. 当介质的温度和流动速度不变时,介质湿度越(　　),木材干燥越(　　);当介质的温、湿度不变,介质流动速度越(　　),木材干燥越(　　)。

(A)小,慢,快,慢　(B)小,快,快,快

(C)小,快,快,慢　(D)大,快,慢,快

94. 在零件图上用来确定其他点、线、面位置的基准,称为(　　)。

(A)划线基准　(B)加工基准　(C)设计基准　(D)装配基准

95. 刀具或工件运动时,刀刃相对于加工件的运动速度称为(　　)。

(A)刀具进给速度　(B)切削速度　(C)加工速度　(D)运行速度

96. 测量胶合板的厚度取点应在每边的中部,距板边 10 cm 处,一般取点在(　　)。

(A)一个边　(B)两条临边　(C)两条对边　(D)四个边

97. 两孔的中心距一般都用(　　)法测量。

(A)直接测量　(B)间接测量　(C)随机测量　(D)系统测量

98. 通过测量某一量值,并借助已知函数关系计算出需要的测量数据的测量方法叫(　　)。

(A)直接测量　(B)间接测量　(C)函数计算　(D)误差换算

99. 红松的树皮呈(　　)。

(A)灰色　(B)红色　(C)褐色　(D)灰红褐色

100. 落叶松的树皮呈(　　)。

(A)暗灰色　(B)绿色　(C)褐色　(D)灰色

101. 影响胶干燥快慢的环境因素不包括(　　)。

(A)温度　(B)湿度　(C)是否有氧　(D)胶层厚度

102. 木工长刨的刨底应保持(　　)。

(A)两端略低,中部平直　(B)刃口处略低,其余平直

(C)刃口前略低于刃口后　(D)水平

103. 互换装配法的实质就是控制零件的(　　)来保证装配精度。

(A)尺寸公差　(B)加工误差　(C)形状误差　(D)表面粗糙度

104. 锉削两相互垂直平面时,要按(　　)锉削。

(A)先锉平一个平面,以此为基准再锉另一个平面

(B)任意锉

(C)两个平面同时锉互相垂直

(D)按划好的垂直线锉

105. 根据树种和树干木材连生情况,节子分为(　　)。

(A)圆形节　(B)条状节　(C)掌状节　(D)活节、死节、漏节

106. 节子破坏了木材的(　　)。

(A)强度　(B)均匀性　(C)外观　(D)硬度

107. 修补贯穿裂纹时挖补深度应在板厚的(　　)。

(A)1/5～1/4　(B)1/4～1/3　(C)1/3～1/2　(D)≥1/2

108. 在允许修补木板的条件下,修补总长度不超过板长的(　　)。

(A)1/2　(B)1/3　(C)2/3　(D)1/4

109. 适用于车辆用材原木的等级标准为(　　)。

(A)一级　(B)二级　(C)三级　(D)一、二级

110. 木材堆垛时,每个材堆应是(　　)规格的木材。

(A)同一树种不同尺寸　(B)不同树种同一尺寸

(C)同一树种同一尺寸　(D)不同树种不同尺寸

111. 自由水的增加或减少影响(　　)。

(A)木材容重　(B)木材的体积　(C)木材的机械强度　(D)木材的硬度

112. 附着水的增减会引起(　　)的变化。

(A)木材硬度　(B)木材容重　(C)木材颜色　(D)木材体积和机械强度

113. 水分自木材内部向外移动,在不同干燥阶段及不同干燥条件下以(　　)形式向外扩散。

(A)一种　(B)两种　(C)三种　(D)四种

114. 在三视图中,直线 AB 与 H 面平行,与 W 面倾斜,与 V 倾斜,则 AB 是(　　)。

(A)正平线　(B)侧平线　(C)水平线　(D)一般位置直线

115. 在三视图中,平面与 V 面垂直,与 H 面平行,与 W 面垂直,则该平面是(　　)。

(A)正垂面　(B)水平面　(C)侧平面　(D)一般位置平面

116. 采用修配法时,尺寸链中的各尺寸均按(　　)制造。

(A)装配精度要求　(B)经济公差　(C)修配量　(D)封闭环公差

117. 由一个或一组工人在一台机床或一个工作地点对一个或同时对几个工件进行加工所连续完成的那一部分工艺过程为(　　)。

(A)工序　(B)工步　(C)工位　(D)安装

118. 从零件表面上切去多余的材料,这一层材料的厚度称为(　　)。

(A)毛坯　(B)加工余量　(C)工序尺寸　(D)切削用量

119. 当机件内部结构不能用单一剖切平面剖开,而是采用几个互相平行的剖切平面将其

剖开,这种剖视图称为(　　)。

(A)斜剖　(B)旋转剖　(C)复合剖　(D)阶梯剖

120. 在测量过程中,由一些无法控制的因素造成的误差称为(　　)。

(A)随机误差　(B)系统衰减　(C)统计误差　(D)偶然误差

121. 手工锯纵锯锯齿的切削角应比横锯锯齿的切削角(　　)。

(A)小　(B)大　(C)相同　(D)近似

122. 按照生产对象和质量要求来分,粗木工是指(　　)。

(A)建筑木工　(B)器具木工　(C)圆作木工　(D)模型工

123. 锉刀的粗细规格是按锉刀齿距大小来表示的,(　　)号锉纹表示粗锉刀。

(A)1　(B)2　(C)3　(D)4

124. 在国际市场被誉为上等贵重木材之一,其径向刨切出的板面可充作艺术家具胶合板的表面用材的是(　　)。

(A)水曲柳　(B)椴木　(C)楸木　(D)桃花心木

125. 螺钉连接适用于被连接件(　　)。

(A)很少拆卸的连接　(B)必须经常拆卸的连接

(C)难以装配的连接　(D)容易装配的连接

126. 树皮平滑,粉白色,心边材不明显,产于东北,这种树种是(　　)。

(A)水曲柳　(B)柞木　(C)桦木　(D)白松

127. 在树木的生产过程中,(　　)是产生木材的源泉。

(A)树皮　(B)形成层　(C)木质部　(D)髓心

128. 要求质量高的用材(如航空用材),不允许用带有(　　)的板材。

(A)树皮　(B)形成层　(C)边材　(D)髓心

129. 实际应用中(　　)收缩小,不易翘曲变形,而且加工时无论从哪个方向刨削,都不会发生撕裂现象。

(A)径切板　(B)弦向板　(C)横切板　(D)反理板

130. 实际生产中判断径向板时,一般把板材的端面作板厚中心线,与该处年轮切线之间的夹角(　　)都叫径向板。

(A)大于45°　(B)小于45°　(C)大于60°　(D)小于60°

131. 对于阴阳两面显然不同的树种,下锯时应注意(　　),以免造成翘曲和开裂。

(A)阴阳面不能锯制在同一块板材　(B)阴阳面应锯制在同一块板材

(C)阴阳面对称分布　(D)阴阳面允许锯制在同一块板材

132. 心边材区别很明显的树种称为显心材树种,如(　　)就属于这类树种。

(A)桦木　(B)色木　(C)椴木　(D)水曲柳

133. 阔叶树材中输导组织的细胞,是所有阔叶树材构造所特有的是(　　)。

(A)导管　(B)树脂　(C)木射线　(D)髓心

134. 门窗扇厚度在60 mm以上时应划双夹榫,榫的厚度约为门窗扇厚度的(　　)。

(A)1/4　(B)1/5　(C)1/3　(D)1/2

135. 木制品配料时,木料机械刨光的加工余量大小主要决定于木料的(　　)。

(A)断面尺寸大小　(B)长度　(C)机床的精度　(D)需要的大小

136. 三角形木屋架下弦的起拱高度一般为屋架跨度的(　　)。
(A)1/100　(B)1/50　(C)1/200　(D)1/300
137. 当木屋架下弦有吊顶时,下弦的受力情况是(　　)。
(A)受弯　(B)受拉同时受弯　(C)受压同时受弯　(D)只受拉
138. 标准麻花钻头的顶角为(　　)±2°。
(A)108°　(B)118°　(C)128°　(D)138°
139. 当用原木做三角木屋架的上弦时,原木大头的方向应当(　　)。
(A)向下　(B)向上　(C)向前　(D)向后
140. 三角形木屋架的主要接合方式是(　　)。
(A)卯榫接合　(B)齿连接　(C)胶接合　(D)螺栓接合
141. 混油件油漆刮腻子的主要目的是(　　)。
(A)增加漆膜厚度　(B)增加油漆的附着力
(C)使漆膜表面平整光滑　(D)利于油漆吸附
142. 圆锯机由于使用广泛,因此类型较多。按锯解方向的不同可分为纵锯圆锯机、横截圆锯机和(　　)。
(A)原木圆锯机　(B)再剖圆锯机　(C)万能圆锯机　(D)裁边圆锯机
143. 操作木钻床时,夹具要牢靠,手距钻头不得小于(　　)。
(A)60 mm　(B)70 mm　(C)80 mm　(D)90 mm
144. 采用煨制方法制作弯曲木零件的主要目的是(　　)。
(A)节约木材　(B)简化工艺　(C)增加强度　(D)提高成品率
145. 胶合板表面粘贴塑料贴皮时,冷压或热压都可采用尿醛树脂胶,但加入的硬化剂(氯化铵溶液)数量却不同,一般情况下冷压较热压的硬化剂数量(　　)。
(A)少　(B)多　(C)一样多　(D)不一定
146. 组成胶合板的单板采用奇数层,其主要原因是(　　)。
(A)为了美观和装饰　(B)应力平衡,不变形
(C)工艺需要　(D)有利于定额算料
147. 木材的许用应力(　　)。
(A)小于木材的极限强度　(B)大于木材的极限强度
(C)等于木材的极限强度　(D)与极限强度成反比
148. 木材的握钉力属于木材的(　　)。
(A)材料力学性能　(B)物理性能　(C)工艺力学性能　(D)抗冲击性能
149. 以下(　　)不属于带锯机操作中造成锯出木料弯曲的原因。
(A)跑车横向摇摆　(B)进锯速度不均匀
(C)锯条刚性大,韧性小　(D)工作台不平,进料滚筒不圆
150. 下列不属于异形锉的是(　　)。
(A)菱形锉　(B)三角锉　(C)椭圆锉　(D)圆肚锉
151. 为了节约木材,应正确使用有缺陷的木材,当木材端部有局部裂纹允许用在(　　)。
(A)榫头处　(B)榫眼处
(C)榫头榫眼处都可以用　(D)榫头榫眼处都不准用

152. 木材的抗拉强度、抗弯强度等属于木材的(　　)。

(A)物理性质　(B)力学性质　(C)工艺力学性质　(D)自然属性

153. 木制门的中冒头宽度在 145 mm 以上时应划上、下双榫,并要单进双出,双榫中每个榫的宽度约为料宽的(　　)。

(A)1/3　(B)1/4　(C)1/5　(D)1/2

154. 当电动机功率为 2.2～3.7 kW,皮带速度大于 10 m/s 时,选用三角皮带的型号应为(　　)。

(A)A 型　(B)B 型　(C)C 型　(D)O 型

155. 木工机械一般转速较高,对高速传动而言最好采用(　　)。

(A)链传动　(B)齿轮传动　(C)皮带传动　(D)螺纹传动

156. 皮带传动中,包角不得小于(　　)。

(A)100°　(B)110°　(C)120°　(D)130°

157. 专门用于木料表面加工的机械,是木材加工必不可少的基本设备的是(　　)。

(A)木工带锯机　(B)压刨床　(C)开榫机　(D)平刨床

158. 带锯条是木工带锯机的锯切刀具,其锯齿应锋利,齿深不得超过锯条宽的(　　)。

(A)1/2　(B)1/4　(C)1/6　(D)1/8

159. 带状纹理是(　　)的木材沿径向锯解,板材表面呈现出一条色深一条色浅形如带状的纹理。

(A)螺旋纹理　(B)绉状纹理　(C)团状纹理　(D)交错纹理

160. 箱框角和抽屉角的接合一般用(　　)。

(A)直角榫　(B)圆榫　(C)燕尾榫　(D)齿形接合

161. 日常保养一般以(　　)为主,每个作业班次进行一次。

(A)施工作业人员　(B)维修工人　(C)仓库保管员　(D)施工员

162. 量尺检查是通过检测工具进行测量,检查(　　)是否符合图样及规范标准。

(A)施工质量　(B)尺寸及偏差　(C)施工工艺　(D)节点构造

163. 在机械传动中,传动平稳无噪声,可以起自锁作用的属于(　　)。

(A)皮带传动　(B)齿轮传动　(C)蜗杆传动　(D)链传动

164. 在平刨上加工基准面时,为获得光洁平整的表面,应作如下调整(　　)。

(A)将前后工作台调平行并在同一水平面上,柱形刀头切削圆的上层切线与工作台面间保持一次进给的切削量

(B)将前后工作台调平行,调整导尺与工作台面的夹角,使其成直角

(C)将平刨的前工作台平面调整至与柱形刀头切削圆在同一切线上,前后工作台保持平行

(D)将平刨的后工作台平面调整至与柱形刀头切削圆在同一切线上,前后工作台保持平行

165. 榫槽与榫头的形式决定于零件的外形,例如框架的结合采用(　　)。

(A)箱结榫　(B)圆榫　(C)木框直榫　(D)燕尾榫

三、多项选择题

1. 车辆上常用的阔叶树木材有(　　)。

(A)柞木　(B)水曲柳　(C)色木　(D)榆木

2. 在实际生产中常常根据心边材颜色差异明显与否，将木材分为(　　)三类。

(A)生材树种　(B)心材树种　(C)边材树种　(D)熟材树种

3. 木材的强度主要指其(　　)强度。

(A)抗压　(B)抗拉　(C)抗弯　(D)抗剪

4. 木材防腐剂的种类有(　　)。

(A)水溶性防腐剂　(B)油溶性防腐剂　(C)油类防腐剂　(D)浆膏防腐剂

5. 木材中主要有三种水，分别是(　　)。

(A)自由水　(B)化合水　(C)吸附水　(D)结合水

6. 钉接合主要有(　　)。

(A)圆钉连接　(B)螺钉接合　(C)螺栓连接　(D)销接合

7. 根据装配图绘制的一般规定，螺栓连接的装配画法，表述正确的是(　　)。

(A)两个零件件的接触面画成一条直线，不接触的相邻表面应画成两条线以表示间隙

(B)相互邻接的金属零件，其剖面线的倾斜方向不同，或方向一致而间距不等

(C)当剖切面通过螺纹紧固件的轴线时，用细实线表示与主要轮廓线平行的方向

(D)当剖切面通过螺纹紧固件的轴线时，均按照未被剖切绘制

8. 确定装配画法中零件尺寸的两种方法(　　)。

(A)对应画法　(B)结构画法　(C)查表画法　(D)比例画法

9. 家具结构装配图上画有(　　)。

(A)家具的全部结构

(B)家具的主要结构

(C)各种榫接合、薄木贴面等装配关系

(D)尺寸和技术要求

10. 组件图是由几个零件装配而成的家具的图样，是介于(　　)之间的图样。

(A)结构装配图　(B)大样图　(C)零件图　(D)组装图

11. 从树干的横断面上看，原木的构造包括(　　)。

(A)树皮　(B)形成层　(C)木质部　(D)髓心

12. 木工机具总的发展趋势是(　　)。

(A)提高木材利用率　(B)提高加工精度

(C)生产效率及自动化程度　(D)安全无公害

13. 细木工板的厚度有(　　)。

(A)16 mm　(B)20 mm　(C)22 mm　(D)25 mm

14. 圆锯机由于使用广泛，类型较多，按锯解方向的不同分为纵锯圆锯机和(　　)。

(A)横截圆锯机　(B)万能圆锯机　(C)裁边圆锯机　(D)再剖圆锯机

15. 四面刨床是以其(　　)进行分类的。

(A)生产能力　(B)刀轴数量　(C)进给速度　(D)切削加工功率

16. 曲线锯可以分为(　　)。

(A)平滑曲线锯　(B)水平曲线锯　(C)垂直曲线锯　(D)交叉曲线锯

17. 施工现场机械设备的保养形式分为(　　)。

(A)特殊保养　(B)换季保养　(C)定期保养　(D)停放保养

18. 木家具按照结构类型可分为(　　)。

(A)框式家具　(B)定式家具　(C)板式家具　(D)支架式家具

19. 关于框式家具,描述正确的是(　　)。

(A)采用榫卯接合

(B)主要部件为立柱和横撑组成的框架或木框嵌板结构

(C)嵌板主要起到分割与承重作用

(D)以实木或各种人造板为基材

20. 含水率必须符合12%±4%规定的车辆木制件是(　　)。

(A)地板　(B)木梁　(C)垫木　(D)外墙板

21. 以下描述正确的是(　　)。

(A)木材在一般情况下没有可塑性

(B)针叶材的弯曲性能比阔叶材的好

(C)由于心材的渗透性减低,是制造盛液体木桶的好材料

(D)木材的含水率,针叶树比阔叶树多,心材比边材多

22. 以下选项中属于木材天然干燥的堆垛方法有(　　)。

(A)水平堆垛　(B)实堆法　(C)疏离堆法　(D)交搭堆垛

23. 胶合板按照耐水性能分为四类,下列表述正确的是(　　)。

(A)Ⅰ类(NS)　(B)Ⅱ类(NQF)　(C)Ⅲ类(NC)　(D)Ⅳ类(BNC)

24. 客车车厢上使用的刨切面胶合板有(　　)。

(A)水曲柳薄木贴合板　(B)柞木胶合板

(C)核桃楸胶合板　(D)桃花心木胶合板

25. 含有正常树脂道的针叶树木材有(　　)黄杉属和油杉属统称五属。

(A)松属　(B)云杉属　(C)冷杉属　(D)落叶松属

26. 油漆的主要成分有(　　)及其他一些辅助材料。

(A)固体　(B)成膜物质　(C)颜料　(D)溶剂

27. 以下属于预制构件木模板的有(　　)。

(A)基础模板　(B)柱模板　(C)梁模板　(D)滑升模板

28. 木工机械的擦净方法有(　　)。

(A)清洁　(B)紧固　(C)调整　(D)防腐

29. 安装栏杆前,要检查其(　　)是否一致,否则会影响后期扶手安装。

(A)扶手与栏杆的接口　(B)杆长

(C)榫长　(D)榫长和榫肩的斜度

30. 木墙裙无腰带时,设计拼缝的处理方法,一般有(　　)形式。

(A)无缝　(B)线条压缝　(C)平缝　(D)八字缝

31. 机械润滑的作用(　　)。

(A)改善磨损程度　(B)冷却　(C)清洁　(D)防腐和阻尼

32. 研究木材构造可分为(　　)三个层次。

(A)表面构造特征　(B)宏观构造特征　(C)显微构造特征　(D)超微构造特征

33. 木材的外形性能有颜色、(　　)和光泽。
(A)气味　(B)结构　(C)纹理　(D)花纹
34. 木材干燥的三要素是(　　)。
(A)木材含水率　(B)介质温度　(C)介质湿度　(D)气流速度
35. 立体划线一般要在(　　)三个方向上进行。
(A)长　(B)纵　(C)宽　(D)高
36. 装配图技术条件是指达到设计要求的各项质量指标,例如对(　　)的要求。
(A)尺寸精度　(B)形状精度　(C)表面粗糙度　(D)注意事项
37. 装配图上的标注尺寸包括(　　)和零部件定位尺寸。
(A)总体轮廓尺寸　(B)部件尺寸　(C)零件尺寸　(D)剖面尺寸
38. 零部件明细表是包括所有(　　)的清单。
(A)零件　(B)部件　(C)附件　(D)耗用的其他材料
39. 木材按用途和加工的不同,分为(　　)和木质人造板材等类型。
(A)圆木　(B)圆条　(C)普通锯材　(D)特种用材
40. 木材缺陷可分为(　　)。
(A)天然缺陷　(B)干燥缺陷　(C)生物危害缺陷　(D)机械加工缺陷
41. 阔叶材适用于(　　)。
(A)室内装饰　(B)地板龙骨　(C)制作家具　(D)建筑承重构件
42. 箱框角结构种类有(　　)。
(A)闭口榫　(B)直角接合　(C)燕尾榫　(D)斜角接合
43. 公差包括(　　)。
(A)尺寸公差　(B)形状公差　(C)位置公差　(D)表面公差
44. 根据容重,纤维板分为三类,以下表述正确的是(　　)。
(A)硬质纤维板:容重在 1 g/cm^3 以上　(B)软质板:容重在 0.4 g/cm^3 以下
(C)半硬质纤维板:容重在 0.4～0.8 g/cm^3　(D)半软质纤维板:容重在 0.8～1 g/cm^3
45. 装饰防火板一般分为(　　)三大系列。
(A)单色　(B)多色　(C)花色　(D)亮光
46. 普通锯材是指已经加工锯解成材的木料,一般分为(　　)。
(A)圆木　(B)圆条　(C)板材　(D)方材
47. 胶粘剂的种类很多,主要的分类依据有(　　)。
(A)主要组成的化学成分　(B)使用构件的部位特征
(C)胶液受热后的状态　(D)耐水性
48. 以下属于热塑性、合成树脂胶的是(　　)。
(A)干酪素胶　(B)酚醛树酯胶　(C)氯丁胶　(D)聚乙酸乙烯酯乳液
49. 胶粘剂的使用特性主要是胶液的(　　)。
(A)固体含量和黏度　(B)活性期
(C)液体含量和强度　(D)固化条件和固化速度
50. 机车车辆工厂的木材防腐主要采用(　　)两种方式。
(A)涂刷　(B)炭化　(C)浸渍　(D)贴面

51. 木工常用的五金配件种类繁多,单体上可以分为(　　)两大类。

(A)连接铁　(B)铰链　(C)锁具　(D)螺钉

52. 木结构施工操作工艺主要有配料和(　　)三个步骤。

(A)加工　(B)调整　(C)安装　(D)检查

53. 制材生产一般包括(　　)和小料处理等工序。

(A)圆木运输　(B)圆木锯解　(C)板材再解　(D)板皮处理

54. 关于压刨床操作,描述正确的是(　　)。

(A)由两人操作,一人送料,站在机床正面,一人接料,站在机床侧面

(B)根据工件纹理的形状顺纹进给

(C)绝对不允许不同厚度的工件同时并排进给刨削

(D)模板的斜度要根据工件要求预先制作好

55. 平面刨刀是指(　　)的上下水平刀片,主要用来对木材进行平面刨削。

(A)平刨机　(B)压刨机　(C)三面刨　(D)四面刨

56. 加工榫头、榫眼、榫槽的操作步骤包括:毛料加工、净料加工和(　　)。

(A)开槽　(B)裁口　(C)打眼　(D)加工榫头

57. 刨刀嵌入刨床内与刨腹的夹角按照用途而定,下列选项正确的是(　　)。

(A)光刨 51°　(B)荒刨 42°　(C)大刨 45°　(D)大平刨 39°

58. 压刨床开机前应进行(　　)调整。

(A)工作台与刀刃平行　(B)前后下滚筒凸出工作台的高度

(C)前上进料滚筒调整　(D)后上送料滚筒及压紧装置调整

59. 平刨床的进料速度一般为(　　)。

(A)3～5 m/min　(B)6～12 m/min　(C)18～24 m/min　(D)24～30 m/min

60. 铣床的操作方法描述,正确的是(　　)。

(A)开启电动机,待机床运转正常后方可进行铣削操作

(B)进行裁口工作,上手推进在离刀口 150 mm 时放开,下手在木料过刀口 100 mm 时接拉

(C)推进和接拉的速度要均匀,遇节子时候加快

(D)进行开榫作业时,可将木料夹在推车上,推车前进,开出榫头

61. 木材油漆前主要进行(　　)处理。

(A)木毛　(B)杂色　(C)单宁　(D)松脂

62. 切削表面质量的评价主要从(　　)三方面进行评价。

(A)粗糙度　(B)光洁度　(C)平面度　(D)亮度

63. 点划线用来表示(　　)。

(A)零件轮廓线　(B)圆的中心线　(C)半剖视分界线　(D)对称线

64. 螺纹连接的基本类型有(　　)。

(A)螺栓连接　(B)双头螺柱连接　(C)螺钉连接　(D)紧定螺钉连接

65. 划线基准是在划线时,选择工件上的某个点、线、面作为依据,用它来确定工件各部分的(　　)。

(A)尺寸　(B)木材缺陷情况　(C)几何　(D)相对位置

66. 划线所起的作用有(　　)。

(A)确定工件的加工余量　　(B)及时发现和处理不合适的原材料

(C)改变设计基准在工件上的位置　　(D)减小不合适的原材料的影响

67. 进场材料验收的主要内容包括(　　)。

(A)材料的包装　(B)材料的质量　(C)材料的数量　(D)材料的规格

68. 木屋架制作中,下列选材符合选材标准正确的是(　　)。

(A)上弦是受压或压弯杆件,可选用Ⅱ等或Ⅲ等材

(B)下弦是受拉或抗弯杆件,应选用Ⅰ等或Ⅱ等材

(C)斜杆是受压杆件,可选用Ⅲ等材

(D)竖杆是受拉杆件,应选用Ⅱ等材

69. 关于屋面木基层的木椽条安装要点,叙述正确的是(　　)。

(A)椽条要连续通过两跨檩距,用钉子把檩条钉牢

(B)椽条端头在檩条上,可采用斜搭接的形式

(C)采用圆椽条或半圆椽条时,椽条的大头应朝向屋脊

(D)椽条在屋脊、檐口处应拉线锯切

70. 按机床的用途或槽头形状的不同,可将开榫机分为(　　)。

(A)木框榫开榫机　　(B)箱接榫开榫机

(C)梳齿榫开榫机　　(D)圆棒榫开榫机

71. 榫接结构式木制品中最常见的连接方式,常见的榫眼结构有(　　)。

(A)圆眼　(B)半眼　(C)穿眼　(D)斜眼

72. 木工钻床按照钻轴位置分为(　　)。

(A)立式钻床　(B)卧式钻床　(C)通用钻床　(D)可倾斜式钻床

73. 带锯机开机前的准备工作包括(　　)。

(A)装挂锯条　(B)调整重锤　(C)调整锯卡　(D)调整靠山

74. 带锯机的进料方式有(　　)。

(A)利用跑车进料　(B)手工进料　(C)机械进料　(D)自动进料

75. 圆锯机可以应用于原木、板材、方材的纵剖、横截和(　　)等加工工序。

(A)切口　(B)导板　(C)裁边　(D)开槽

76. 关于木工车床的操作,表述正确的是(　　)。

(A)车床的切削速度通常采用 8～15 m/s,一般不超过 50 m/s

(B)粗车时,吃刀量要少,一般每转进给量 2～5 mm/r

(C)精车时,每转进给量不小于 0.8 mm/r

(D)主轴转速可以根据工件直径大小而进行调整

77. 带锯机锯出木料弯曲的原因很多,属于操作原因的有(　　)。

(A)跑车横向摇摆　　(B)进锯速度不均匀

(C)上下手送接料不一致　　(D)适张度不均,口松

78. 杯口模的(　　)应比柱角宽度大。

(A)上口宽度　(B)杯口底标高　(C)高度　(D)下口宽度

79. 齿连接的优点有(　　)。

(A)止水防蚀　(B)传力明确　(C)构造简单　(D)节省材料

80. 铣削曲线型工件时,铣刀全部暴露,不利于安全操作,可以设计防护措施,使防护罩、工件和(　　)组成一个封闭整体,以保证操作者安全。

(A)刀具　(B)模具　(C)工具　(D)夹具

81. 箱板的箱结榫可分为(　　)。

(A)直榫　(B)梳齿榫　(C)燕尾榫　(D)半隐燕尾榫

82. 操作钻床时,为了安全生产,正确的做法有(　　)。

(A)操作者佩戴安全眼镜和手套　(B)双人配合操作

(C)选择正确的钻削速度及进给量　(D)工件夹持固定,切勿用手拿工件

83. 氯丁橡胶胶粘剂的优点有(　　)。

(A)高极性　(B)耐水性、耐燃性好

(C)弹性、冲击强度较好　(D)压敏性

84. 通过查询原木材积表,对应(　　)可以查出材积。

(A)检尺长/cm　(B)检尺长/m

(C)检尺径/cm　(D)检尺径/m

85. 木模板的保管一般采用统一(　　)的方法。

(A)配料　(B)制作　(C)回收　(D)管理

86. 不同构件在配制时考虑的重点不同,(　　)等主要考虑抗弯度及挠度。

(A)定型模板　(B)柱　(C)井架　(D)托木

87. 配制木模板时,错误的做法是(　　)。

(A)注意节约,考虑周转使用及改制使用

(B)配制模板尺寸时,考虑到拼装接合,要注意每部分的尺寸,不能加长或缩短

(C)板边要找平、刨直兜方,接缝严密,不漏浆

(D)配制模板的木板条的宽度不受限制

88. 硬木地板的施工技术准备包括(　　)。

(A)施工测量　(B)常用机具　(C)材料选用　(D)基层处理

89. 以下选项符合空铺木地板质量标准的有(　　)。

(A)含水率约为20%　(B)木骨和垫木要经过防腐处理

(C)表面平整无刨痕　(D)踢脚板需要45°交接

90. 以下描述符合直角榫接合技术要求的是(　　)。

(A)单榫的厚度接近于方材厚度或宽度的0.4~0.5,双榫的总厚度也接近此数值

(B)一般来说,榫头的宽度比榫眼长度大0.5~1.0 mm时接合强度最大

(C)当采用明榫接合时,榫头的长度等于榫眼零件宽度(或厚度)

(D)为使榫头易于插入榫眼,常将榫端倒棱,两边或四边削成40°的斜棱

91. 以下描述符合圆榫接合技术要求的是(　　)。

(A)圆榫的直径厚度为板材厚度的0.4~0.5

(B)制造圆榫的材料应选用具有中等硬度和韧性的木材,比如柞木、水曲柳

(C)圆榫的含水率应比家具用材高2%~3%,不用时要用塑料袋密封保存

(D)圆榫与榫眼径向采用过盈配合，过盈量为 0.5～1.5 mm 时强度最大

92. 木屋架制作中，常见的质量通病有(　　)。

(A)因选料不当引起的节点不牢、端头劈裂

(B)槽齿做法不符合构造要求

(C)屋架高度超差

(D)槽齿承压面接触不密贴、锯削过线、削弱弦杆截面

93. 木屋架制作中，因选料不当引起的节点不牢、端头劈裂现象的防治方法有(　　)。

(A)严格按各杆件的受力选用相应的木材等级

(B)弦杆加工时，划线、削锯要准确，弦杆组装时，各节点连接要严密

(C)正确掌握槽齿连接的放样和划线方法，确保腹杆槽齿部的承压面被该腹杆的中线垂直平分

(D)木材裂缝处不宜用于在下弦端点及弦杆接头处，对斜裂纹要按规范要求严格限制

94. 引起木屋架高度超差的原因有多种，主要的防治办法有(　　)。

(A)严格按各杆件的受力选用相应的木材等级

(B)弦杆加工时，划线、削锯要准确，弦杆组装时，各节点连接要严密

(C)正确掌握槽齿连接的放样和划线方法，确保腹杆槽齿部的承压面被该腹杆的中线垂直平分

(D)首先检验各杆长度，若其长度基本正确，则可放松钢拉杆螺母，采用逐个分多次上紧钢拉杆螺母的方法加以调整

95. 木屋架制作中，产生槽齿承压面接触不密贴、锯削过线、削弱弦杆截面现象的主要原因(　　)。

(A)划线、锯削不准确　(B)木材的含水率较大，产生变形

(C)上下弦保险螺栓孔略有偏差　(D)操作人员在操作中出现失误

96. 关于马尾屋架安装，表述正确的是(　　)。

(A)采用装配好再吊装的方法，避免放样、计算、制作过程中出现误差

(B)对于三榀马尾屋架弦杆与正屋架跨中相交的，应先安装中间的一榀

(C)马尾屋架逐根安装的次序：下弦杆→竖杆→上弦杆→斜杆

(D)安装过程中，先不要拧紧所有螺母，待安装完毕，检查无误后再拧紧全部螺母

97. 混凝土基础的形式有(　　)。

(A)带形基础　(B)有地梁带形基础　(C)阶形基础　(D)杯形基础

98. 在屋架之间设置支撑的作用(　　)。

(A)承受和传递横向水平力　(B)防止屋架的侧倾

(C)保证受压杆件的侧向稳定　(D)承受和传递纵向水平力

99. 在屋架之间要设置支撑，按照设置和作用不同可以分为(　　)。

(A)垂直支撑　(B)水平系杆　(C)上弦横向支撑　(D)下弦纵向支撑

100. 支撑用原木或者方木通过(　　)与屋架连接。

(A)槽齿　(B)扒钉　(C)角钢　(D)螺栓

101. 影响混凝土强度增长的因素有(　　)。

(A)温度　(B)湿度　(C)风速　(D)龄期

102. 在安装施工中,由于模板支撑强度和刚度不足,会产生的质量通病有(　　)。
(A)梁、板底不平、下挠　(B)梁侧模不平直、上下口胀模
(C)墙体厚度不一、平整度差　(D)门窗洞口混凝土变形
103. 液压滑升模板系统由(　　)等组成。
(A)模板　(B)围圈　(C)吊架　(D)提升架
104. 独立基础模板由侧板和(　　)等组成。
(A)横木　(B)支撑　(C)垫板　(D)三角架
105. 进行锯割的圆木要仔细检查有无(　　)等杂物。
(A)绳子　(B)钢丝　(C)钉子　(D)砂石
106. 带锯机的锯心可分为(　　)两种。
(A)木制　(B)铁质　(C)固定　(D)活动
107. 木桁架有(　　)三种形式。
(A)折线形　(B)长方形　(C)拱形　(D)梯形
108. 目测检验硬木地板,其表层面要求(　　)。
(A)表面洁净　(B)接头位置错开　(C)接缝严密　(D)花纹一致
109. 影响工件切削加工质量的主要因素有木材性质和(　　)。
(A)刀具材质　(B)木材含水率
(C)顺纹切削与逆纹切削　(D)切削速度与进给速度
110. 带锯机的安全装置采用(　　)三种形式的防护罩。
(A)固定式　(B)活动式　(C)可调式　(D)万能式
111. 板方材一般采用分层纵横交叉堆积包括(　　)。
(A)顶盖　(B)间隙　(C)垫条　(D)堆基
112. 影响铣削表面质量的因素有(　　)。
(A)工件振动　(B)刀轴颤动
(C)刀具与刀轴配合　(D)刀具不平衡度
113. 木材的三切面形状完全不同,分别为(　　)。
(A)同心圆　(B)平行木纹　(C)射线木纹　(D)V字形木纹
114. 木零件长度方向的接合方式主要有(　　)。
(A)企口接合　(B)板条接合　(C)齿形榫接合　(D)斜口接合
115. 拼板构件边沿的接合方式主要有(　　)。
(A)企口接合　(B)板条接合　(C)榫槽接合　(D)插销榫接
116. 木油工常用的磨光材料有(　　)。
(A)砂轮　(B)砂布　(C)木砂纸　(D)水砂纸
117. 齿轮传动从传递运动和动力方面,应满足(　　)两个基本要求。
(A)轴向移动　(B)传动平稳　(C)承载能力强　(D)旋转运动
118. 机械加工过程中,工件上形成三个表面分别为(　　)。
(A)初加工表面　(B)待加工表面　(C)加工表面　(D)已加工表面
119. 油漆工常用的手工工具有(　　)。
(A)刮刀　(B)腻子板　(C)油刷　(D)排笔

120. 木制玻璃窗为了安装玻璃,(　　)都要做裁口。
(A)扇框　　(B)窗梃　　(C)冒头　　(D)窗芯
121. 在木质玻璃门窗制作中,以下描述错误的是(　　)。
(A)木门采用窑法干燥的木材,含水率大于12%
(B)门窗框厚度大于30 mm的门扇,应采用双榫连接
(C)门窗与基层的接触部分及预埋木砖都应进行防腐处理
(D)门扇表面应光洁或砂磨,不得有刨痕等瑕疵
122. 关于木门扇制作的表述正确的是(　　)。
(A)门扇门框的厚度一般为40～45 mm
(B)上冒头与两旁边梃的宽度为50～75 mm
(C)下冒头习惯上比上冒头加宽50～120 mm
(D)中冒头的宽度必要时可适当加大
123. 以下对于螺栓、螺钉连接方式的要求正确的有(　　)。
(A)有定位销的螺栓、螺钉连接,应从靠近定位销的螺钉(螺栓)开始
(B)螺栓和螺钉的头部以及螺母的端面应与被紧固的零件平面均匀接触,不应倾斜
(C)螺栓、螺钉和螺母拧紧后,螺栓、螺钉一般应露出螺母1～2个螺距
(D)沉头螺钉拧紧后,钉头不得高于沉孔端面
124. 木门的门扇有(　　)两类。
(A)镶板式　　(B)开启式　　(C)蒙板式　　(D)活动式
125. 弹簧门是指开启后会自动关闭的门,一般装有弹簧铰链,常用的有(　　)。
(A)单面弹簧　　(B)双面弹簧　　(C)交叉弹簧　　(D)地弹簧
126. 关于煨弯木零件,以下描述正确的有(　　)。
(A)采用煨制方法制作弯曲木零件的主要目的是节约木材
(B)客车上采用煨弯木零件,弯曲性能最好的木材是水曲柳
(C)煨弯工艺最理想的木材含水率是接近木材纤维饱和点时
(D)煨弯工艺最理想的木材含水率是接近木材平衡含水率时
127. 以下说法中正确的有(　　)。
(A)公差实际上就是加工误差的允许范围
(B)过盈公差都是上偏差,间隙公差都是下偏差
(C)客车车厢上木门与框的配合均应采用过盈公差
(D)公差等级的选择原则是:在满足使用性能要求的前提下,选用较高的公差等级
128. 木材的物理性质主要是指(　　)。
(A)堆放　　(B)含水率　　(C)湿胀干缩　　(D)强度
129. 木材为非匀质构造,其胀缩变形各向有(　　)。
(A)纵向　　(B)横向　　(C)径向　　(D)弦向
130. 关于木材的物理力学性质,描述错误的是(　　)。
(A)木材含水量对木材的强度和胀缩变形影响很大
(B)干缩和湿胀是发生在木材水分蒸发或吸湿的整个全部过程
(C)纤维饱和点是木材的物理力学性质发生变化的转折点

(D)木材的横纹强度比顺纹强度要大得多

131. 以下关于影响木材强度的原因的描述,正确的是( )。

(A)木材的容重是测定强度的最好指标

(B)在纤维饱和点以下,木材的含水率越大其强度就越大

(C)长期受力的木材强度比短期受力的木材强度要大得多

(D)温度变化对抗压强度影响最大,温度越高,木材强度越低

132. 板式部件的侧边处理方法包括( )。

(A)封边法 (B)包边法 (C)镶边法 (D)涂饰法

133. 机车车辆上各种木弯梁的制作方法有( )三种。

(A)锯割 (B)刨削 (C)旋制 (D)弯曲

134. 对客车车辆门框的技术要求主要是( )几方面。

(A)门框的材质 (B)门框组成的卯榫

(C)门框的对角线之差 (D)所使用的胶合剂

135. 橱柜制作与安装工程的主控项目有( )。

(A)外观要求 (B)材质要求 (C)配件要求 (D)造型要求

136. 窗帘盒、窗台板和散热器罩制作与安装工程的主控项目有( )。

(A)外观要求 (B)材质要求 (C)配件要求 (D)造型要求

137. 门窗套制作与安装工程的主控项目有( )。

(A)外观要求 (B)材质要求 (C)配件要求 (D)造型要求

138. 圆锯机的安全装置采用( )。

(A)安全防护罩 (B)法兰盘 (C)锯轴 (D)分料刀

139. 木地板翘曲、有声响的主要原因( )。

(A)地板钉过短 (B)地板楞间距过大

(C)铺贴前原地面空鼓 (D)地板之间间隙过紧

140. 石膏板开裂的主要原因是( )。

(A)龙骨的主吊杆未固定牢固 (B)龙骨未整平

(C)石膏板安装未错缝隙 (D)温差过大

141. 依据木贴脸安装规定,在门窗框及室内墙洞处装饰,应( )。

(A)线条压缝 (B)与窗框接应紧密,棱角顺直

(C)紧贴墙面,不得有缝隙 (D)交角必须为 45°

142. 硬木地板粘贴中常用的地板胶有( )。

(A)石油沥青 (B)水泥用量增厚

(C)树脂类粘结剂 (D)水泥内加 107 胶

143. 木墙裙的构造要求有( )。

(A)预埋件经过防腐处理

(B)使用木料的含水率木龙骨小于 12%,胶合板小于 10%

(C)面板用材树种统一、纹理相近

(D)收口角线及踢脚板与墙板用料树种无需一致

144. 跌级吊顶的挂板多采用挺刮木板如( )。

(A)硬芯木工板 (B)9 厘板 (C)12 厘板 (D)18 厘板

145. 木扶梯制作的技术标准为(　　)。

(A)采用坚固、耐久的材料

(B)扶手与垂直杆件连接牢固,紧固件不外露

(C)木扶手与弯头的接头在下部连接牢固

(D)能承受规范允许的水平荷载

146. 木贴脸在角部连接,其交角的形式有(　　),视设计效果而定。

(A)接缝为 45° (B)横向平接 (C)纵向平接 (D)斜向平接

147. 室内木装修工程中的木地板铺设,其面层木地板的拼贴方式主要有(　　)。

(A)错纹铺贴 (B)普通条纹铺贴 (C)花纹拼贴 (D)分格拼贴

148. 木地板铺贴中,产生地板缝隙不严现象的原因有(　　)。

(A)地板条有大小头 (B)留缝不均匀

(C)地板条含水量过大 (D)地板条纹路不均匀

149. 对工业企业来说,质量的全过程管理可分为(　　)。

(A)设计控制 (B)辅助生产 (C)生产制造 (D)使用服务

150. 企业的劳动纪律包括(　　)三方面的劳动纪律。

(A)生产技术 (B)安全 (C)组织 (D)工时利用

151. 仪表垂直检测尺主要用于墙面、门窗框、装饰贴面等项目的(　　)偏差的检测。

(A)垂直度 (B)顺直度 (C)水平度 (D)平整度

152. 木制品制作加工的质量检查方法是(　　)。

(A)预检 (B)过程控制检查 (C)分项工程检查 (D)隐蔽工程检查

153. 在精益生产中,从价值角度看,各项工作活动可分为(　　)。

(A)增值活动 (B)非增值活动 (C)必要增值活动 (D)必要非增值活动

154. 全面质量管理是指(　　)。

(A)全企业 (B)全员 (C)全过程 (D)全设备

155. 质量管理体系是在质量方面(　　)组织的管理体系。

(A)论证 (B)监视 (C)指挥 (D)控制

156. 现场管理的两大基础管理系统是(　　)。

(A)5S 活动 (B)目视管理 (C)自主管理 (D)标准管理

157. 文明生产主要表现在(　　)方面。

(A)工作环境 (B)生产设备 (C)生产秩序 (D)生产习惯

158. 安全生产的方针是(　　)。

(A)安全第一 (B)预防为主 (C)严格控制 (D)综合治理

159. 以下选项符合安全生产一般常识的是(　　)。

(A)工具应放在专门地点 (B)按规定穿戴好防护用品

(C)不擅自使用不熟悉的机床和工具 (D)夹具放在工作台上

160. 职业安全健康危险源主要分为心里生理性危险、(　　)和其他危险。

(A)物理性危险 (B)化学性危险

(C)行为性危险 (D)生物性危险

四、判 断 题

1. 在同一年轮，靠近树皮的一圈是早期形成的称为早材。( )

2. 一般情况下，树木的心材较硬，含水较少，而边材部分材质松软，含水率较高。( )

3. 工作场地保持清洁，有利于提高工作效率。( )

4. 水胶的缺点是耐水性及抗菌性能差，当胶中含水率在 20%以下时，容易被菌类腐蚀而变质。( )

5. 曲线电锯调节或检查工具功能之前，确认已关闭工具开关并断电。( )

6. 只有阔叶树木材才有木射线。( )

7. 木材结构的粗细决定于木材细胞的大小，而木材的纹理决定于木材细胞排列的方式。( )

8. 严禁将身体直接压在电钻上，不准用脚踩压电钻。( )

9. 木材的硬度在端面、径面和弦面是不一样的，一般情况下，端面硬度最大，径面次之，弦面最小。( )

10. 木材干燥过程中，温度越高，木材干燥的越快。( )

11. 当电源电压为 380 V，负载的额定电压为 220 V 时，应作三角形连接。( )

12. 调制鱼鳔胶时，可把鱼鳔放在水中用沸水煮化即成。( )

13. 组装过程中斧锤可以直接敲击零件。( )

14. 暗榫主要用于强度要求不高而外观要求质量较高的场所。( )

15. 胶合板表面粘贴塑料皮以后可直接用木工圆锯加工成所需尺寸。( )

16. 制作木屋架时，因为上弦直接承受屋顶的压力，因此必须用较好的木材，而下弦用料可差一些。( )

17. 用原木做屋架上弦和下弦时，应将大头置于端节点处。( )

18. 用原木做屋架上弦时，应将凸面向上，用原木做下弦时，应将凸面向下。( )

19. 木质件进行挖补处理时，子板(补板)的含水率必须低于母板(木质件)。( )

20. 刨削木材表面时，刨硬木时其切削角应小于刨软木。( )

21. 木工机械的切削速度与刀具的转速成正比。( )

22. 平刨机的后工作台应略低于刀刃的切削平面。( )

23. 平刨机前后的工作台之差即为加工余量。( )

24. 操作木工机床时必须戴手套。( )

25. 木工圆锯机一般由电动机通过三角皮带传动，带动锯轴旋转，当电机皮带轮越大时，其锯轴转速越高。( )

26. 木材容重是指绝干木材试样，单位容积的木材的重量。( )

27. 客车内设备件的含水率要求为 16%±4%，车内木骨架的含水率要求为 20%±4%。( )

28. 建筑用材按含水率分为三类，其中干材的含水率要求在 15%以下。( )

29. 三角形木屋架的竖杆一般承受压力。( )

30. 三角形木屋架的上弦主要承受压力或有附加弯矩。( )

31. 切削加工时，主运动通常是速度较低、消耗功率较小的运动。( )

32. 对于相同精度的孔和外圆比较，加工孔困难些。( )

33. 工序集中即每一工序中工步数量较少。( )

34. 装配时要注意整个框架是否平行，如有倾斜、歪曲现象应及时校正。（ ）

35. 零部件组装及擦除胶液修整完之后，可以立即使用，不需要干燥定型。（ ）

36. 按测量结果的读数值分类，测量可分为直接测量和间接测量。（ ）

37. 工件在夹具中被夹紧后才能定位。（ ）

38. 正弦交流电的三要素是最大值、角频率和初相角。（ ）

39. 使用吊车时，不能使钢丝绳担负超负荷的重量和受到突然猛烈的拉力。（ ）

40. 电瓶叉车在铲工件时要保持平衡，人可以站在叉齿上作平衡之用。（ ）

41. 机床设备的电器都应把零件接地。（ ）

42. 工业企业管理随着科学技术的进步与生产的发展而发生变化。（ ）

43. 传统管理的特点是一切凭经验办事。（ ）

44. 生产型管理转向生产经营型管理是工业企业现代管理的一个特点。（ ）

45. 科学管理是综合运用管理科学、行为科学以及电子计算机技术与管理之中的理论和方法。（ ）

46. 粘接的强度主要取决于粘接剂的性能。（ ）

47. 提高粘接强度主要依靠增大粘接面。（ ）

48. 基本视图表示的是物体在投影方向的可见形状，对物体的内部形状可用虚线表示。（ ）

49. 在建筑施工图中，一般有图标、比例、轴线、标高、尺寸单位和详图索引号等。（ ）

50. 凡是水平方向的（一般建筑物的房间开间、柱距）轴线号，用阿拉伯数字由左至右依次注写。（ ）

51. 凡是垂直方向的（一般建筑物的房间进深、跨度）轴线号，用汉语拼音由下至上注写。（ ）

52. 木材的纵向收缩较大，而弦向收缩很小。（ ）

53. 当木材受到挤压力的作用时，会产生弹性变形和塑性变形。（ ）

54. 与树干紧密相连、质地坚硬、构造正常的节子叫死节。（ ）

55. 钻孔时单手、双手操作都可以，不影响使用安全。（ ）

56. 用明钉接合时，钉帽要敲平，在同一部位钉入多支圆钉时应钉在同一木纹线上。（ ）

57. 圆锯片锯齿要经过刃磨和拨料才好使用。（ ）

58. 刨床加工时，为了提高刨削质量，一般都采取逆纹刨削。（ ）

59. 内划线一般是用样板在板材上划出毛料的大概轮廓，为配料时横截或纵剖作准备。（ ）

60. 外划线一般是指在经过初加工的毛料或经过刨光的木料上，按图纸要求进行划线。（ ）

61. 为了使拼接材料能达到最小翘曲，在木材胶合拼接时必须对年轮方向进行选择。（ ）

62. 用锯割法加工弯曲零件的主要缺点是木材消耗量比较大。（ ）

63. 在含水率不变的情况下，木材容重愈大，强度愈低，容重愈小，强度愈高。（ ）

64. 木材的横纹抗拉强度比顺纹抗拉低很多，一般约为顺纹抗拉强度的1/40到1/10。（ ）

65. 在木质构件中不允许木材横向受拉力。（ ）

66. 木工按生产对象不同可分为粗木工、细木工、木模工、木旋工、木雕工和园木工。（ ）

67. 木材的含水率，针叶树比阔叶树多，心材比边材多。（ ）

68. 若把木材放到干燥窑内进行干燥，含水率可达到4%～12%，这时的木材称为气干材。（ ）

69. 干缩和湿胀是发生在木材水分蒸发或吸湿的整个全部过程。（ ）

70. 木材的含水量在纤维饱和点以上，即使水分再增加，木材的尺寸，体积也不会变化，只

能引起木材重量的增加。(　　)

71. 一般来说针叶材的干缩较阔叶材要小。(　　)

72. 所有树种的比重都大于1,约为1.49～1.57之间。(　　)

73. 影响木材强度的主要原因是容重、含水率、长期负重、温度及缺陷等。(　　)

74. 温度的变化对木材的抗压强度影响最大,对抗拉、抗弯、抗剪等强度影响较小。(　　)

75. 不同树种的材性不一样,但同一树种,不管产地,生长条件及树干的不同部位,其材性是一样的。(　　)

76. 一般中等容重的木材的强重比低碳钢低十几倍。(　　)

77. 木材作为一种建筑材料,在遇到火灾时,它比起砖、石料和钢铁还是具有较高的稳定性。(　　)

78. 客车上用的水曲柳薄木贴面板以及高级车厢上使用的贵重树种如核桃楸、桃花心木胶合板都是旋切胶合板。(　　)

79. 酚醛树脂胶成本低廉生产工艺简单。(　　)

80. 配制尿醛树脂胶常用的硬化剂是15%氯化铵溶液。(　　)

81. 塑料贴面板的复面板,热压时压力为0.392～0.882 MPa,冷压时压力为0.294～0.588 MPa。(　　)

82. 刀具的种类很多,但不论其结构如何变化,其切削部分总是以楔形体为基本切刃。(　　)

83. 木材切削的工作运动只采用一种方式,即切削刀具移向被加工的材料。(　　)

84. 切刀在一行程内同时形成两个或三个切削表面的切削称为开式切削。(　　)

85. 锯切、凿眼、钻削等属于闭式切削。(　　)

86. 乳胶也叫白胶,即聚醋酸乙烯乳液树脂胶。这种胶呈乳白色,是粘接木材时使用最为广泛的胶。(　　)

87. 一般纵锯割都用二料路,横锯割都用三料路。(　　)

88. 刨削不易加工的短小平面和凸台应该选用平底滚刨。(　　)

89. 斧有单刃和双刃之分。双刃斧只适合砍不适合劈,单刃斧适合于砍和劈。(　　)

90. 阔叶材的弯曲性能比针叶材的好。(　　)

91. 在操作木工磨光机时,可以用砂布带砂磨金属品。(　　)

92. 公差实际上就是加工误差的允许范围。(　　)

93. 木材加工的剩余物不可以再利用。(　　)

94. 胶合板消除了木材的各向异性的缺点。(　　)

95. 起吊物件尚在地面,可以行车。(　　)

96. 在基本几何体中,一面投影为等腰三角形,则此几何体一定是棱锥。(　　)

97. 车辆方位判定时,面向一位端时,则左侧为偶数位,右侧为奇数位。(　　)

98. 棱锥体表面取点可用辅助素线法与棱柱体相同。(　　)

99. 测绘零件时,重要表面的基本尺寸、尺寸公差、形位公差等,应查阅有关设计手册。(　　)

100. 标准公差可以确定公差带的位置。(　　)

101. 平刨机可以加工长度300 mm以下,刨成厚度在15 mm以下的木料。(　　)

102. 无专用卡具,非矩形断面的工件不准在平刨机上加工。(　　)

103. 刃磨刨刃时在磨石上前推后拉,始终保持水平直线运动,一般刨刃楔角为25°～35°,

刨硬木楔角稍大刨软木楔角稍小。(　　)

104. 木质件挖补、截换时选用的木材与被挖补件可以不同。(　　)

105. 木质件挖补、截换时用料的含水率应比被挖补的母板含水率低3%～4%。(　　)

106. 一台发电机只能产生一个交变电动势。(　　)

107. 三相负载的接法是由电源电压决定的。(　　)

108. 建筑木质门窗凿眼时,眼的一侧边线要留半线,眼内上、下边中部宜稍微凸出一点,以便拼装时加楔打紧。(　　)

109. 胶合板表面粘贴塑料贴面时,胶合板的含水率应保持在13%以下,板面含水率应均匀一致。(　　)

110. 胶合板表面粘贴塑料贴面时,不需要对胶合板进行等厚砂光。(　　)

111. 尿醛树脂胶只适应于热压粘贴。(　　)

112. 尿醛树脂胶对沸水和蒸汽的抵抗力较差;胶层易老化、发脆。(　　)

113. 尿醛树脂胶使用前无须添加其他物质。(　　)

114. 胶合板各层单板相互平行,因此各方向收缩不均匀,强度不一致,容易变形。(　　)

115. 胶合板可充分利用木材,较普通木板可节约木材30%左右。(　　)

116. 弯曲木最适宜的含水率是木材纤维饱和点时的含水率,即30%左右。(　　)

117. 热熔性胶粘剂的主要特点是熔点低,胶合迅速,胶着力强。(　　)

118. 乳液型氯丁橡胶成分主要为无机溶剂,不污染环境,使用方便,应用广泛。(　　)

119. 氯丁橡胶胶粘剂是以氯丁橡胶作为主要胶着物质,加入其他助剂而制得的。(　　)

120. 铁道车辆一般是由五大部分组成。(　　)

121. 纵向接合又称搭接。这种接合的牢固度好,往往用于受力的部件。(　　)

122. 基准部件是装配工作的基础。(　　)

123. 建筑标高是表示地面及建筑物的某一部位的高度,其单位为米。只有相对标高一种方式。(　　)

124. 实际物体的相应线性尺寸与图形线性尺寸之比,称为图样的比例。(　　)

125. 在零件加工中,划线基准的确定,实质上是确定设计基准在工件上的位置。(　　)

126. 在生产现场影响产品质量五个方面的因素是工资、周期、设计、材料、工时。(　　)

127. 测量胶合板的厚度时取一条边的中部,距板边10 cm处,用精度为0.05 mm的游标卡尺测量即可。(　　)

128. 尿醛胶在使用前需加入定量的氯化铵溶液,促使尿醛固化。(　　)

129. 确定部件装配顺序的一般原则是先上后下,从里向外。(　　)

130. 零件的加工质量主要是指加工精度的高低。(　　)

131. 粘压贴面板时,人造板表层越光滑粘压越牢固。(　　)

132. 零件加工质量的好坏主要取决于机床的精度。(　　)

133. 板式家具钻孔的质量好坏在于定位是否精确、孔位是否光洁。(　　)

134. 榫头与榫孔的配合其松紧程度要适当,榫腰与榫孔宽度要求过盈配合。(　　)

135. 榫头与榫孔的配合其松紧程度要适当,榫头宽度与榫孔长度的配合一般要求间隙配合。(　　)

136. 影响切削加工质量的主要因素有五种。(　　)

137. 在其他条件相同的情况下,进给速度越快,木材表面加工质量越好。( )

138. 在其他条件相同的情况下,切削速度越快,木材表面加工质量越差。( )

139. 铣床可以加工工件的曲面。( )

140. 检查刨削两邻面是否垂直,可用直角尺进行检查。( )

141. 刨削长度在 300 mm 厚度在 15 mm 以下的工件可以在平刨上加工。( )

142. 电动工具的插头中一个插头接火线,一个插头接零线,无需接地线。( )

143. 使用手电锯开始下锯时,进料速度要慢,可以向前推,也可向后拖,注意力要集中。( )

144. 木材是以薄壳管状细胞组成,其刚性和抗弯及强度比钢铁小的多。( )

145. 游标卡尺的测量精度是 0.08 mm。( )

146. 从零件的生产到产品的组装,只要质量符合标准,就不需要精打细算。( )

147. 组装时要将相对应的各零部件组合、相互锁紧。( )

148. 各专业施工图的编排顺序一般是全局性图纸在前,局部的图纸在后;重要的在前,次要的在后;先施工的在前,后施工的在后。( )

149. 大样图是家具图中最重要的一种,它能全面表达家具的结构。( )

150. 齿形胶接是一种将短料拼接成长料的接长方法。( )

151. 木工常用的连接方法有榫接合、胶粘接、钉接合、螺钉接合及其他金属连接件接合。( )

152. 结构装配图要标出产品结构的整体总长、总宽、总高。( )

153. 同一胶拼件上的材质要一致或相近,针叶材、阔叶材不得混合使用。( )

154. 确定加工余量时,对于容易翘曲的木材、干燥质量不太好的木材或加工精度和表面粗糙度要求较高的零部件,加工余量要大一点。( )

155. 生产管理是企业管理中一项复杂的工作。( )

156. 配料时,加工余量留得小些较好,因为这样可以降低消耗在切削加工上的木材损失率。( )

157. 装配时,通过适当调整调整件的相对位置或选择适当的调整件达到装配精度要求,这种装配法称为选配法。( )

158. 一般要求配料时的木材含水率越低越好,表明材质干燥,制作家具质量较好,不容易变形。( )

159. 零件的实际偏差只要小于公差,零件的尺寸就合格。( )

160. 在刨削加工中,应避免逆纹切削。( )

161. 螺栓是木结构中使用较广的接合形式之一,主要用于构件的接长连接和节点的连接中。( )

162. 水准仪的目镜、物镜上有灰尘时,可以用布擦去灰尘。( )

163. 水准仪应放置于干燥、通风、温度稳定的室内,可以靠近火炉或暖气片。( )

164. 如观测中遇降雨,应及时将水准仪上的雨水用软布擦拭干净方可入箱关盖。( )

165. 木结构构件的接合在很大程度上取决于连接方式。木结构的连接方式很多,目前常用的连接有齿连接、螺栓连接、销连接、承拉连接、斜键连接和胶连接。( )

五、简 答 题

1. 什么是结构装配图?

2. 什么是剖视图?
3. 什么是断面图? 断面图分几类。
4. 结构装配图的主要内容是什么。
5. 什么是零件图?
6. 什么是组件图?
7. 家具图的主要内容是什么?
8. 操作现场工作面的要求有哪些?
9. 木工常用胶粘剂有哪些?
10. 简述塑料贴面胶合板的压制工艺。
11. 影响木材胶合强度的主要因素有哪些?
12. 人造板材的种类有哪几种?
13. 木工常用五金配件有哪些?
14. 木工常用手工工具和轻便机具分别有哪几种?
15. 配料方法有哪些?
16. 拼板的接合方法有哪些?
17. 简述生产木制家具的工艺过程。
18. 什么是刀具的前角?
19. 什么是心、边材?
20. 什么是木材纤维饱和点?
21. 什么是木射线?
22. 什么是木材的弯曲度?
23. 什么是木材的容重?
24. 什么是抗压强度?
25. 什么是木材硬度?
26. 什么是硬化剂?
27. 什么是刀具的后角?
28. 什么是刀具的切削角?
29. 什么是生产现场管理?
30. 胶合板平均厚度指的是什么?
31. 胶合板翘曲度指的是什么?
32. 明榫与暗榫各指的是什么,相比较有什么优缺点?
33. 简述曲线锯使用的注意事项。
34. 简述直角尺的作用及常用的种类。
35. 划线的作用是什么?
36. 简述过盈连接的定义。
37. 螺纹连接的基本类型有哪些?
38. 螺纹连接常用的防松方法有哪些?
39. 木制品制作加工的质量检查方法主要有哪些?
40. 木制品制作时为什么控制含水率? 控制原则是什么?

41. 简述刨削加工侧基准面(基准边)的操作要领。
42. 什么是基准相对面的加工?
43. 什么是图样的比例?
44. 常用图线线型包括哪些?
45. 什么是整体装配?
46. 木材的主要物理性质有哪些?
47. 什么叫湿材?
48. 什么叫干材?
49. 什么叫木材弹性变形?
50. 什么叫木材塑性变形?
51. 什么叫自然干燥法?
52. 抽屉接合形式有哪些?
53. 什么是纵向接合?
54. 常用家具的种类有哪些?
55. 木工机床按切削方式可分几类。
56. 简述圆锯机的特点。
57. 什么是单板拼花?
58. 生产工艺规程包括哪些内容?
59. 木材内力有几种?
60. 按照行业不同木工工种分几类?
61. 什么是木材的弯曲度?
62. 适合于制造胶合板的树种有哪些(举出 5 种以上)?
63. 什么是脲醛树脂胶?
64. 什么是事后控制?
65. 简述凿透榫眼的操作要领。
66. 什么叫短路?
67. 什么是白胶?
68. 木材含水率计算公式是什么?
69. 质量管理小组活动的目的是什么?
70. 板式家具封边处理的方法有哪些?

六、综 合 题

1. 机车车辆对胶合板材质允许缺陷具体有哪些?
2. 木材干燥处理方法分哪两类?它们之间的优缺点有哪些?
3. 木材有何优缺点?
4. 影响木材干燥速度快慢的主要决定因素有哪些?其关系如何?
5. 胶合板有哪些优点?
6. 尿醛胶有哪些优缺点?

7. 胶合板表面粘贴塑料贴面时，对胶合板有何具体要求？

8. 客车木骨架的主要加工工艺是什么？

9. 客车塑料贴面板木门的主要加工工艺是什么？

10. 建筑木质门窗打眼的操作要点是什么？

11. 建筑木质门窗拉肩、开榫的操作要点是什么？

12. 建筑木质门窗拼装成型的操作要点是什么？

13. 试述手工平刨子的构造。

14. 用钻头直接在金属材料上钻孔，孔径偏大的主要原因是什么？

15. 粘接技术的主要特点是什么？

16. 简述对电的认识。

17. 木制品完工后的清理工作有哪些？

18. 简述人造板材的种类、优点和用途。

19. 木制品榫卯接合的一般经验有哪些？

20. 有一根原木其平均直径是 ϕ340 mm，长度 4 m，计算原木的材积。

21. 有一批胶合板在压机上粘压料皮，要求压力为 0.3 MPa，已知胶合板的幅面为 4 ft×7 ft，求压机所需的总压力。

22. 采用冷压机，在胶合板表面粘贴塑料皮，已知冷压机总压力为 200 t，已知胶合板的幅面为 4 ft×6 ft，求胶合板单位面积上的压力是多少兆帕？

23. 已知三角形木屋架的高度为 3.5 m，木屋架的跨度为 15 m，计算其上弦长度。

24. 验算有缺口螺栓孔的轴心受拉构件的强度。已知：$P=6.5\times10^4$ N，木材为云杉，其许用应力$[\sigma_1]=6.5\times10^6$ Pa，毛坯截面为 0.18 m×0.12 m，两侧缺口深度均为 0.02 m，螺栓孔径 $d=0.016$ m。

25. 已知有一根原木，其标准直径为 ϕ320 mm，长度为 4 m，制材下料后锯得板材，共 8 页，其中厚度 40 mm，宽 280 mm，长 4 000 mm，共 2 页；厚 40 mm，宽 250 mm，长 4 000 mm，共 2 页；厚 30 mm，宽 180 mm，长 4 000 mm，共 2 页；厚 15 mm，宽 160 mm，长 4 000 mm，共 2 页，求该原木的出材率？

26. 如图 1 所示，补画俯视图。

27. 如图 2 所示，补画俯视图。

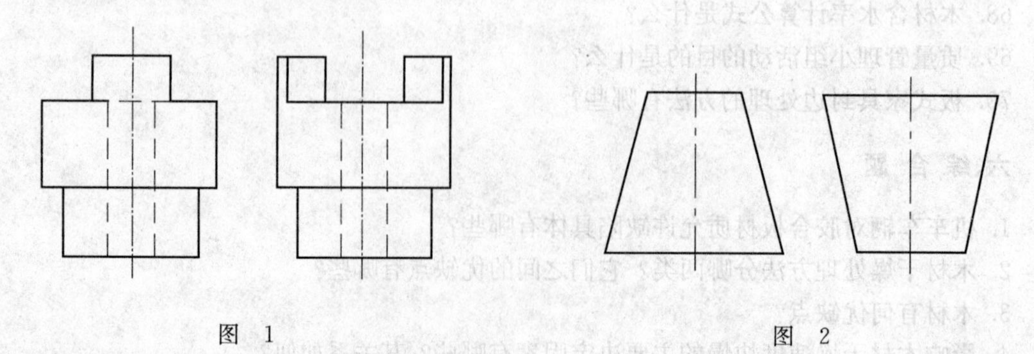

图 1　　　　图 2

28. 如图 3 所示，请画出给定位置的全剖视图。

29. 如图 4 所示，补画左视图。

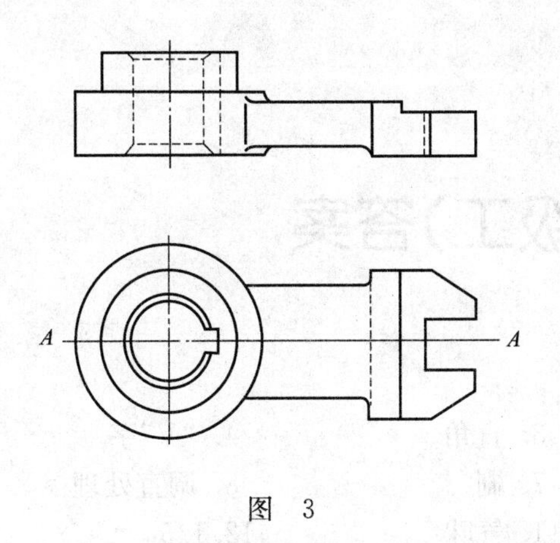

图 3

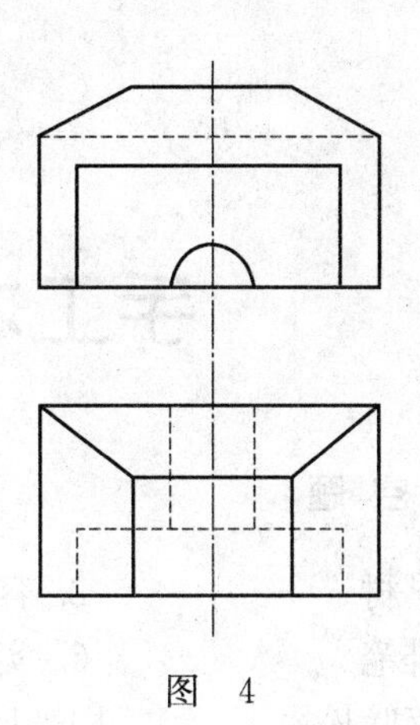

图 4

30. 木材的强度与其含水率有何关联?
31. 先横截后纵剖的配料工艺与先纵剖后横截的配料工艺有什么区别?
32. 木家具零部件的组装有哪些形式?
33. 简述现代板式零部件钻孔主要类型和作用。
34. 使用木工凿子进行操作的要点是什么?
35. 简述锯的安全操作规范。

手工木工(中级工)答案

一、填 空 题

1. 旱材	2. 容重	3. 直角	4. "V"字
5. 排笔	6. 实物测量法	7. 刷	8. 调直处理
9. 落叶松属	10. 干燥定型	11. 气味	12. 1/5
13. 木材颜色	14. 1/3	15. 弓形翘曲	16. 12%±4%
17. 1/2～3/5	18. 全部结构	19. 介质温度	20. 组件图
21. 交错	22. 纤维板	23. 胶连接	24. 顺纹
25. 醇酸清漆	26. 成膜物质	27. 木框嵌板	28. 汽油
29. 端向	30. 闭口榫	31. 相似性	32. 平榫
33. 加工误差	34. 直角开口榫	35. 齿形榫接合	36. 榫头
37. 板条接合	38. 起槽	39. 45°	40. 腐朽
41. 木砂纸	42. 横纹抗拉强度	43. 抗弯强度	44. 湿涨
45. 松脂处理	46. 大样图	47. 弯曲	48. 旋转剖
49. 散孔材	50. 链传动	51. 尺寸面积	52. MJ
53. 内周	54. 进料速度	55. 凹面	56. 1.5～2.5 mm
57. 1/4～1/5	58. 70～75℃	59. 18%～25%	60. 好
61. 定形尺寸	62. 更换刨刀	63. 18 mm	64. 对称性
65. 榫眼	66. 硬	67. 切削	68. 位置
69. 30°	70. 装配技术	71. 不变	72. 六点定位
73. 6	74. 沿程	75. 1/3～1/7	76. 压力能
77. 0.04～0.05	78. 长宽高	79. 划线工具	80. 活节、死节和漏节
81. 转速	82. 修配环	83. 大小	84. 工作
85. 三个	86. 36	87. 两	88. 磨削力
89. 烧伤	90. 凸背齿	91. 水曲柳	92. 噪声
93. 间接测量	94. 不均匀性	95. 十字	96. 加工余量
97. 涂刷或浸渍	98. 整体装配	99. 手工工具	100. 宽度
101. 边刨	102. 顺纤维	103. 部件	104. 顺纹理
105. 锯割法	106. 放大样	107. 保护	108. 结合水(附着水)
109. 木材纤维饱和点	110. 力学	111. 握钉力	112. 压到底
113. 卯榫接合	114. 纵向	115. 12%	116. 防腐剂
117. 浸渍	118. 刨切	119. 三聚氰胺树脂	120. 钢化
121. 锯割	122. 水热	123. 中性	124. 高速

125. 通用　126. 互换　127. 公差　128. 垂直
129. 精基准面　130. 尺量检查　131. 5°～10°　132. 点划线
133. 许可　134. 接地良好　135. 定位　136. 一、二级
137. 300～500 mm　138. 加工方法的选择　139. 整齐干净　140. 平整光滑
141. 两　142. 楔　143. 错口　144. 配料
145. 拨料　146. 适张度　147. 塑性　148. 防松
149. 四　150. 切削角　151. 人造　152. 劳护用品
153. 平刨机　154. 对称　155. 固体废弃物　156. 文件
157. 极限　158. 齿形胶接　159. 受压　160. 摩擦
161. 组成部分　162. 加粗组织　163. 用材部分　164. 1/3
165. 最小

二、单项选择题

1. A　2. C　3. A　4. B　5. B　6. A　7. C　8. B　9. A
10. B　11. C　12. C　13. B　14. A　15. B　16. A　17. B　18. C
19. A　20. C　21. A　22. B　23. C　24. A　25. A　26. B　27. C
28. C　29. A　30. B　31. C　32. A　33. A　34. C　35. C　36. D
37. C　38. B　39. C　40. B　41. D　42. B　43. C　44. B　45. C
46. A　47. B　48. B　49. B　50. A　51. C　52. A　53. D　54. A
55. C　56. C　57. C　58. A　59. A　60. A　61. B　62. C　63. A
64. C　65. C　66. A　67. D　68. D　69. B　70. A　71. C　72. B
73. C　74. A　75. A　76. C　77. D　78. B　79. B　80. A　81. A
82. D　83. B　84. C　85. D　86. C　87. B　88. C　89. D　90. B
91. A　92. A　93. B　94. C　95. B　96. D　97. B　98. B　99. D
100. A　101. D　102. B　103. B　104. A　105. D　106. B　107. C　108. A
109. D　110. C　111. A　112. D　113. C　114. C　115. A　116. B　117. A
118. B　119. D　120. A　121. A　122. A　123. A　124. D　125. A　126. C
127. B　128. D　129. A　130. C　131. A　132. D　133. A　134. B　135. B
136. C　137. B　138. B　139. A　140. B　141. C　142. C　143. C　144. A
145. B　146. B　147. A　148. C　149. C　150. B　151. A　152. B　153. B
154. B　155. C　156. C　157. D　158. B　159. C　160. C　161. A　162. B
163. C　164. D　165. C

三、多项选择题

1. ABCD　2. BCD　3. ABCD　4. AD　5. ACD　6. ABC　7. ABD
8. CD　9. ACD　10. AC　11. ABCD　12. ABCD　13. ACD　14. AB
15. ABCD　16. BC　17. AC　18. ACD　19. AB　20. AD　21. AC
22. ABCD　23. CD　24. ACD　25. ABD　26. BCD　27. ABC　28. ABCD
29. BD　30. BCD　31. ABCD　32. BCD　33. ABCD　34. BCD　35. ACD

36. ABCD　37. ABC　38. ABC　39. ABCD　40. ABCD　41. AC　42. BD
43. ABC　44. BC　45. ACD　46. CD　47. ACD　48. CD　49. ABD
50. AC　51. BC　52. AC　53. ABCD　54. BD　55. ABCD　56. ABCD
57. ABC　58. ABCD　59. BC　60. AD　61. ABCD　62. ABC　63. BCD
64. ABCD　65. ACD　66. ABD　67. BCD　68. AC　69. AD　70. ABCD
71. BCD　72. ABD　73. ABCD　74. ABC　75. CD　76. BD　77. BC
78. AD　79. BCD　80. BD　81. ACD　82. CD　83. ABCD　84. BC
85. ABCD　86. AD　87. BD　88. BCD　89. BC　90. ABC　91. AB
92. ABCD　93. AD　94. BD　95. ABCD　96. BD　97. ABCD　98. BCD
99. ABC　100. CD　101. ABD　102. BCD　103. ABD　104. ABC　105. BCD
106. CD　107. ACD　108. AC　109. ABCD　110. ABC　111. ACD　112. ABCD
113. ABD　114. CD　115. ABCD　116. BCD　117. BC　118. BCD　119. ABCD
120. BCD　121. AB　122. ACD　123. ABCD　124. AC　125. ABD　126. ABC
127. AB　128. BCD　129. ACD　130. BD　131. AD　132. ABCD　133. ACD
134. ABCD　135. ABC　136. BCD　137. BD　138. AD　139. BCD　140. AC
141. BC　142. ACD　143. ABC　144. ABC　145. ABCD　146. AC　147. AB
148. AC　149. ABCD　150. ACD　151. AD　152. ACD　153. ABD　154. ABC
155. CD　156. AB　157. ABCD　158. ABD　159. ABC　160. ABCD

四、判断题

1. ×　2. √　3. √　4. ×　5. √　6. ×　7. √　8. √　9. √
10. ×　11. ×　12. ×　13. ×　14. √　15. √　16. ×　17. √　18. ×
19. √　20. ×　21. √　22. ×　23. √　24. ×　25. √　26. √　27. ×
28. ×　29. ×　30. √　31. ×　32. √　33. √　34. √　35. ×　36. √
37. ×　38. √　39. √　40. ×　41. ×　42. √　43. √　44. √　45. √
46. ×　47. ×　48. √　49. √　50. √　51. √　52. ×　53. √　54. ×
55. ×　56. ×　57. √　58. ×　59. ×　60. ×　61. √　62. √　63. ×
64. √　65. √　66. √　67. ×　68. ×　69. ×　70. √　71. √　72. √
73. √　74. √　75. ×　76. ×　77. √　78. ×　79. ×　80. √　81. √
82. √　83. ×　84. ×　85. √　86. √　87. ×　88. √　89. ×　90. √
91. ×　92. √　93. ×　94. √　95. ×　96. ×　97. ×　98. ×　99. √
100. ×　101. ×　102. √　103. √　104. ×　105. √　106. ×　107. ×　108. √
109. √　110. ×　111. ×　112. √　113. ×　114. ×　115. √　116. √　117. ×
118. √　119. √　120. √　121. ×　122. √　123. ×　124. ×　125. √　126. ×
127. ×　128. √　129. √　130. ×　131. ×　132. ×　133. √　134. ×　135. ×
136. √　137. ×　138. ×　139. √　140. √　141. ×　142. ×　143. ×　144. ×
145. ×　146. ×　147. √　148. √　149. ×　150. √　151. √　152. √　153. √
154. √　155. √　156. ×　157. ×　158. ×　159. ×　160. √　161. √　162. ×
163. ×　164. √　165. √

五、简 答 题

1. 答:结构装配图是设计图样中最重要的一种(1 分),它能够全面表达产品的结构(3 分)。结构装配图应该有产品所有结构和装配的关系(1 分)。

2. 答:假想用一个平面(没有厚薄)将物体切开(1 分),拿掉挡住的部分,使原来看不到的部分露出来(1 分),然后用正投影方法画到图样上(2 分),画出的图形称为剖视图(1 分)。

3. 答:假想用剖切平面将物体的某部分切断(1 分),仅画出被剖切到的表面形状(2 分),称为断面图(1 分)。断面图按其图形的位置分为移出断面图和重合断面图两种(1 分)。

4. 答:结构装配图内容主要有:视图(1 分)、尺寸(1 分)、零部件明细表(1 分)、技术条件(1 分),如替代设计图时,还应画出透视图(1 分)。

5. 答:零件图是为了加工零件用的(1 分),从设计上应满足物体对零件的要求(1 分),如形状、尺寸(1 分);从加工工艺上则应便于看图下料,进行各道工序的加工(1 分),因此,视图的绘制同时要符合加工需要(1 分)。

6. 答:组件图是介于结构装配图和零件图之间的一种图样(2 分),它是由几个零件装配成产品的一个组件的图样,如家具中的抽屉、隔门等(3 分)。

7. 答:家具图的主要内容:结构装配图(1 分)、零件图(1 分)、组件图(1 分)、大样图(1 分)、立体图和组装图(1 分)。

8. 答:木工操作需要有足够大小的工作台面,以满足加工工人活动的需要(3 分)。在台面上和台面周围,要有适于摆放工具和材料的空间(2 分)。

9. 答:木工常用胶粘剂有:动物胶、豆胶、脲醛树脂胶、酚醛树脂胶、乳胶、氯丁橡胶胶粘剂和热熔性胶粘剂。(评分标准:每种胶种 1 分,共 5 分,答出 5 种即可)

10. 答:塑料贴面板胶合胶压工艺包括:(1)材料准备,包括塑料贴面板、胶合板、胶粘剂;(2 分);(2)胶压工艺规程。调制胶液、配坯与涂胶、加压胶合(2 分);(3)卸板,一张一张卸下(1 分)。

11. 答:(1)木材方面的因素:树种;加工精度;纤维方向;含水率(1.5 分)。(2)胶粘剂方面的因素:胶液浸润木材表面情况;胶的粘度和浓度;胶的调制方法(1.5 分)。(3)胶合条件方面的因素:涂胶量;加压与加压时间;加热温度;胶压操作(2 分)。

12. 答:人造板材分为木质人造板和非木质人造板(2 分)。木质人造板种类主要有:胶合板(1 分)、细木工板(1 分)、刨花板、纤维板(1 分)、薄木贴面板、木屑板、木丝板等。(木质人造板种类评分标准:每种 1 分,共 3 分,答出 3 种即可)

13. 答:铰链、锁具、插销、拉手和挖手、风钩和螺钉。(评分标准:每种 1 分,共 5 分,答出 5 种即可)

14. 答:常用的手工木工工具可分为六种,分别是量具、划线工具、锯类工具、刨类工具、制孔类工具、锤子和斧(手工木工工具评分标准:每种 1 分,共 3 分,答出 3 种即可);常用的轻便机具主要有手提电锯、手提式电刨、手提式磨光机、手提式电钻等(轻便机具评分标准:每种 1 分,共 2 分,答出 2 种即可)。

15. 答:主要的配料方法有划线配料法和粗刨配料法(3 分),划线配料法根据操作方法的不同,又分为平行划线法和交叉划线法(2 分)。

16. 答:拼板的接合方法有:平拼、搭口拼、企口拼、齿形拼、插入榫拼、穿条拼、螺钉拼(明螺钉拼、暗螺钉拼)、吊带拼等(评分标准:每个1分,答出5个即可)。

17. 答:生产木制家具的简单工艺过程包括:材料的干燥(1分)、配料(1分)、加工(1分)、组装(1分)和油饰(1分)。

18. 答:刀具的前角指与切削平面垂直的平面与刀具前面的夹角(5分)。

19. 答:有些树种的横断面上(1分),靠近树皮的的部分材色较浅,材质较松软,水分较多,称为边材(2分);靠近髓心的部分材色较深,水分较少,材质较硬,称为心材(2分)。

20. 答:当木材中的自由水全部蒸发完毕(1分)而附着水(结合水)尚在饱和状态时(3分),这时木材含水状态称为木材的纤维饱和点(1分)。

21. 答:在某些树种的横切面上(1分),可以看到许多由髓心发出,沿半径方向呈辐射状的浅色并略带光泽的线条(1分),它是树木生长过程中横向输送养料的通道(1分),主要由薄壁细胞组成(1分),这些组织称为木射线(1分)。

22. 答:木材的弯曲度指木材弯曲高度除以内曲面水平长度或宽度的比值(5分)。

23. 答:木材的容重指木材的含水率为15%时,木材单位体积的重量。它以 g/cm^3 或 kg/m^3 表示(2分)。

24. 答:当物体受到压力作用时(2分),单位面积上所产生的抵抗力称为抗压强度(3分)。

25. 答:木材硬度指木材抵抗外力作用而产生凹入变形的特性(5分)。

26. 答:硬化剂指促使胶合剂快速固化的专用材料(2分),如脲醛胶在使用前需加入定量的氯化铵溶液(2分),促使脲醛固化(1分)。

27. 答:刀具的后角指刀具后面与切削平面的夹角(5分)。

28. 答:刀具的切削角指刀具前面与切削平面的夹角(5分)。

29. 答:生产现场管理指对全部生产过程的经济活动进行组织(1分)、监督(1分)、调节工作(1分),检查加工件是否按照计划的规定进行生产(2分)。

30. 答:测量胶合板的厚度应在板四周每边的中部(1分),距板边10 cm处(1分),用精度为0.05 mm的游标卡尺测量(1分),测量时卡尺与板面接触面不得太用力(1分),取四个点厚度的算术平均值,即为平均厚度(1分)。

31. 答:胶合板对角线最大弦高除以对角线长度的百分比(2分),测量时水平放置于平台上(1分),使凹面向上无外力作用情况下用直尺和线绳进行测量(1分),精度为1 mm(1分)。

32. 答:木结构中凡贯通的榫头为明榫(1分),不贯通的为暗榫(1分),贯通榫强度大,坚固,但不美观(1.5分);不贯通榫不外露,美观,但强度较差(1.5分)。

33. 答:(1)操作中双手必须远离锯片,手不可以握在锯片的前端或下部(2分)。

(2)要穿戴防护装备,根据需要配戴保护面罩或护目镜(1.5分)。

(3)为防止操作中手部打滑割伤,禁止戴表面光滑的手套(1.5分)。

34. 答:直角尺是用来测量工件上的直角或在装配中检查零件间相互垂直度的量具,它也可以用来划线(2分)。常用的直角尺有平角尺(1分)、宽底座角尺(1分)和直角平尺(1分)三种。

35. 答:划线的作用:确定工件的加工余量,使加工有明确的尺寸界线(2分);能够及时发现和处理不合格的原材料(1.5分);采用借料划线可以减小不合格的原材料的影响(1.5分)。

36. 答:过盈连接是通过包容件(孔)和被包容件(轴)配合后的过盈值达到紧固连接的(5分)。

37. 答:螺纹连接的基本类型有螺栓连接(2分)、双头螺柱连接(1分)、螺钉连接(1分)、紧钉螺钉连接(1分)。

38. 答:螺纹连接常用的防松方法有锁紧螺母防松(1分)、弹簧垫圈防松(1分)、紧钉螺钉防松(1分)、开口销防松(1分)、止动垫圈防松、粘接防松(1分)等。

39. 答:(1)观察。通过目测观察木制品材质、外观有无暇疵(1.5分)。(2)尺量检查。通过检测工具进行测量,检查尺寸及偏差是否符合图样及规范标准(2分)。(3)手板检查。通过手板检查木制品安装的牢固和强度(1.5分)。

40. 答:木材含水率是否符合产品的技术要求,直接关系到产品的质量(1.5分)、制品中零部件的加工工艺和劳动生产率的提高(1.5分)。一般要求配料时的木材含水率应比使用地区或场所的平衡含水率低2%~3%(2分)。

41. 答:加工侧基准面(基准边)时,应使其与基准面相互垂直(1分),一般应使用木工角尺随时检查(1分),一般都需要重复几个过程(1分),直至达到了精度要求(1分),方可用铅笔标记出所选定的基准面和边(1分)。

42. 答:为了满足所需要的规格尺寸和形状(1分),在加工出基准面后还需对毛料的其余表面进行加工(1分),使之平整光洁(1分),与基准面之间具有正确的相对位置(1分),并且有准确的断面尺寸(1分),这就是基准相对面的加工。

43. 答:图形线性尺寸与实际物体的相应线性尺寸之比,称为图样的比例(5分)。

44. 答:常用图线线型包括粗实线、细实线、虚线、点划线、双点划线及波浪线(评分标准:每个线型1分,共5分,答出5个即可)。

45. 答:整体装配是将组装后的部件最后连接装配成整体框架而形成产品(5分)。

46. 答:木材的主要物理性质包括含水率、容重、干缩湿胀、受压变形以及颜色、光泽、气味、传导性及纹理等(评分标准:每个1分,共5分,答出5个即可)。

47. 答:一般木材含水率在25%以上时叫湿材(5分)。

48. 答:一般木材含水率在18%以下的叫干材(5分)。

49. 答:当木材受到挤压力的作用时(1分),会产生弹性变形和塑性变形(1分)。如果去掉挤压力,变形即行消失(2分),这种变形称为弹性变形(1分)。

50. 答:木材受到挤压力如果超出木材的屈服点(2分),即使去掉挤压力后木材也不能恢复到原来形状(2分),这种变形称为塑性变形(1分)。

51. 答:自然干燥法指将需要干燥的木材堆放在室外或棚内(1分),利用自然条件使木材内的水分逐步排出(1分),以达到一定的干燥程度(1分)。一般只能使含水率降低到10%~12%(1分),而且干燥的时间较长(1分)。

52. 答:抽屉是由屉面、屉旁、屉后和屉底组成(0.5分),接合的主要形式有直角多榫(1.5分)、槽榫(1.5分)和燕尾榫等(1.5分)。

53. 答:纵向接合又称搭接(1分)。这种接合的牢固度差(1分),往往用于不受力的部件(1分),家具中多数用于弧形或环形零件(1分)。包括直角榫搭接、燕尾榫搭接、搭口拼接、开口榫搭接等(1分)。

54. 答:常用家具可简单分为:柜类,如文件柜、大衣柜、书柜等(1分);桌类,如办公桌、方桌等(1.5分);椅凳类,如扶手椅、靠背椅、方凳等(1.5分);床类,如单层床、单人床、双人床等(1分)。

55. 答:按切削方式分类,可分为锯切、刨削、铣削、钻削、车削、磨削、旋切、无屑切削等各类机床(评分标准:每种1分,共5分,答出5种即可)。

56. 答:圆锯机是细木工加工常用的主要设备之一(1分),它具有构造简单,便于安装和效率高等优点(1分)。圆锯机的锯片厚,锯路宽,木材加工损耗较大(1分),一般只用于截断、裁边、配料、锯榫等(2分)。

57. 答:单板拼花可分为普通拼花和复杂拼花(1分)。普通拼花的纤维方向是平行的(2分)。而复杂拼花的纤维则有各种不同的角度,组成各种图案,如十字形、菱形、正方形、扇形等(2分)。

58. 答:生产工艺规程包括:工艺流程、设备、工具、夹具、模具、对产品的技术要求、检验方法、工人技术水平、工时定额和材料消耗定额等(评分标准:每个1分,共5分,答出5个即可)。

59. 答:由于外力作用的不同(1分),使木材产生拉力(1分)、压力(1分)、弯曲(1分)、剪切等内力(1分)。

60. 答:按照行业不同(1分)木工工种分为建筑木工(1分)、家具木工(1分)、造船木工(1分)、车辆木工(1分)。

61. 答:弯曲度=最大弯曲高度/内曲面水平长度或宽度×100%。(5分)

62. 答:适合于制造胶合板的树种有椴木、水曲柳、柳桉、杨木、桦木、落叶松、马尾松、柞木等(评分标准:每种1分,共5分,答出5种即可)。

63. 答:以尿素和甲醛作为原料(1分),进行缩聚反应制成一种具有一定粘稠性的脲醛树脂溶液(1分),使用时加入硬化剂(1分),调制成胶液,就叫脲醛树脂胶(1分)。这种胶具有较高的胶合强度,较好的耐温、耐水、耐腐性能(1分)。

64. 答:对所完成的工程产出品的质量检验与控制称为事后控制(1分)。具体包括:竣工质量检验(1分),验收报告审核(1分),竣工检验(1分),工程质量评定(1分)。

65. 答:凿透榫眼时,先使工件背面向上,按正确操作方法凿去榫眼深度的一半(2分),然后将工件翻转,再从工件正面下凿,将另一半深度凿去直到打透(2分)。这样操作可以使工件正面和背面上的榫眼口均匀整齐(1分)。

66. 答:所谓短路是指电源两端或负载两端相接触,这时电路的电流比正常值大几倍,易烧损线路发生火灾,这种现象叫短路(5分)。

67. 答:白胶是由醋酸与乙烯合成醋酸乙烯,再经乳液聚合而成(1分)。具有常温固化,配制使用方便,固化较快,粘接强度较高等特点(2分),粘接层具有较好的韧性和耐久性,不易老化等特点(2分)。

68. 答:木材含水率=(湿材重量-全干材重量)/全干材重量×100%。(5分)

69. 答:(1)提高职工素质,激发职工的积极性和创造性(2分)。(2)改进质量,降低消耗,提高经济效益(2分)。(3)建立文明和心情舒畅的生产、服务、工作现场(1分)。

70. 答:板式家具封边处理主要有木条封边(1分)、单板封边(1分)、塑料或金属封边(2分)、油漆封边(1分)等几种。

六、综合题

1. 答:机车车辆对胶合板材质允许缺陷:(1)死节,不脱落节子直径不超过15 mm,每平方米不超过4个(2分);(2)夹皮,单个最大长度每米≤20 mm(2分);(3)变色,宽度≤2 mm,长度≤20 mm(2 分);(4)裂缝,宽度不超过 0.5 mm,总长不超过 100 mm(2 分);(5)腐朽,不允许(2 分)。

2. 答:木材干燥方法分天然干燥法和人工干燥法(2 分)。天然干燥法的优点是成本低,操作简单,它不需要建造设备,耗用投资,平时不用电和热源,不设专人管理,节省费用,并且干燥后的木材材质比较稳定,变形较小(2 分);缺点是受当地天然气候条件和木材平衡含水率的限制,木材获得最终含水率有限,干燥时间很长,占用场地大,容易发生虫蛀、变色或腐朽,造成木材浪费或降级使用(2 分)。人工干燥法的优点是干燥时间很短,干燥过程中出现的缺陷可及时补救,能够得到预定要求的任何干燥程度(2 分);缺点是建筑设备费用大,使用时成本高,需耗用电能、热源;另外,木材在短时间内经高温蒸发水分,木质的机械强度及其他性能比天然干燥时有所降低,容易变脆一些(2 分)。

3. 答:木材的优点有:(1)木材容易加工,易于胶接、榫接、螺钉连接。使用木工机床或木工工具可以比较容易地将木材加工成需要的形状。也是制造家具、车辆、船舶、建筑等的良好材料(1 分)。(2)木材具有较高的强度比,质量轻而强度高(1 分)。(3)木材富有弹性,能承受冲击和振动(1 分)。(4)木材有天然花纹,便于着色和油漆(1 分)。(5)干燥木材是电、热的不良导体,可用于绝缘和隔热材料(1 分)。

木材缺点有:(1)组织构造不均匀,各方向的强度不一致(1.5 分);(2)木材有干缩和湿胀的特性,容易变形、开裂和腐朽(1.5 分);(3)木材的耐火性差,保管不善易受虫害(1 分);(4)木材具有天然缺陷,如疤节、扭转纹等(1 分)。

4. 答:木材干燥速度的快慢主要取决于三方面的因素:(1)木材周围介质的温度(3 分);(2)木材周围介质的湿度(3 分);(3)干燥介质在木材表面流动的速度(1 分)。

当介质的湿度和流动速度不变时,温度越高,木材干燥越快(1 分);当介质的温度和流动速度不变时,介质湿度越小,木材干燥越快(1 分);当介质的温、湿度不变,介质质流动速度越快,木材干燥越快(1 分)。

5. 答:胶合板的优点有:(1)有较大的幅面,胶合板的表面质量好,易做各种木制品的表面材料,具有不同的厚度和幅面便于应用(2 分);(2)胶合板各层单板相互垂直,各方向收缩均匀,强度趋于一致,不易变形(2 分);(3)胶合板可充分利用木材,较普通木板可节约木材 30%左右(2 分);(4)容重小而强度高(2 分);(5)便于加工,可以根据需要加工成任意规格和形状(2 分)。

6. 答:尿醛胶的优点有:(1)用途广泛,可用于冷压粘贴木质件和人造板,也可用于热压粘贴(1 分);(2)具有较高的粘贴强度(1 分);(3)比蛋白质胶有较好的耐水性,还能耐稀酸和稀碱(1 分);(4)胶层不受菌虫和微生物的破坏(1 分);(5)使用方便,成本较低(1 分)。

缺点有:(1)对沸水和蒸汽的抵抗力较差(1 分);(2)胶层易老化、发脆(1.5 分);(3)有轻微的毒性(1.5 分);(4)使用前须加入硬化剂(1 分)。

7. 答:有以下要求:(1)胶合板应符合国家一、二类胶合板的标准(2 分);(2)胶合板的含水率应保持在 13%以下,板面含水率应均匀一致(2 分);(3)胶合板厚度要均匀,为此最好对胶合板进行等厚砂光(2 分);(4)胶合板表面要平整、光洁、无杂质、无污染,胶合板表面无脱落节、无裂痕、孔洞等缺陷(2 分);(5)胶合板表层板厚应大于 0.8 mm,芯板无叠层、离缝等(2 分)。

8. 答:客车木骨架加工主要分以下四部分:(1)成材加工,主要工序包括:板材截断,板材锯截,平刨机加工毛料基准面,压刨机加工毛料厚度和宽度,木工立铣加工非矩形断面的木梁,木骨架各零件截头和两端开榫(2.5 分);(2)木工根据图纸制作出骨架样板,用木骨架样板划线,各骨架件钻孔、开通口、錾半口,线锯锯割弯梁,煨制木弯梁等(2.5 分);(3)木骨架车下组成,根据工艺需要将部分木零件用螺钉组成各种框架(2.5 分);(4)木骨架防腐、防火或防白蚁处理(2.5 分)。

9. 答:主要加工工艺:(1)木质门胎加工组成。木质门胎成材加工:板材截断→板材锯截成毛料→毛料平刨机加工基准面→压刨机加工成规格门胎料→门胎料截头;门胎料划线,机械加工榫头和榫孔;门胎组成;门胎通过压刨机加工成规定厚度(3 分)。(2)胶合板门板粘贴塑料贴面板(2 分)。(3)门板与门胎施胶压合(2 分)。(4)木门铣周边、铣窗口(2 分)。(5)木门窗口上玻璃(客车端、隔门) (1 分)。

10. 答:操作要点如下:(1)打眼的凿刀应和榫孔宽度一致,凿眼顺木纹两侧要平直(3 分);(2)打眼时,先打背面,后打正面;凿眼时,眼的一侧边线要留半线,手工凿眼时,眼内上、下边中部宜稍微凸出一点,以便拼装时加楔打紧,錾半眼时,深度要一致(4 分);(3)成批生产时要经常核对眼孔位置和尺寸,保证零件的互换性(3 分)。

11. 答:操作要点如下:(1)拉肩开榫要留半线,拉出的肩和榫要达到平、直、方、正、光,不得变形,注意拉肩不得伤榫(5 分);(2)开榫厚度要与眼的宽度一致(配合间隙为 0～0.2 mm),半榫的长度要比眼的深度短 2 mm(5 分)。

12. 答:操作要点如下:(1)拼装前应对所有零件进行检查,零件应方正,平直,线角整齐分明,表面光滑,尺寸、规格符合设计要求,若留有墨线应细刨去除,榫头四角应倒棱;(2)门窗樘拼装时,下面应用木楞垫平,然后放好门窗边梃,垂直插入横挡,对正另一面边梃的榫眼,用斧头轻轻敲击合榫;(3)所有榫头均需加楔,楔宽打入前要粘胶;(4)紧榫时要加垫板,并注意随紧随找平,挡与边要垂直;(5)普通双扇门窗刨光后平放,加工错口,并成对作记号;(6)拼装好的成品应在明显处编写号码,并用楞木将四角垫起 200～300 mm,水平放直,加以材覆盖。(评分标准:每条 2 分,共 10 分,答出 5 条即可)

13. 答:木工平刨子的构造主要包括刨身、刨柄、刨刃、压刃盖、紧固螺钉及木楔(2 分)。刨身一般采用干燥、坚韧、耐磨的硬质木材制作,刨身上开有安装刨刃与木楔的斜坡形槽口,槽口斜面的倾斜角度根据刨子类型有所不同,一般长刨采用 45°斜角,中刨采用 43°,细刨采用 47°,此角即刨刃的切削角,一般加工软质木材采用小于 45°的切削角(2 分)。刨柄一般采用桦木制作,中间作有凸榫与刨身的凹槽配合两端做成羊角形,便于用手握住(2 分)。刨刃一般用工具钢或其他高碳钢制作,刨刃楔角一般在 25°～35°,刨硬木楔角稍大,刨软木楔角宜偏小(2 分);刨刃压盖靠紧固螺钉与刨刃配合,主要为防止刨削过程中出现呛茬;木楔是压紧刨刃的零件,研配木楔应使其与刨刃配合达到下紧上松(2 分)。

14. 答:由于钻头的两个切削刃刃磨的不对称(3 分),在钻孔进给时,由于横刃轴向力大,钻头刚性又差,这样就形成了偏离中心的主切削刃绕着横刃偏离中心进行切削(4 分)。结果就像一把偏离中心的镗刀,孔径一定偏大(3 分)。

15. 答:(1)工艺简单,操作方便(2 分);(2)可以粘接各种金属和非金属材料(2 分);(3)粘接强度高,粘接应力小,可以消除其他加工或连接的缺陷(2 分);(4)具有密封、绝缘、耐水、耐油等特点(2 分);(5)可用在有特殊连接要求的装配上(2 分)。

16. 答:电是一种看不见的能(2.5 分)。电能便于输送到远方和分配到各处(2.5 分)。电能也易于根据需要变换成其他种能如机械能、热能、光能等(2.5 分)。在工业、农业、国防、科学技术等方面和日常生产生活中被广泛应用(2.5 分)。

17. 答:木制品完工后的清理包括:(1)现场清洁工作,先对木制品进行清理,再清理作业场地,使现场整齐干净(4 分)。(2)现场机具、余料退场,对施工机具清点、保养,剩余材料核对整理(4 分)。(3)测量工作量,对已完成的工作量进行测量、记录(2 分)。

18. 答:人造板种类很多,其中常用的有胶合板、刨花板、纤维板、竹材板等(4 分)。人造板具有幅面大,质地均匀,变形小,强度大等优点(3 分)。广泛用于室内装饰,车厢,船舶等内墙板(3 分)。

19. 答:(1)实行基孔制。即孔(榫眼、槽)的尺寸为主要尺寸,轴(榫头)的尺寸是辅助尺寸)(2.5 分);(2)榫头厚度要小于榫眼宽度 0.2 mm(2.5 分);(3)榫头宽度要大于榫眼长度 1～2 mm(2.5 分);(4)内榫肩的角度一般在 88°～90°为宜(2.5 分)。

20. 解:原木材积 $V=\pi D^2L/4=\pi\cdot 0.34^2\times 4/4=0.36(\text{m}^3)$(7 分)。

答:原木材积为 0.36 m^3(3 分)。

21. 解:胶合板表面的压力为:$0.3\ \text{MPa}=10.2\times 0.3\ \text{kgf/cm}^2=3.06\ \text{kgf/cm}^2$。胶合板的面积为:$4\ \text{ft}\times 7\ \text{ft}=122\ \text{cm}\times 213.5\ \text{cm}=26\,047\ \text{cm}^2$(3 分)。所需总压力 $F=3.06\ \text{kgf/cm}^2\times 26\,047\ \text{cm}^2=79\,704\ \text{kgf}=79.7\ \text{t}$(4 分)。

答:压机所需的总压力为 79.7 t(3 分)。

22. 解:胶合板幅面 $4\ \text{ft}\times 6\ \text{ft}=122\ \text{cm}\times 183\ \text{cm}=22\,326\ \text{cm}^2$,$200\ \text{t}=200\,000\ \text{kg}$,胶合板表面的压力 $P=200\,000\ \text{kgf}\div 22\,326\ \text{cm}^2=8.96\ \text{kgf/cm}^2$(3 分),$8.96\ \text{kgf/cm}^2=9.8\times 10^{-2}\times 8.96=0.88\ \text{MPa}$(4 分)。

答:胶合板表面的压力为 0.88 MPa(3 分)。

23. 解:上弦长度 $L_1=\sqrt{H^2+(L/2)^2}=\sqrt{3.5^2+(15/2)^2)}=\sqrt{12.25+56.25}=8.28(\text{m})$(7 分)。

答:屋架上弦长度为 8.28 m(3 分)。

24. 解:已知 $P=6.5\times 10^4\ \text{N}$,$[\sigma_1]=6.5\times 10^6\ \text{Pa}$;构件截面两侧缺口所减少的截面积为:$0.02\times 0.18\times 2=72\times 10^{-4}(\text{m}^2)$ (2 分);危险截面处螺栓孔所减少的截面积$=2\times 0.016\times(0.12-0.02\times 2)=25.6\times 10^{-4}(\text{m}^2)$ (2 分);构件危险截面面积 $A=0.12\times 0.18-72\times 10^{-4}-25.6\times 10^{-4}=118.4\times 10^{-4}(\text{m}^2)$ (2 分);$P/A=6.5\times 10^4\text{N}\div(118.4\times 10^{-4}\ \text{m}^2)=5.49\times 10^6\ \text{Pa}$(2 分)。

答:因此$[\sigma_1]=6.5\times 10^6\ \text{Pa}$满足强度要求(2 分)。

25. 解:(1)原木的材积 $V=\pi D^2L/4=3.141\,6\times 0.32^2\times 4\div 4=0.321\,7(\text{m}^3)$(2 分);

(2)板材的材积:$V'=h_1b_1l_1n_1+h_2b_2l_2n_2+h_3b_3l_3n_3+h_4b_4l_4n_4=0.04\times 0.28\times 4\times 2+0.04\times 0.25\times 4\times 2+0.03\times 0.18\times 4\times 2+0.015\times 0.16\times 4\times 2=0.232(\text{m}^3)$(3 分);

(3)原木出材率$=V'/V\times 100\%=0.232/0.321\,7\times 100\%=72\%$(3 分)。

答:该原木的出材率为 72%(2 分)。

26. 答:如图 1 虚线框内所示(评分标准:每条线 1 分,共 10 分,凡错、漏、多一条线,各扣 1 分)。

27. 答:如图 2 虚线框内所示(评分标准:每条线 1 分,共 10 分,凡错、漏、多一条线,各扣 1 分)。

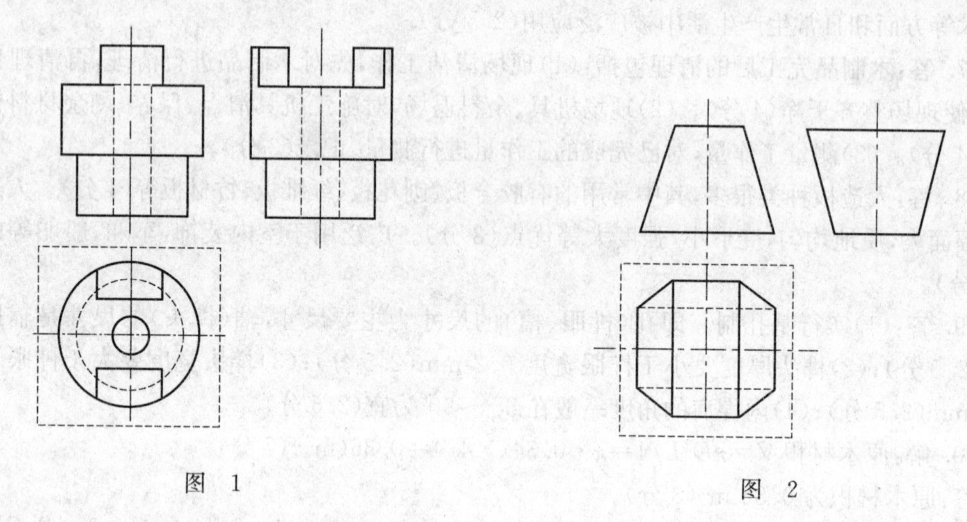

图 1　　　　　　　　　　　　图 2

28. 答:如图 3 所示(评分标准:轮廓线共 7 分,凡错、漏、多一条线扣 0.5 分;剖面线范围正确 2 分;线形符合规定 1 分)。

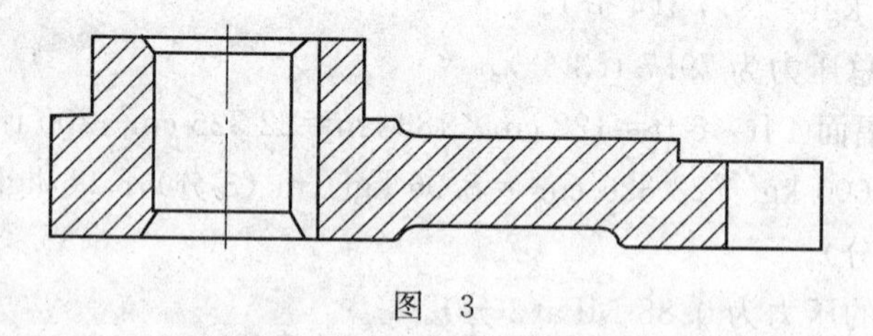

图 3

29. 答:如图 4 虚线框内所示 (评分标准:每条线 1 分,共 10 分,凡错、漏、多一条线,各扣 1 分)。

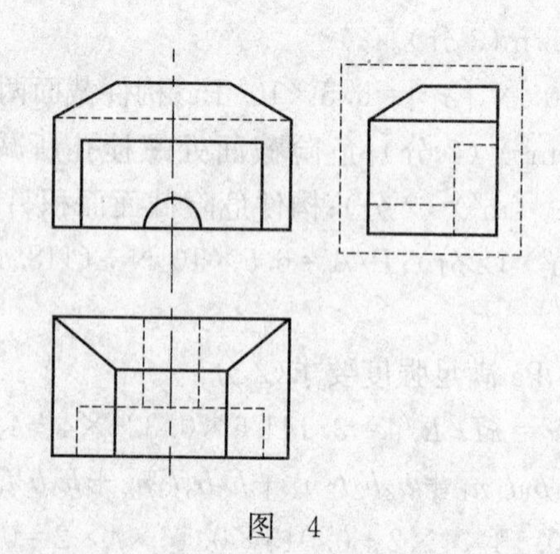

图 4

30. 答:木材的强度受含水率的影响很大,其规律是:当木材的含水率在纤维饱和点以下时,其强度与含水率成反比,即吸附水减少,细胞壁趋于紧密,木材的强度增大,反之,吸附水增加,木材的强度就减少(5 分);当木材的含水率在纤维饱和点以上变化时,木材的强度不变(5 分)。

31. 答:先横截后纵剖的配料工艺适合于原材料较长和尖削度较大的锯材配料,采用此方法可以做到长材不短用、长短搭配和减少车间的运输等,同时在横截时,可以去掉锯材的一些缺陷,但是有一些有用的锯材也被锯掉,因此锯材的出材率较低(5分)。

先纵剖后横截的配料工艺适合于大批量生产以及原材料宽度较大的锯材配料,采用此方法可以有效地去掉锯材的一些缺陷,有用的锯材被锯掉的少,是一种提高木材利用率的好办法。但是,由于锯材长,车间的面积占用较大,运输锯材时不方便(5分)。

32. 答:木家具零部件的组装主要有拆装式家具零部件的组装和固定式结构家具部件的组装两种形式(2分)。拆装式家具零部件的组装是由连接件连接,或采用圆榫定位、连接件连接组装成部件(2分)。只采用连接件组装时,连接件的装配精度要满足部件的精度,如床头和床旁板采用挂插件的连接便是直接采用连接件的接合,其装配精度直接影响产品的精度(2分)。这种家具为便于运输,通常在用户处组装。固定式结构家具部件的装配主要是采用榫、钉和胶等结构形式连接的(2分),其装配工艺必须严格按照部件的装配顺序进行,以确保装配的精度(2分)。

33. 答:现代板式零部件钻孔的类型主要是:(1)圆榫孔,即用来安装圆榫,定位各个零部件(2.5分);(2)连接件孔,用于连接件的安装和连接(2.5分);(3)导引孔,用于各类螺钉的定位以及便于螺钉的拧入(2.5分);(4)铰链孔,用于各类门铰链的安装(2.5分)。

34. 答:凿眼前,先划好孔的墨线,将木料放在板凳上(2分)。凿孔时,左手握凿(刃口向内),右手握斧敲击,从榫孔的近端逐渐向远端凿削(2分),先从榫孔后部下凿,以斧击凿顶,使凿刃切入木料内,然后拔出凿子,依次向前移动凿削,一直凿到前边墨线,最后再将凿面反转过来凿削孔的后边(2分)。凿完一面之后,将木料翻过来,按上法再凿削另一面(2分)。当孔凿透后需用顶凿将木渣顶出来。如果没有顶凿,可用硬木板条将木渣顶出(2分)。

35. 答:(1)工件先划墨线,入锯时要用左手的食指或拇指指准刻墨线的外缘作为锯条的靠山,引导锯条锯入木材,以免锯条跳动锯坏工件。(2)右手要紧握锯柄,不要随意移动,以免磨伤手指。(3)脚要将工件踩稳,以防止工件扭动损伤锯条。当锯条距离脚5 mm左右时,应停锯移动工件,以防锯条伤到脚部。(4)两人配合锯木料时,推锯者要配合拉锯者,随拉锯者把稳锯身,不要用力推送,以免走锯损坏工件。(5)锯木前要绷紧锯绳,以防锯条摆动走线,锯不用时,要放松锯绳,避免锯条长期处在紧绷状态。(6)如锯长期不用,应将锯条两面涂上润滑油,防止生锈。(评分标准:每条2分,共10分,答出5条即可)

手工木工(高级工)习题

一、填 空 题

1. 木材翘曲变形主要有四种,即(　　)、弓形翘曲、边弯和扭曲。

2. 木材含水率过大,切削速度过(　　),会产生木纤维撕裂。

3. 木材的工艺力学性能主要包括木材的(　　)、握钉力、弯曲性能等。

4. 铣削加工是由两基本运动形成的,一个是铣刀的高速旋转运动,称为(　　),另一个是工件向着铣刀的进给运动,称为辅助运动。

5. 质量的定义是:反映实体满足明确和隐含需要的能力和(　　)总和。

6. 影响木材强度的主要因素有容重、(　　)、木材受力时间长短、周围温度以及木材缺陷。

7. 异向性是指木材在径向、(　　)、纵向方向的物理、力学性质不同。

8. 胶合板的构造原则主要有三条基本原则,它们是对称原则、(　　)和层的厚度原则。

9. 木材在纤维饱和点以下时开始收缩变形,弦切板的变形为向年轮(　　)翘曲。

10. 验算轴心受压构件时应进行强度计算和(　　)计算。

11. 为了区别板材是径切面板还是弦切面板,可在板材横切面上作一条板厚中心线,过此中心线与年轮线的某一交点作此年轮的切线,两线之间的夹角大于(　　)者为径切面板。

12. 受弯构件应进行强度验算和(　　)计算。

13. 为了区别板材是径切面板还是弦切面板,可在板材横切面上作一条板厚中心线,过此中心线与年轮线的某一交点作此年轮的切线,两线之间的夹角大于(　　)者为弦切面板。

14. 受弯构件只有当跨度很小或支座附近有(　　)时,才有可能产生剪切破坏。

15. 在树木砍伐前,树枝生长正常与周围树干木材全部紧密相连在一起的叫(　　)。

16. 木工常用的合成树脂胶主要有酚醛树脂胶、脲醛树脂胶、白胶、(　　)、氯丁胶。

17. 按纤维板成型所用的介质分,纤维板生产方法主要分为两大类,即(　　)和湿法生产。

18. 树木砍伐后,不仅砍除树枝,还需经过造材截断成为符合标准要求的木段叫(　　)。

19. 一般客车上常用的油漆工艺主要分为(　　)工艺和混漆件油漆工艺两大类。

20. 径裂是在木材端面内部,沿(　　)方向开裂的裂纹。

21. 客车车顶木弯梁主要有两种:一是(　　)弯梁,二是煨制弯梁。

22. 树瘤内部已腐朽者应按(　　)计。

23. 木制弯压条主要有(　　)木压条和煨制木压条。

24. 加工车辆材用原木(针叶树)小头直径自(　　)cm 起。

25. 木材弯曲工艺主要包括:配料、加工、蒸煮、弯曲、(　　)和干燥定型。

26. 加工车辆材用原木(阔叶材)小头直径自(　　)cm 起。

27. 加工胶合板材用原木自(　　)cm起。

28. 木料接长采用齿形胶接工艺,工艺过程包括:备料、截头、开齿、涂胶、(　　)、表面加工。

29. 按功能来分,建筑木结构的连接方式主要有截面的(　　)、杆件的纵向接合及节点的结合。

30. 一等加工用原木最大活节的尺寸不得超过检尺径的(　　)。

31. 三角形木屋架,当有吊顶时,下弦成为(　　)构件,在檩条放在上弦节点和节间情况下,上弦成为压弯构件。

32. 二等加工用原木最大活节的尺寸不得超过检尺径的(　　)。

33. 木屋架高度一般为屋架跨度的(　　)。

34. 木屋架起拱高度为屋架跨度的(　　)。

35. 木门、窗扇厚度在60 mm以上时应用双夹榫,榫的厚度约为门窗扇厚度的(　　)。

36. 木门、窗扇厚度在60 mm以下时可用单榫,榫的厚度为门窗扇厚度的(　　)。

37. 门窗扇冒头宽度在145 mm以上时应划上、下双榫,并要单进双出,双榫的宽度,每一个榫约为料宽的(　　)。

38. 门窗冒头宽度在100~145 mm之间可划单榫,但要大进小出,单榫小出部分宽度约为料宽的(　　)。

39. 木工龙门铣床有两种铣头,它们是立铣头和(　　)铣头。

40. 木工锯齿的料路分为二路料和(　　)两类。

41. 木工纵锯锯齿的料度为锯条厚度的(　　)倍。

42. 木工横锯锯齿的料度为锯条厚度的(　　)倍。

43. 影响木材切削加工质量的主要因素有:切削速度和工件进料速度、木材性质、(　　)、顺纹切削与逆纹切削、机床和刀具的性能。

44. 一等加工用原木任意材长1 m中死节个数(节子尺寸不足3 cm不计)不得超过(　　)个。

45. 二等加工用原木任意材长1 m中死节个数(节子尺寸不足3 cm不计)不得超过(　　)个。

46. 木工刀具常用的金属材料有工具钢和(　　)。

47. 三角形木屋架当上、下弦采用方材时,截面宽度和高度小于或等于100 mm时,其公差为(　　)。

48. 三角形木屋架当上、下弦采用方材时,当截面宽度和高度大于100 mm时,其公差为(　　)。

49. 木门窗制作时,门窗用料其宽度和厚度当木料长度在1.5 m以内时,单面刨光的加工余量为(　　)。

50. 木门窗制作时,门窗用料其宽度和厚度当木料长度在1.5 m以内时,两面刨光的加工余量为(　　)。

51. 木材干燥室按气流循环方式分为(　　)干燥室和强制通风干燥室。

52. 二等加工用原木外腐厚度不超过检尺径(　　)。

53. 木工手工锯的纵锯锯齿的切削角为(　　)。

54. 木工手工锯的横锯锯齿的切削角为(　　)。

55. 齿轮传动按照齿轮形状不同可分为直齿圆柱齿轮、斜齿圆柱齿轮、螺旋齿圆柱齿轮、(　　)等。

56. 一等加工用原木内腐平均直径不得超过检尺径的(小头不许有)大头(　　)。

57. 木材的许用应力等于其强度除以(　　)。

58. 采用两个液压缸串联组成的增压回路(压强为 P,截面积为 A_1 和 A_2),其液压缸的输出力 F=(　　)。

59. 二等加工用原木任意材长 1 m 中的虫眼个数为或不超过(　　)个。

60. 在液压系统中用以控制执行元件的起动、停止、(　　)作用的回路,称为方向控制回路。

61. 实现两个及两个以上工作机构顺序动作可以采用(　　)、行程控制和时间控制等方法。

62. 一等加工用原木的裂纹长度不得超过材长的(　　)。

63. 自动控制系统按输入信号的特征来分类,有自动锁定系统、(　　)、程序控制系统。

64. 二等加工用原木弯曲度不得超过(　　)。

65. 当木材的含水率低于纤维饱和点时,木材的强度开始变化,其变化规律是含水率越(　　),木材强度越高。

66. 在电动机的控制线路中用熔断器作短路保护,用(　　)作过载保护,用接触器作失压保护。

67. 凡四根杆件用铰链组合的机构叫(　　)机构。

68. 直线度的误差按最小区域法确定,平面误差按照(　　)来确定。

69. 水分自木材内部向外移动,在不同干燥阶段及不同干燥条件下以(　　)种形式向外扩散。

70. 对有裂纹的原木下锯时应采取用锯口与裂纹方向(　　)。

71. 直线度的测量方法,常用的有间接测量法、光线基准法和(　　)三种主要方法。

72. 采用手动夹紧装置时,夹紧机构必须具有(　　)性。

73. 液压控制阀有压力控制阀、(　　)和方向控制阀三大类。

74. 带锯条宽度很窄时,可锯割(　　)很小的曲线形状。

75. 当光线垂直入射直角棱镜的一直角面上,经过斜面的反射改变其光轴的方向角度为(　　)。

76. 要达到装配精度,不能只依赖于提高零件的加工精度、在一定程度上必须依赖于(　　)。

77. 木工榫槽机具备(　　)两个切削功能。

78. 高速旋转机械上大多采用(　　)轴承。

79. 木制品配料时,木料机械刨光的加工余量大小主要决定于木料的(　　)。

80. 测量噪声,通常使用声级计,为保护人体的健康的噪声卫生标准是(　　)。

81. 劳动生产率是指生产的产品与所消耗的时间之比,它是衡量(　　)的一个综合性指标。

82. 木制品榫结合公差与配合实行基(　　)制。

83. 时间定额是指在一定生产条件下,规定生产一件产品或完成一道(　　)所消耗的时间。

84. 铣削各种曲面形状主要用(　　)铣刀。

85. 铣削燕尾形箱榫用(　　)铣刀。

86. 活节较多的木材可用于车辆上有金属辅助梁的梁柱、(　　)、电杆等。

87. 弯曲原木,用作车辆配件时,应根据弯曲情况,结合车辆配件的规格(　　)后再进行锯制。

88. 木材加工缺陷有:缺棱、成材弯曲、鲶鱼头、偏沿子、水波纹、材面凸肚、搓板纹(　　)斜垄纹。

89. 通常说的木材容重,是指其含水率为(　　)时的情形。

90. 更换刀具、润滑机床、清理切削、收拾(　　)等时间,属于布置工作时间。

91. 在建筑施工图中,一般有(　　)、比例、轴线、标高、尺寸单位和详图索引号等。

92. 木材构造缺陷有:斜纹、乱纹、涡纹、(　　)、双心、髓斑、水层树脂漏等。

93. 属于树木伤疤的缺陷有:夹皮、偏枯、(　　)。

94. 建筑施工图中标高的符号是(　　)。

95. 对于已经塑化变形的木材,可以经过湿热空气进行(　　)处理,使其变形部分恢复成为原来的形状。

96. 油漆的主要成分有(　　)、溶剂、颜料及其他一些辅助材料。

97. 胶合板由多层薄板胶合而成,由于它的相邻单板的的纤维方向成(　　)形相互交错,故能降低顺纹和横纹材性之间的不均匀性。

98. 木堵或补条的树种,应与(　　)一致或性质近似。

99. 木材防腐可采取两方面的措施;一是保证有良好的通风条件,防止木材产生冷凝水;二是(　　)各类防腐剂进行防腐处理。

100. 蒸汽干燥室加热时所用的风机有(　　)风机和离心式风机两种。

101. 采用窑干法干燥木材的全过程,一般分为预热、等速干燥和(　　)三个阶段。

102. 在各种木工机床型号中 MJ 表示(　　)。

103. 在各种木工机床型号中 MB 表示(　　)。

104. 在各种木工机床型号中 MX 表示(　　)。

105. 结构施工图常用代号中,相等中心距离(常用于钢筋、箍筋间距)用(　　)表示。

106. 木材在锯割时,因纤维受强烈撕裂或扯离而形成毛刺状,使材面显得十分粗糙的现象称为(　　)。

107. 木工钻床上常用的钻头有麻花钻头和(　　)钻头。

108. 锯解后的毛料往往会产生弯曲变形,因此对弯料必须进行(　　)。

109. 合理的工艺规程,应该是在一定的生产条件下,以最快的(　　)、最小的劳动量和最低的加工成本生产出符合质量的产品。

110. 胶合板按加工方法不同分为两种,一种是旋制面胶合板,另一种是(　　)。

111. 房屋的架空骨架式承重构件称为(　　)。

112. 三角形木屋架结构中各杆件的交接处称为(　　),它是关键部位,屋架的破坏一般都发生在此处。

113. 油漆涂装在物体表面,形成一层薄膜,能将物体与空气、水分、阳光以及其他(　　)介质(如酸、碱)隔离开。

114. 在外力作用下,木材内部单位截面积上所产生的内力叫做(　　)。

115. 木材在外力作用下达到破坏时的应力叫(　　)。

116. 木材干缩或湿胀,引起材性变化的转折点是(　　)。

117. 木材的应力(Pa)等于(　　)除以断面面积。

118. 木材硬度可分为(　　)硬度、径面硬度和弦面硬度。

119. 根据外力作用在木制件上方式的不同,木材强度的概念有抗拉强度、抗劈强度、(　　)、抗剪强度。

120. 在同样条件下,木材的顺纹受压极限强度要比顺纹受拉极限强度(　　),平均值约为44.1 MPa。

121. 木材具有抵抗外力作用而产生凹入变形的特性指的是(　　)。

122. 我国木材的端面硬度可分为(　　)级。

123. 影响木材强度的主要原因是(　　)、含水率、长期负重、温度及缺陷等。

124. 实际工作中的极限强度应该等于容许应力乘以一个(　　)。

125. 木材是一种多孔性物质,具有(　　)性。

126. 木材具有一种特殊的(　　)性,所以木材与其他材料比,最适用于作短时间内受到冲击的结构。

127. 木材的(　　)剖面具有颜色深浅不同的木纹,可以用它来制造家具和车厢内部设备及装饰。

128. 客车上各门窗、座椅、卧铺茶桌、办公桌以及内墙板、间壁板等含水率要求在(　　)以下。

129. 利用各种纤维和其他植物纤维制成的一种人造板是(　　)。

130. 在我国的木材加工业中,使用胶合剂最多最广的是(　　)。

131. 耐水强、胶合强度高、耐热性能好,化学稳定性高的胶是(　　)胶。

132. 脲醛树脂胶是一种无色透明的粘稠状胶液,一般有(　　)%以上的固体树脂含量。

133. 要根据胶种、粘度、木材表面加工精度、加压和涂胶方式等因素决定多少的是(　　)。

134. 塑料贴面板是一种装饰板,客车上常用的是(　　)贴面板。

135. 刀具的种类很多,但不论其结构如何变化,其切削部分总是以(　　)体为基本切刃。

136. 木材的切削过程基本上由三个方面的因素组成:被切削的材料;切削刃具;(　　)。

137. 刨削不易加工的短小平面和凸台应该选用(　　)刨。

138. 凡用板、方材组成的基本构件有(　　)、复面板、木框和箱框。这些都能独立安装的部分,称为制品的部件。

139. 拼板镶端处理一般常用榫槽镶端法,又叫封边法加以控制,有(　　)榫和燕尾榫两种。

140. 嵌板的组装方法有两种:一种是榫槽法;另一种是(　　)。

141. 毛坯料在蒸煮前的含水率应接近纤维饱和点为好,即在(　　)%左右。

142. 木工加工机床与金属切削加工机床的主要区别是木材加工需要(　　)切削。

143. 带锯机、圆锯机、平刨机、压刨机、铣床、钻床等木工设备都属于(　　)机床。

144. 橱门与橱体选择公差为(－1,－2)mm 时表示(　　)公差。

145. 在生产实践中,木材表面的不平度主要是凭工人的生产经验,采用(　　)或手摸的方法。

146. 木制品榫接合,榫头厚度要小于榫眼宽度(　　)mm。

147. 圆锥体半径为 50 mm,高为 40 mm,该圆锥体体积为(　　)。

148. 已知正五边形的边长为 60 mm,则面积为(　　)。

149. 准轨铁路轨距是(　　)。

150. 车辆换长等于全长除以(　　)。

151. 在顶车作业时相应部位涂打标记为(　　)。

152. 车辆方位判定时,有手制动机的那一端为(　　)端,相反的方向为(　　)端。

153. 车辆方位判定时,面向一位端时,则左侧为(　　)数位,右侧为(　　)数位。

154. 车辆轴重指车辆总重与全车轴重数之比,目前线路允许轴重为(　　)t。

155. 我国客货车的标准车钩高度是(　　)mm。

156. 客车木骨架交出前要求进行三防处理是指防腐、防蚁和(　　)处理。

157. 建筑物的定位工作,一般常利用(　　)及钢尺定出四角的角桩(轴线桩)。

158. 木材在长度方向上接合的结构形式一般有直齿连接、斜面胶接、(　　)三种方式。

159. 木工家具刮油性腻子时,每遍腻子干后需进行(　　)。

160. 榫卯接合是木制品较为广泛应用的一种主要的接合方式,也就是榫头、(　　)的接合。

161. 木制品榫接合,内榫肩的角度一般在(　　)为宜。

162. 平刨加工时,短、薄工件应用(　　)。

163. 因其切削阻力小,可达到较低的表面粗糙度和平直度的是(　　)切削,逆纹切削因其切削阻力大,表面粗糙度高,并由于纹理不顺而造成表面凹陷及劈裂现象。

164. 原木综合锯材率＝(　　)×(车辆材积×一般材积)/原木材积×100%。

165. 平刨安全刨削木材的厚度应为在(　　)mm 以上。

166. 平刨安全刨削木材的长度应在(　　)mm 以上。

167. 木工榫槽机具备钻削与(　　)两个切削功能。

168. 木工方套钻头主要用于钻削(　　)。

169. 钻削要挖补的死木节、虫眼要用木工(　　)钻头。

170. 木工(　　)钻头专门用于钻取供挖补圆节用的木堵。

171. 在加工、测量及装配时所依据的基准是(　　)。

172. PDCA 循环的四个阶段是计划、执行、(　　)、处理。

173. 锯材在材长中部增厚或减厚的缺陷称为(　　)。

174. 压刨刀片两端伸出量不同,加工工件会出现横断面上(　　)缺陷。

175. 当切削速度不变时,进给速度越(　　)工件表面质量越高。

176. 常用带锯条锯齿齿形有直槽齿、(　　)、凸背齿、细木工带锯齿。

177. 5S 是指(　　)、整顿、清扫、清洁、素养。

178. 木材径向干缩率约为弦向的(　　)。

179. 原木长度检量，若截面偏斜时，应按(　　)长度为准。

180. 常用平刨刀分两种类型，一种是有孔槽的厚刨刀，一种是没有孔槽的(　　)。

181. 发生端裂后，应及时采用(　　)的方法，进行中间处理，或采用较软的干燥基准。

182. 煨弯工艺最理想的木材含水率是接近(　　)时。

183. 在质量管理活动中，分析质量问题常用的因果图又叫(　　)。

184. 细木工带锯机，主要用来作锯割(　　)的直线及各种曲线、斜线等。

185. 锯解是经过配料将成材按零件的规格尺寸、技术要求在锯机上进行加工的过程，包括纵解与(　　)。

二、单项选择题

1. 有些原木根据树干向阳面和背阴面，其材质有所不同，为减少板材的翘曲变形，原木正确下料的方法是(　　)。

(A)木材阴面或阳面应分别集中于同一页板材上

(B)木材阴面和阳面应均布于同一页板材上

(C)应采用毛方下料法，先将边材锯掉

(D)木材阴面或阳面随意分布在板材上

2. 当木材的含水率低于纤维饱和点时，木材的强度开始变化，其变化规律是(　　)。

(A)含水率越高木材强度越高

(B)含水率越低木材强度越高

(C)当含水率达到适当程度，其木材强度最高

(D)到固定值后强度不再变化

3. 木质品变形的原因主要是由于其含水率太高，因此木制品的含水率应当达到以下程度最好(　　)。

(A)木质品的含水率应略低于木材平衡含水率

(B)木质品的含水率应略低于木材的纤维饱和点

(C)木质品的含水率越低越好

(D)10%左右

4. 木材在纤维饱和点以下时开始收缩变形，弦切板的变形为(　　)。

(A)顺年轮圆弧翘曲　　(B)向年轮相反方向翘曲

(C)顺长度方向翘曲　　(D)顺宽度方向翘曲

5. 根据容重纤维板可分为三类，即硬质纤维板、半硬质纤维板和软质纤椎板，硬质纤椎板的容重为(　　)。

(A)大于 0.4 g/cm^3　　(B)大于 0.8 g/cm^3

(C)大于 1 g/cm^3　　(D)0.4～0.8 g/cm^3

6. 木材产生变形翘曲主要是由于(　　)。

(A)木材存放不当，垫条厚薄不均　　(B)弦切板，内外收缩不一致

(C)木材阴阳面的收缩不一致　　(D)热胀冷缩

7. 为了区别板材是径切面板还是弦切面板，可在板材横切面上作一条板厚中心线，过此中心线与年轮线的某一交点作此年轮的切线，两线之间的夹角大于(　　)者为径切面板。

(A)30°　　(B)40°　　(C)50°　　(D)60°

8. 通过 PDCA 循环,就是由理论到实践,再由实践完善理论的一个过程,其本身呈(　　)上升,使质量管理活动提高到一个新的高度。

(A)抛物线　　(B)螺旋形　　(C)直线形　　(D)曲线形

9. 受弯构件在特殊情况下,有可能产生剪切破坏,产生剪切破坏的条件是(　　)。

(A)构件的跨度很小时　　(B)构件的跨度很大时

(C)构件的跨度达到一定比例　　(D)构件断面较细时

10. 活动地板又称为(　　)。

(A)钢制型地板　　(B)复合型地板　　(C)装配型地板　　(D)可移动的地板

11. 胶合板表面粘贴塑料皮时,冷压或热压都可采用脲醛树脂胶,但加入的硬化剂(氯化铵溶液)数量却不同,一般情况下冷压较热压的硬化剂数量(　　)。

(A)少　　(B)多　　(C)相等　　(D)根据温度需要而定

12. 活动地板的防静电面层材料有(　　)。

(A) 三聚氰胺　　(B)塑料　　(C)钢制材料　　(D)防静电木料

13. 煨弯工艺最理想的木材含水率是(　　)。

(A)接近木材平衡含水率时　　(B)接近木材纤维饱和点时

(C)湿材　　(D)气干材

14. 客车上采用煨弯木零件,弯曲性能最好的木材是(　　)。

(A)红松　　(B)榆木　　(C)水曲柳　　(D)落叶松

15. 板在安装及布线前,应对基层进行(　　)。

(A)防水处理　　(B)凿平　　(C)预先的加固处理　(D)清理及找平

16. 静电地板的面板铺放先从(　　)开始。

(A)门口　　(B)有设备的地方　　(C)边角　　(D)中心十字轴线

17. 活动地板的日常维护和清理(　　)开始。

(A)只能用吸尘器　　(B)可用软布蘸弱碱性的洗涤剂擦洗

(C)可以用拖布清洁　　(D)专用的清洁剂

18. 三角形木屋架从受力大小来衡量,节点中最重要是(　　)。

(A)脊节点　　(B)中央节点　　(C)端节点　　(D)角节点

19. 反光灯槽的跌级吊顶,在造型处常用(　　)形式。

(A)木质吊顶　　(B)轻钢龙骨石膏板

(C)特制的纤维石膏板　　(D)玻璃钢

20. 三角形木屋架的起拱高度一般为屋架跨度的(　　)。

(A)1/200　　(B)1/300　　(C)1/100　　(D)1/400

21. 反光灯槽是指灯源设置在(　　)的位置。

(A)吊顶的特殊位置　　(B)吊顶内部

(C)不可视　　(D)可视

22. 适用于顶部空间较小的吊顶是(　　)弧面顶。

(A)造型　　(B)艺术　　(C)立体　　(D)水平

23. 内藏灯槽顶棚的施工操作工序与(　　)的操作步骤基本相同。

(A)轻钢龙骨石膏板吊顶　　(B)弧形顶
(C)跌级顶棚　　(D)普通平顶

24. 木工长刨子的刨底应保持(　　)。
(A)两端略低,中部平直　　(B)刃口处略低,其余平直
(C)刃口前略低于刃口后　　(D)水平

25. 反光灯槽顶的灯槽一般是在安装完(　　)后开始安装。
(A)次龙骨　　(B)主龙骨　　(C)罩面板　　(D)跌级龙骨

26. 反光灯槽的内部因为要安装荧光灯,所以必须要涂刷防火涂料(　　)以上。
(A)涂刷乳胶漆也可以　　(B)一遍
(C)三遍　　(D)二遍

27. 如果是直接用木工板做的跌级挂落,则木板一定要用(　　)。
(A)纤维石膏板　　(B)硬芯板　　(C)石膏板　　(D)木板

28. 软包墙面要求基层表面平整,结构牢固质密。如果是(　　)基层,则应该在其表面做防水处理。
(A)水泥砂浆　　(B)木板　　(C)防潮层　　(D)所有的

29. 为了节约木材需采用正确的划线下料方法,如遇到弯曲和直料同时下料,划线应当(　　)。
(A)先划直料后划弯料　　(B)先划弯料后划直料
(C)先划弯料或先划直料都可以　　(D)使弯料直料有顺序排列

30. 在项目、产品方案设计阶段结束后的施工设计阶段绘制的图样是(　　),直接为施工服务,是生产、制作与施工的技术依据。
(A)测绘图样　　(B)施工设计图　　(C)方案设计图　　(D)技术图样

31. 热继电器在控制电路中起的作用是(　　)。
(A)短路保护　　(B)过电压保护　　(C)过载保护　　(D)过流保护

32. 使用万用表测量电流或电压时,若不知是交流还是直流,此时应该用(　　)挡先测试一下。
(A)直流　　(B)交流　　(C)交流或直流　　(D)空挡

33. 如要求在转动过程中,使两传动随时结合或脱开,应采用(　　)。
(A)联轴器　　(B)离合器　　(C)制动器　　(D)磨擦片

34. 液压传动中的液体流动连续原理,是指油液在无分支的管道中流动时,流经每一横截面上的流量(　　)。
(A)一定相等　　(B)一定不相等　　(C)不一定相等　　(D)在规定时间内相等

35. 互换装配法的实质就是控制零件的(　　)来保证装配精度。
(A)尺寸公差　　(B)加工误差　　(C)形状误差　　(D)表面粗糙度

36. 用水平仪测量导轨直线度是属于(　　)测量法。
(A)比较　　(B)线性　　(C)角度　　(D)视觉

37. 节流阀通过改变(　　)以控制流量。
(A)流通方向　　(B)通流截面的大小　　(C)弹簧力的大小　　(D)流通速度的大小

38. 当机械的主激振频率(　　)支承系统一阶固有频率时,这种支承属于刚性支承。

(A)高于　　(B)低于　　(C)等于　　(D)反比于

39. 生产一个零件消耗的时间主要是(　　)时间和辅助时间。

(A)加工　　(B)基本　　(C)准备　　(D)切削

40. 生产批量大,分摊到每个工件上的准备与终结时间就越(　　)。

(A)多　　(B)少　　(C)大　　(D)小

41. 数控机床成功地解决了(　　)生产自动化问题并提高了生产效率。

(A)单件　　(B)大量　　(C)中、小批　　(D)少量

42. 现代机械制造的基本特征之一是多品种,(　　)生产占主导地位。

(A)单件　　(B)大量　　(C)中、小批　　(D)少量

43. 成组工艺是一种按(　　)原理进行生产的工艺方法。

(A)切削　　(B)光学　　(C)相似性　　(D)自动控制

44. 用减少加工余量来缩短机动时间是一条重要的途径。在批量较大时,毛坯制造应尽量采用(　　)。

(A)铸造　　(B)锻造　　(C)粉末冶金　　(D)自动化生产

45. 为辅助时间一部分的是(　　)时间。

(A)检验工件　　(B)自动进给　　(C)加工工件　　(D)测量

46. 直接改变生产对象的尺寸、形状、相对位置、表面状态或材料性质等工艺过程所消耗的时间称为(　　)时间。

(A)基本　　(B)生产　　(C)辅助　　(D)工作

47. 单件和小批生产的辅助时间往往消耗单件工时的(　　)以上,就是在成批生产中所占的比例也是很大的。

(A)10%～30%　　(B)50%～80%　　(C)90%　　(D)40%

48. 绝对标高是以我国(　　)平均海平面为基准的标高,一般注在总平面图或图纸的总说明中。

(A)黄海　　(B)渤海　　(C)东海　　(D)南海

49. 相对标高是以该建筑物(　　)为零点的标高,高于此点为正,低于此点为负。

(A)地基面　　(B)底层室内地面　　(C)一层地面　　(D)地下基础面

50. 符号　表示(　　)。

(A)建筑物左右对称时　　(B)建筑物非对称时

(C)建筑物各处一致时　　(D)建筑物上下对称时

51. 下面哪种木材适合做层压弯曲构件(　　)。

(A)杨木　　(B)落叶松　　(C)椴木　　(D)桦木

52. 按16%含水率,比较下列树种的容重(　　)。

(A)水曲柳>花梨木>椴木>杨木　　(B)花梨木>水曲柳>椴木>杨木

(C)椴木>杨木>水曲柳>花梨木　　(D)杨木>椴木>水曲柳>花梨木

53. 平刨加工中产生工件表面粗糙不平起毛刺,主要原因是(　　)。

(A)进料速度不均匀　　(B)刀刃钝

(C)刀刃有缺口　　(D)工件没有压紧

54. 房屋结构形式中的(　　)是以砖墙承重,预制或浇钢筋混凝土楼板、梁。这种结构用

的最普通，一般在2～6层的建筑中采用。

(A)混合结构 (B)大模结构 (C)框架结构 (D)装配结构

55. 湿胀最厉害的是(　　)。

(A)横向板 (B)径向板 (C)弦向板 (D)纵向板

56. 干缩最大，为6%～12%的是(　　)。

(A)横向 (B)径向 (C)弦向 (D)纵向

57. 木材的(　　)是测定强度的最好指标。

(A)含水率 (B)握钉力 (B)硬度 (D)容重

58. 对木材的抗压强度影响最大，对抗拉、抗弯、抗剪等强度影响较小的变化是(　　)。

(A)湿度 (B)温度 (C)含水率 (D)木纹方向

59. 如果物体的长、宽、高三个方向都不和投影面平行，放射光线对物体在倾斜投影面上的投影就是(　　)。

(A)成角透视图 (B)正视图 (C)斜透视图 (D)平行透视图

60. 木材是以薄壳管状细胞组成，其刚性和抗弯强度比钢铁(　　)。

(A)大的多 (B)小的多 (C)差不多 (D)小20%

61. 将一件家具的所有零、部件之间按照一定组合方式装配在一起的生产图样，简称(　)。

(A)装配图 (B)部件图 (C)零件图 (D)大样图

62. 在合理使用和节约材料的条件下，生产单位质量合格的建筑产品所必需消耗一定品种、规格的建筑材料、构配件、半成品、燃料及不可避免的损耗量等的数量标准指的是(　　)。

(A)材料消耗定额 (B)产量定额 (C)时间定额 (D)劳动力定额

63. 防火剂中具有防腐性能的是(　　)。

(A)硫酸胺 (B)氯化锌 (C)氟化钠 (D)水

64. 合成树脂胶涂胶厚度在(　　)范围比较适宜。

(A)0.015～0.02 mm (B)0.04～0.05 mm

(C)0.1～0.5 mm (D)0.5～1 mm

65. 一般冷压加压时应持续(　　)h。

(A)8～24 (B)48 (C)4 (D)2

66. 家具上常有曲线形的零件，为了满足加工要求，把曲线形的零件画成和产品一样大小的图形，这种图形就称为(　　)。

(A)大样图 (B)组装图 (C)结构装配图 (D)零件图

67. 制材加工缺陷中，跑锯板的同义词为(　　)。

(A)走线 (B)锯口缺陷 (C)偏沿子 (D)刹板

68. 制材加工缺陷中，锯割的同义词为(　　)。

(A)走线 (B)锯口缺陷 (C)偏沿子 (D)刹板

69. 木材三个方向的切削中，切刀刃口与切刀运动方向均垂直于纤维方向的称为(　　)刨削。

(A)端向 (B)纵向 (C)横向 (D)切向

70. 门、窗、桌、椅及框架式的柜一般属于(　　)。

(A)拼板构件　(B)贴面构件　(C)木框嵌板结构　(D)镶框构件

71. 在嵌板结构中,需预先留出嵌板自由缩胀的空间(　　)mm左右,以防止嵌板受潮膨胀。

(A)1　(B)2　(C)3　(D)4

72. 多数树种的木材纤维饱和点时的含水率平均值为(　　)。

(A)30%左右　(B)20%左右　(C)40%左右　(D)25%左右

73. 阔叶材的弯曲性能比针叶材的好,阔叶材中尤其以(　　)的弯曲性能最好。

(A)桦木　(B)柞木　(C)水曲柳　(D)榆木

74. 木工加工机床与金属切削加工机床的最主要区别点是(　　)。

(A)加工对象不同　(B)切削速度要求不同

(C)加工精度不同　(D)切削刀具不同

75. 下面哪一种钢一般不用作木工刀具(　　)。

(A)碳素工具钢　(B)合金工具钢　(C)高速钢　(D)硬质合金

76. 在插入圆榫结构中(+0.1～+0.3)mm表示的是(　　)。

(A)过盈公差　(B)过渡公差　(C)间隙公差　(D)配合公差

77. 制材加工缺陷中,瓦棱状锯痕的同义词为(　　)。

(A)水波纹　(B)搓板纹　(C)毛刺糙面　(D)锯割缺陷

78. 制材加工缺陷中,波状纹的同义词为(　　)。

(A)水波纹　(B)搓板纹　(C)毛刺糙面　(D)锯割缺陷

79. 弯曲杆件的划线,有时还需依赖样板,依据杆件或产品的部分、(　　)的样板,依样划线,加快了划线的速度,提高了线型的精确度。

(A)木料翘曲形　(B)直线尺寸　(C)斜边角度　(D)局部形状

80. 施工现场的(　　),一般利用原有设施,若不够或没有设施,则必须增设,以确保其供给。

(A)环境条件　(B)安全消防　(C)劳动保障　(D)用电、用水

81. 加强班组的管理方法,其中(　　)是加强班组管理的重要措施。

(A)技术竞赛　(B)监督检查　(C)齐抓共管　(D)总结提高

82. 将空间物体的(　　)平行于某平面,且以此平面为轴测投影面时,可得到的轴测图为水平斜轴测图。

(A)镜面　(B)水平面　(C)后面　(D)底面

83. 制材加工缺陷中,凸腹与凹腹的同义词为(　　)。

(A)鲶鱼头　(B)材面凸肚　(C)锯口缺陷　(D)材面突出

84. 正等正轴测图 x 与 y 两根轴线彼此间的角度为(　　)。

(A)135°　(B)90°　(C)120°　(D)45°

85. 透视图绘制的基本方法:选择合适的透视角度,求水平线的灭点,找真高点,绘底面透视,画(　　),绘立体轮廓透视。

(A)长度　(B)宽度　(C)边框　(D)高度

86. 车辆上塑料贴面板墙板、间壁板、顶板其塑料贴面板都必须粘贴牢固,不准有压痕、开胶、(　　)等现象。

(A)水印　　(B)开孔　　(C)鼓泡　　(D)流坠

87. 将空间物体的(　)平行于某平面,且以此平面为轴测投影面时,可得到的轴测图为正面斜轴测图。

(A)凹面　　(B)镜像面　　(C)水平面　　(D)正面

88. 制材加工缺陷中端部突出的同义词为(　)。

(A)鲶鱼头　　(B)材面凸肚　　(C)锯口缺陷　　(D)材面突出

89. 刃磨刨刃时在磨石上前推后拉,始终保持水平直线运动,一般刨刃楔角为(　)。刨硬木楔角稍大刨软木楔角稍小。

(A)25°～35°　　(B)10°～15°　　(C)15°～25°　　(D)35°～45°

90. 制作木屋件时,用原木做(　)弦,应将凸面向(　),用原木做(　)弦,应使凸面向(　)。

(A)上,上,下,下　　(B)上,下,下,上　　(C)下,上,上,下　　(D)下,下,上,上

91. 胶合板表面粘贴塑料贴面时,要求胶合板的含水率应保持在(　)以下,板面含水率应均匀一致。

(A)10%　　(B)5%　　(C)13%　　(D)18%

92. 我国当前木材综合利用的主要途径是(　)。

(A)大力发展纤维板　　(B)大力发展胶合板

(C)大力发展刨花板　　(D)大力发展人造板材

93. 天然漆也叫(　),有较好的耐久性,耐酸性,耐水性,耐磨性。

(A)大漆　　(B)磁漆　　(C)清漆　　(D)混漆

94. 木材弯曲工艺中(　)木材消耗量最大。

(A)锯割加工　　(B)旋制加工　　(C)弯曲加工　　(D)烤制加工

95. 木材受到挤压力的作用时,如果去掉挤压力,变形即行消失,这种变形称作(　)。

(A)残余变形　　(B)塑性变形　　(C)屈服变形　　(D)弹性变形

96. 识别木材时主要采用(　)。

(A)年轮鉴别法　　(B)气味鉴别法　　(C)容重鉴别法　　(D)直观鉴别法

97. 可以表示出建筑物的高度、门窗口、阳台和雨篷的标高,以及外墙面的做法、要求等的是(　)。

(A)平面图　　(B)立面图　　(C)剖面图　　(D)详图

98. 一般纵锯的料度为其锯条厚度的(　)倍;而横锯的料度为锯条厚度的(　)倍。

(A)1.2～1.5,1～1.2　　(B)1～1.2,0.6～1

(C)0.6～1,1～1.2　　(D)1～1.2,1.2～1.5

99. 冬季施工时,承重结构、悬臂板等拆模期限要达到设计强度的100%,其他模板必须等混凝土强度达到设计强度的(　)后方可拆模。

(A)30%　　(B)50%　　(C)70%　　(D)100%

100. 建筑施工中,拆除跨度较大的梁下支柱时,应先从(　)开始。

(A)两端　　(B)跨中　　(C)梁1/3处　　(D)梁1/2处

101. 建筑施工中,需大量的预制混凝土构件,为了节约和省工,经常使用(　)。

(A)钢模　　(B)定型模　　(C)胎模　　(D)复合模

102. 铺设屋面防水卷材时，搭接长度不小于(   )mm。

(A)30 (B)50 (C)80 (D)100

103. 现在一般常用的封闭式无关的双坡屋面，当屋面坡度 $\alpha<30°$ 时，在风载作用下，屋面受到的是(   )。

(A)拉力 (B)推力 (C)吸力 (D)压力

104. 豪式木屋架，节间无论是集中荷载还是均布荷载都要化成作用在节点上的(   )。

(A)恒载 (B)活载 (C)均布荷载 (D)集中荷载

105. 由于木材的弹性模量低，跨度较大，截面多数情况受(   )控制。

(A)强度计算 (B)挠度计算 (C)荷载计算 (D)受剪计算

106. 键连接中键块应用耐腐蚀的硬木制作，并应使键块(   )。

(A)顺纹受力 (B)横纹受力 (C)斜纹受力 (D)不受力

107. 在交流输送配电系统中，向远距离输送一定的电功率都采用(   )方法。

(A)高压电 (B)低压电 (C)中等电压 (D)安全电压

108. 如果要把木材的色斑和不均匀色调消除，需要进行(   )处理。

(A)漂白处理 (B)染色处理 (C)水煮处理 (D)防腐处理

109. 带状纹理是(   )的木材沿径向锯解，板材表面呈现出一条色深一条色浅形如带状的纹理。

(A)螺旋纹理 (B)绉状纹理 (C)团状纹理 (D)交错纹理

110. 横截圆锯片的主要用途是(   )。

(A)横截木材 (B)纵剖木 (C)纵向锯剖木材 (D)横向锯剖木材

111. 刨刀的主要用途是(   )。

(A)刨削木材平面 (B)加工平口木板两侧平面

(C)纵向锯剖木材 (D)横向锯剖木材

112. 直槽单刃端铣刀主要用于(   )。

(A)铣削榫槽 (B)铣削平面

(C)铣削各种曲面形状 (D)铣削燕尾形箱榫

113. 实际生产中判断弦向板时，一般把板材的端面作板厚中心线，与该处年轮切线之间的夹角(   )都叫弦向板。

(A)大于45° (B)小于45° (C)大于30° (D)小于30°

114. 直槽双刃端铣刀主要用于(   )。

(A)铣削平面 (B)铣削榫槽

(C)铣削各种曲面形状 (D)铣削直肩斜肩榫头

115. 燕尾形端铣刀主要用途是(   )。

(A)铣削榫槽 (B)铣削平面

(C)铣削各种曲面形状 (D)铣削燕尾形箱榫

116. 木工麻花钻头主要用于(   )。

(A)钻削埋头圆孔 (B)钻削圆孔

(C)钻削方形榫眼 (D)钻削要挖补的死木节、虫眼等

117. 木工埋头麻花钻头主要用于(   )。

(A)钻削埋头圆孔　　(B)钻削圆孔
(C)钻削方形榫眼　　(D)钻削要挖补的死木节、虫眼等

118. 木工方套钻头主要用于(　　)。
(A)钻削埋头圆孔　　(B)钻削圆孔
(C)钻削方形榫眼　　(D)钻削要挖补的死木节、虫眼等

119. 不能用于表示轮廓线的是(　　)。
(A)虚线　　(B)实线　　(C)双点画线　　(D)折断线

120. 木工片状钻头主要用于(　　)。
(A)钻削埋头圆孔　　(B)钻削圆孔
(C)钻削方形榫眼　　(D)钻削要挖补的死木节、虫眼等

121. 木工套料钻头主要用于(　　)。
(A)钻削埋头圆孔　　(B)钻削圆孔
(C)钻削方形榫眼　　(D)专门用来钻取供挖补圆节用的木堵

122. 制图中,要有符合规范的线宽组比例,下列比例中符合规范的是(　　)。
(A)2.0∶1.0∶0.5　　(B)1.5∶0.7∶0.4
(C)2.0∶1.0∶0.7　　(D)0.5∶0.25∶0.1

123. 在锯解胶合板材时,为了避免板边缘留下小的倒刺或撕裂,正确的操作方法是(　　)。
(A)先横截,再纵向锯解　　(B)先纵向锯解,再横截
(C)先径向切,再旋转切　　(D)横截和纵向锯解顺序没有要求

124. 木材在吸湿过程中,当木材的细胞腔内还没有出现水分,只有细胞壁中含有最多水分时叫(　　)。
(A)纤维饱和点　　(B)平衡点　　(C)含湿点　　(D)蒸发点

125. 用于制作家具旁板的人造板材封边的步骤是(　　)。
(A)先封两侧,再封前面和后面　　(B)先封前面和后面,最后封两个侧面
(C)前面—左侧面—后面—右侧面　　(D)前面—侧面—后面

126. 异向性是指木材在(　　)方向的物理力学性质。
(A)径向　　(B)弦向　　(C)纵向　　(D)径向、弦向、纵向

127. 在防护设施不完善或无防护设施的高处作业,必须系好(　　)。
(A)安全帽　　(B)安全带　　(C)安全绳　　(D)安全网

128. 所谓临边作业是高处作业中作业面的边沿没有围护设施或虽有围护设施,但作业面高度低于(　　)时,这一类作业称为临边作业。
(A)850 mm　　(B)900 mm　　(C)800 mm　　(D)1 000 mm

129. 国家标准规定,各种设计图样上标注的尺寸,除标高和总平面图以 m 为单位外,其余一律以(　　)为单位。
(A)cm　　(B)km　　(C)mm　　(D)m

130. 所谓高空作业,是指在(　　)以上有可能坠落的高处进行的作业。
(A)2 m　　(B)2.2 m　　(C)2.5 m　　(D)3 m

131. 在树木砍伐前,树枝生长正常且与周围树干木材全部紧密相连在一起的叫(　　)。

(A)死节　(B)活节　(C)漏节　(D)圆形节

132. 在木材断面内部,沿半径方向开裂的裂纹叫(　　)。

(A)干裂　(B)径裂　(C)轮裂　(D)端裂

133. 树瘤内部已腐朽者应归类为(　　)。

(A)漏节　(B)死节　(C)活节　(D)掌状节

134. 加工一般材用原木自(　　)cm 算起。

(A)20　(B)22　(C)24　(D)26

135. 一等加工用原木最大活节的尺寸不得超过检尺径的(　　)。

(A)20%　(B)30%　(C)40%　(D)不限

136. 一等加工用原木弯曲度不得超过(　　)。

(A)2%　(B)4%　(C)6%　(D)7%

137. 水分自木材内部向外移动,在不同干燥阶段和不同干燥条件下以(　　)种形式向外扩散。

(A)一　(B)二　(C)三　(D)四

138. 木材的堆积方法有(　　)种。

(A)一　(B)二　(C)三　(D)四

139. 质量管理小组是开展群众性质量管理活动的一种组织形式,是全面质量管理的重要组成部分,简称(　　)小组。

(A)QE　(B)CQ　(C)QQ　(D)QC

140. 斜度等于(　　)锥度。

(A)1/2　(B)1/3　(C)1/4　(D)1/5

141. 新国标的表面粗糙度 3.2 相当于旧国标表面光洁度的(　　)。

(A)▽ 3　(B)▽ 4　(C)▽ 5　(D)▽ 6

142. 误差的大小与方向都是变化的,这种误差属于(　　)。

(A)系统误差　(B)随机误差　(C)疏忽误差　(D)机床误差

143. 工件在切削过程中所产生的误差是(　　)。

(A)制造误差　(B)安装误差　(C)加工误差　(D)系统误差

144. 单位面积上的内力叫(　　)。

(A)压力　(B)压强　(C)应力　(D)许用应力

145. 表示物体做功快慢的程度叫(　　)。

(A)速度　(B)功率　(C)效率　(D)速率

146. 木夹板工程应对人造板材的(　　)含量进行复验。

(A)苯　(B)氡　(C)甲醛　(D)氨

147. 当开关接通时,电路内产生电流,负载正常工作,此电路称为(　　)。

(A)通路　(B)开路　(C)短路　(D)断路

148. 三相交流电三个电动势的最大值相等,角频率相同,三者之间的相位差相同,互为(　　)。

(A)90°　(B)120°　(C)150°　(D)180°

149. 三相交流发电机中星形联接时,线电压与相电压的关系是(　　)。

(A)$U_{线}=U_{相}$　(B)$U_{线}=3U_{相}$　(C)$U_{线}=2U_{相}$　(D)$U_{线}=4U_{相}$

150. 将若干个组件和零件连接结合在一起的装配过程叫(　　)。

(A)组件装配　(B)部件装配　(C)总装配　(D)组装

151. 三相交流电动机的三角形联接时,其 $I_{线}$ 与 $I_{相}$ 的关系是(　　)。

(A)$I_{线}=I_{相}$　(B)$I_{线}=3I_{相}$　(C)$I_{线}=2I_{相}$　(D)$I_{线}=4I_{相}$

152. 在机械传动中,传动平稳无噪声,可以起自锁作用的属于(　　)。

(A)皮带传动　(B)齿轮传动　(C)蜗杆传动　(D)链传动

153. 木制品配料时,木料机械刨光的加工余量大小主要决定于木材的(　　)。

(A)断面尺寸大小　(B)木料的长度　(C)木料的等级标准　(D)材质

154. 数控的英文缩写是(　　)。

(A)NC　(B)SC　(C)SK　(D)NK

155. 数字控制系统中的控制信息是(　　)。

(A)数字量　(B)英文单词　(C)程序语言　(D)汉字

156. 数控机床进行加工首先必须将工件的汇总信息、工艺信息进行(　　)并编制加工程序输入数控系统。

(A)格式化　(B)程序化　(C)数字化　(D)语言化

157. 在木结构中,屋架间距应控制在(　　)左右,最大不应超过 4 m。

(A)2 m　(B)3 m　(C)2.5 m　(D)5 m

158. 原木本身有大小头,大头放在内力(　　)的支座节间。

(A)较大　(B)较小　(C)一样　(D)相等

159. 天窗的长度、跨度和高度应根据(　　)要求确定。

(A)木屋架的强度　(B)屋架跨度　(C)采光和通风　(D)房屋地理位置

160. 木材下料时应使木材长度比样板长度放大(　　)。

(A)2～3 cm　(B)4～8 cm　(C)5～10 cm　(D)20 cm 左右

161. 钢木屋架由于上弦杆刚度很小,起吊时的弯矩全部由(　　)承担。

(A)上弦杆　(B)下弦杆　(C)斜杆　(D)立杆

162. 钢木屋架系指上弦为木杆,(　　)为钢料的钢木混合屋架。

(A)下弦杆　(B)斜杆　(C)立杆　(D)中竖杆

163. 木板顶棚所用的木板,必须刨光,板宽不小于(　　)。

(A)5 cm　(B)10 cm　(C)15 cm　(D)20 cm

164. 落叶松、红松和(　　),三者性质差异很大,不能混合使用。

(A)云木　(B)美国松　(C)杉木　(D)杂木

165. 设备基础有地脚螺栓孔时,要在混凝土(　　)后将成孔桩取出。

(A)初凝　(B)终凝　(C)一天　(D)半天

166. 加工胶合板材用原木自(　　)起。

(A)20 cm　(B)22 cm　(C)24 cm　(D)26 cm

167. 加工一般材用原木自(　　)起。

(A)20 cm　(B)22 cm　(C)24 cm　(D)26 cm

168. 三相交流电的(　　),三者之间的相位差相同,互差 120°。

(A)三个电动势的最大值相等,但角频率不相同
(B)三个电动势的最大值不等,角频率相同
(C)三个电动势的最大值不等,角频率不相同
(D)三个电动势的最大值相等,角频率相同
169. 直径为 200 mm 以上的砂轮,当磨耗到距法兰边缘的距离为(　　)时严禁使用。
(A)10～25 mm　(B)25～30 mm　(C)30～40 mm　(D)40～50 mm
170. 在圆锯片锯料形成的几种方法当中,简便易行,效果最好的一种是(　　)。
(A)压料机压料　(B)小锤钻砸料
(C)机械拨料、整料器整料　(D)手工拨料
171. 安装圆锯片法兰盘直径大小与锯片直径有关,锯片直径大,法兰盘直径也应该大一些,一般锯片直径在 500 mm 以下时,法兰盘直径在(　　)左右。
(A)100 mm　(B)110 mm　(C)120 mm　(D)130 mm
172. 带锯机的锯轮有上锯轮和下锯轮,其重量一般是(　　)。
(A)上锯轮重　(B)一样重
(C)下锯轮重　(D)下锯轮是上锯轮的倍数
173. 带锯机锯夹的作用是锯割木料时(　　)的装置。
(A)稳定锯条　(B)稳定木料　(C)稳定锯割进度　(D)导向
174. 对有裂纹的原木下锯时应采取用锯口与裂纹方向(　　)。
(A)平行　(B)垂直　(C)成夹角　(D)任意角度
175. 带锯机制材时,锯路弯曲的原因是(　　)。
(A)齿刃不锋利　(B)适张度不匀或口松
(C)锯路太大　(D)自动张紧锯条的压铊过重
176. 带锯机的压铊机构可随时改变(　　)的位置。
(A)下锯轮　(B)上锯轮　(C)上下锯轮　(D)带锯机锯卡
177. 四面刨加工企口地板加工表面发黑,排除方法是(　　)。
(A)加工余量太大的工件不得在机床上加工
(B)将机床工作台面调成水平
(C)换刀
(D)将刀头调成与工作台面垂直
178. 压刨加工件测量时,发现端头厚度变小,原因是(　　)。
(A)刀轴与工作台面不平行　(B)刨刀安装时伸出量不一致
(C)前后下滚筒高度不一致　(D)下滚筒与工作台面不平行
179. 压刨加工件测量时,发现端头厚度变小,排除方法是(　　)。
(A)换刀
(B)检查刀片刃口伸出量,重新上刀调整
(C)调整刀轴两端高度
(D)检查下滚筒并调整其高度,使其高出工作台面高度适宜,前后高度一致
180. 压刨加工件测量时,加工表面部分地方凹进或成波浪,原因是(　　)。
(A)刀片两端伸出量不一致　(B)刀轴轴承损坏

(C)加工量太大 (D)送料方法不对

181. 压刨加工件测量时,加工表面部分地方凹进或成波浪,排除的方法是(　　)。

(A)调整下滚筒与工作台面平行 (B)进料时工件下平面应与工作台面贴紧

(C)清除工作台一切异物 (D)换刀

182. 木工铣床不可以加工(　　)。

(A)零件裁口 (B)弯曲工件

(C)圆形工件 (D)1/5 以上有节疤的工件

183. 木工榫槽机具备(　　)两个切削功能。

(A)钻削与铣削 (B)钻削与刨削 (C)钻削与插削 (D)铣削与刨削

184. 使用木工榫槽机加工,装卡刀具时,钻头的刃口部分应(　　)。

(A)比插刀长出一定距离 (B)比插刀短一定距离

(C)与插刀在同一高度上 (D)与插刀任意距离

185. 木材的加工缺陷主要有(　　)种。

(A)7 (B)8 (C)9 (D)10

三、多项选择题

1. 轴测投影图有(　　)两种。

(A)正轴测投影图 (B)侧轴测投影图 (C)斜轴测投影图 (D)双轴测投影图

2. 轴测投影图的优点是具有(　　)。

(A)立体感 (B)平行性 (C)垂直性 (D)可测性

3. 随轴线与投影面间夹角关系的变化,正轴测图分为(　　)。

(A)一等 (B)二等 (C)正等 (D)不等

4. 根据光线、物体和投影面间相互关系的变化,有三种不同的透视图,分别为(　　)。

(A)平行透视图 (B)垂直透视图 (C)成角透视图 (D)斜透视图

5. 家具图的识读要点有(　　)。

(A)先看标题栏,再看所附的立体图

(B)分析图形位置及表达意图

(C)分析图样可从立面图入手,接合其他图进行综合分析

(D)从各视图和文字说明中,了解所用材质、材料规格等

6. 劳动定额根据表达方式分为(　　)。

(A)时间定额 (B)机械定额 (C)材料定额 (D)产量定额

7. 单位合格产品中某种材料消耗量是(　　)之和。

(A)净用量 (B)定额数 (C)损耗量 (D)人工数

8. 木工机具是指从原木锯剖到加工成木制品的各种加工设备,它包括(　　)。

(A)制材设备 (B)细木工设备 (C)家具机械设备 (D)木工刀具刀磨设备

9. 带锯机按工艺要求不同可分为(　　)。

(A)原木带锯机 (B)板材带锯机 (C)再剖带锯机 (D)细木工带锯机

10. 木工机床常用润滑剂有(　　)。

(A)液态矿物油类 (B)气态润滑剂 (C)半流态润滑脂 (D)固态黄甘油脂

11. 圆锯机按锯解方向的不同可分为(　　)。
(A)横截圆锯机　(B)纵锯圆锯机　(C)再剖圆锯机　(D)万能圆锯机
12. 弹簧铰链又称弹簧合页、自由合页,有(　　)两种。
(A)无管式　(B)单管式　(C)双管式　(D)多管式
13. 公差带是由(　　)决定的。
(A)基本偏差　(B)误差系数　(C)公差等级　(D)尺寸基数
14. 根据容重,纤维板可分为(　　)三类。
(A)硬质　(B)半硬质　(C)半软质　(D)软质
15. 装配术语具有(　　)特性。
(A)通用性　(B)功能性　(C)准确性　(D)专业性
16. 装配工艺所需的原始资料有(　　)。
(A)产品的生产类型　(B)产品图样
(C)零件明细表　(D)产品的验收技术条件
17. 形位公差的研究对象是构成零件几何特征的(　　)等几何要素。
(A)点　(B)线　(C)面　(D)体
18. 三视图具有(　　)的投影关系。
(A)主、俯视图长对正　(B)俯、左视图高平齐
(C)俯、左视图宽相等　(D)主、左视图长对正
19. 尺寸链分为(　　)。
(A)设计尺寸链　(B)工艺尺寸链　(C)装配尺寸链　(D)生产尺寸链
20. 堆放原木应按(　　)等规格分别堆放整齐。
(A)直径　(B)树种　(C)等级　(D)长度
21. 人造板材的优点有(　　)。
(A)幅面大　(B)变形小
(C)短残废料得以利用　(D)有漂亮的木纹
22. 手持电动工具绝缘分(　　)。
(A)Ⅰ类　(B)Ⅱ类　(C)Ⅲ类　(D)Ⅳ类
23. 胶合板的幅面除了 3 ft×6 ft、3 ft×7 ft,主要还有(　　)。
(A)3 ft×8 ft　(B)4 ft×6 ft　(C)4 ft×7 ft　(D)4 ft×8 ft
24. 车辆常用油漆编号方式正确的是(　　)。
(A)11Y-5　(B)01-C-6　(C)C01-6　(D)Y11-5
25. 可以用于表示轮廓线的有(　　)。
(A)虚线　(B)实线　(C)双点画线　(D)折断线
26. 木材硬度可分为(　　)。
(A)端面硬度　(B)纵面硬度　(C)径面硬度　(D)弦面硬度
27. 客室上所用材料含水率在 12%以下的木制件有(　　)。
(A)地板　(B)内墙板　(C)外墙板　(D)间壁板
28. 客车木骨架交出前要求进行的三防处理是(　　)。
(A)防火　(B)防水　(C)防腐　(D)防蚁

29. 边材树种的心边材无颜色区别，木材通体颜色均一，以下选项属于边材树种的是(　　)。

(A)桦木　(B)刺槐　(C)杨木　(D)水曲柳

30. 阔叶树木材中多数具有明显的管孔，根据管孔在横切面上排列方式不同分为：(　　)。

(A)环孔材　(B)散孔材　(C)半散孔材　(D)辐射孔材

31. 木材的工艺力学性能有(　　)。

(A)抗劈强度　(B)握钉力　(C)弯曲性能　(D)容许应力

32. 影响木材强度的主要因素有(　　)和木材缺陷。

(A)木材含水率　(B)容重

(C)木材受力时间长短　(D)周围温度

33. 验算轴心受压构件时应进行(　　)计算。

(A)强度　(B)稳定性　(C)挠度　(D)跨度

34. 验算受弯构件应进行(　　)计算。

(A)强度　(B)稳定性　(C)挠度　(D)跨度

35. 按纤维板成型所用的介质分，纤维板生产方法主要分为(　　)两大类。

(A)自然法生产　(B)人工法生产　(C)干法生产　(D)湿法生产

36. 客车上常用的油漆工艺主要分为(　　)两大类。

(A)清漆件油漆　(B)合成件油漆　(C)混漆件油漆　(D)酯类件油漆

37. 木材弯曲工艺主要包括：配料、(　　)和干燥定型。

(A)加工　(B)蒸煮　(C)弯曲　(D)冷却

38. 按功能来分，建筑木结构的连接方式主要有(　　)。

(A)截面的横向组合　(B)杆件的纵向接合

(C)构件的端点接合　(D)节点的接合

39. 木工锯齿的料路分为(　　)两类。

(A)一路料　(B)二路料　(C)三路料　(D)四路料

40. 在木门窗制作过程中，关于榫的应用和制作，描述正确的是(　　)。

(A)木门、窗扇厚度在 60 mm 以下时可用单榫，榫的厚度为门窗扇厚度的 1/3

(B)木门、窗扇厚度在 60 mm 以上时应用双夹榫，榫的厚度约为门窗扇厚度的 1/5

(C)门窗扇冒头宽度在 145 mm 以上时应划上、下双榫，并要单进双出，双榫的宽度，每一个榫约为料宽的 1/4

(D)门窗冒头宽度在 100 mm 以下可划单榫，但要大进小出，单榫小出部分宽度约为料宽的 1/3～1/2

41. 平刨安全防护装置一般常用的有(　　)等。

(A)方罩　(B)扇形罩　(C)双护罩　(D)护指键

42. 编制工艺卡的总体原则(　　)。

(A)利于施工　(B)便于管理　(C)以人为本　(D)简明扼要

43. 以下选项，符合模板配制、组装要求的有(　　)。

(A)不得选用脆性、弯曲或受潮容易变形的木材及板材

(B)侧模板的厚度一般为30～50 mm,梁底模板的厚度一般为40～60 mm
(C)直接接触混凝土的木模板表面应刨光、涂刷隔离层
(D)拼制模板的木板宽度不宜小于150 mm;梁和拱的底板,如采用整块木板,宽度不限
44. 需要进行设计验算,以确保安全、保证质量、防止浪费的模板有(　　)。
(A)定型组合钢模板　(B)重要结构的模板
(C)特殊形式的模板　(D)超出适用范围的模板
45. 方向控制回路是指在液压系统中用以控制执行元件的(　　)作用的回路。
(A)起动　(B)停止　(C)换向　(D)运动
46. 实现两个及两个以上工作机构顺序动作的方法有(　　)。
(A)作用控制　(B)压力控制　(C)时间控制　(D)行程控制
47. 按照输入信号的特征来分类,自动控制系统可分为(　　)。
(A)自动锁定系统　(B)随动系统　(C)限制系统　(D)程序控制系统
48. 常用的测量直线度的方法,主要有(　　)三种。
(A)实物测量法　(B)相对测量法　(C)间接测量法　(D)光线基准法
49. 采用窑干法干燥木材的全过程,一般分为(　　)。
(A)预热　(B)等速干燥　(C)加速干燥　(D)减速干燥
50. 木模渐近法制作工艺流程中的定位放线通常包括(　　)三个项目。
(A)基层找平　(B)平面定位　(C)设立水平标高　(D)组合支架
51. 活动地板又称装配式地板,其主要性能是(　　)。
(A)容易加工　(B)几何尺寸精确　(C)互换性能好　(D)铺装效果好
52. 活动地板的防静电面层材料有(　　)。
(A)木制　(B)铸铝　(C)三聚氰胺　(D)PVC
53. 活动地板用胶加固后,连接胶未及时清洁,可用(　　)擦拭去污。
(A)香蕉水　(B)乙醇　(C)丙酮　(D)清洁剂
54. 常见的活动地板的尺寸有(　　)。
(A)457 mm×457 mm　(B)500 mm×500 mm
(C)600 mm×600 mm　(D)762 mm×762 mm
55. 活动地板安装后,出现表面不平整现象的原因有(　　)。
(A)面板本来不平整　(B)局部载荷过大造成槽钢变形
(C)槽钢本身变形　(D)连接胶未及时清理
56. 反光灯槽的结构形式有多种,常见的有(　　)。
(A)平行　(B)直角　(C)斜角　(D)弧面
57. 以下关于弧形造型顶的描述,正确的是(　　)。
(A)水平弧面顶适用于顶部空间较小的顶棚
(B)垂直弧面顶有一种立体的延伸感,适用于大堂、走廊等的顶部
(C)弧形造型顶对于顶的空间高度没有要求
(D)弧形造型顶的层面通常选用易弯曲的三夹板
58. 制作旋转楼梯的模板,需要进行(　　)计算。
(A)螺旋线的曲率半径　(B)踏步几何关系

(C)平面定位　　　　　　　　　　　　　(D)坡度

59. 旋转楼梯的基本踏步形式有(　　)。

(A)两端挑檐　　(B)两端上翻口　　(C)两端下翻口　　(D)直板式

60. 常用的旋转楼梯模板制作方法有(　　)两种。

(A)木模渐近法　　(B)埋件填充法　　(C)混凝土浇筑法　　(D)钢筋筏支模法

61. 以下关于旋转楼梯扶手翘曲的描述,正确的有(　　)。

(A)扶手曲面的翘曲值是由圆弧的矢高和螺旋曲线的坡度决定的

(B)内扶手曲面比外扶手曲面的翘曲值大

(C)扶手加工料的高度必须大于扶手高度

(D)扶手侧面的翘曲值可以从曲线放样图中直接量取

62. 发光顶棚一般指灯具隐藏在吊顶之内,顶的面材为透光的材料,如(　　)。

(A)PVC　　(B)彩绘玻璃　　(C)透光有机板　　(D)PS 板

63. 以下选项符合软包墙面施工要求的是(　　)。

(A)软包墙面、龙骨和木基层板等均应进行防火处理

(B)墙面用沥青油毡进行防潮处理

(C)龙骨宜采用凹槽榫工艺预制,与墙体连接紧密、牢固

(D)包布面与压线条、踢脚板等交接处严密、顺直、无毛边

64. 大木画线的符号表示正确的有(　　)。

(A)半眼：　　(B)透眼：　　(C)中线：　　(D)错误线：

65. 大木卯榫构造方法复杂,其中固定垂直构件的卯榫有(　　)三种。

(A)管脚榫　　(B)套顶榫　　(C)燕尾榫　　(D)瓜柱柱角半榫

66. 在大木卯榫构造中,关于几种常见卯榫的使用情况,以下描述错误的是(　　)。

(A)箍头榫用于直接与梁相交的柱头顶部

(B)燕尾榫用于各种需要拉结且可用上起下落法安装的部位

(C)馒头榫用于枋与柱在建筑物尽端或转角接合部位

(D)透榫用于各种需要拉结但无法用上起下落法安装的部位

67. 常用的板缝拼接的卯榫有银锭口、穿带和(　　)。

(A)抄手带　　(B)裁口　　(C)龙凤榫口　　(D)半榫

68. 以下描述,符合柱类构件制作要求的是(　　)。

(A)柱子上、下端榫的长度不应小于柱径的 1/4,不应大于柱径的 3/10

(B)柱身上面半眼的深度不应小于柱径的 1/4,不应大于柱径的 1/3

(C)柱子上各种半眼、透眼的宽度,圆柱不应超过柱径的 1/4,方柱不应超过柱径的 3/10

(D)柱身透眼要一律采用大进小出做法

69. 以下描述,符合枋类构件制作要求的是(　　)。

(A)端头做燕尾榫的枋子,其燕尾榫的长度不应小于对应柱径的 1/4,不应大于柱径的 3/10

(B)燕尾榫的"乍"和"溜"都应按榫长或宽的 3/10 收溜

(C)用于转角建筑的枋在转角处相接时,可以做燕尾榫和假箍头榫,其榫厚不应小于柱径

的 1/4,不应大于柱径的 3/10

(D)端头做透榫时,必须做大进小出榫,其半榫部分的长度不小于柱径的 1/3,不大于柱径的 1/2

70. 大木安装过程中,应该(　　)。

(A)先内后外　(B)先下后上　(C)中线对应　(D)勤校勤量

71. 木制品拼板操作时,对每块拼板的两边进行(　　)加工,以形成平直、紧密的拼缝。

(A)弹线　(B)斩削　(C)打磨　(D)刨削

72. 拼板接合制作中,平缝的连接可用(　　)。

(A)木梢　(B)竹钉　(C)铁钉　(D)胶

73. 木制品的配料一般包括(　　)、锯料和堆放等几个工艺流程。

(A)算料　(B)看料　(C)画线　(D)刨料

74. 木长杆件制作凹槽,使用(　　)进行刨削。

(A)槽刨　(B)凹圆刨　(C)斜刀刨　(D)落底刨

75. 木长杆件制作大圆弧线,使用(　　)进行刨削。

(A)槽刨　(B)凹圆刨　(C)斜刀刨　(D)落底刨

76. 关于木门窗制作,表述正确的是(　　)。

(A)门樘常见的榫接构造为:樘子梃与樘子冒头结合,樘子冒头两端做半榫,樘子梃端头打半眼

(B)门窗扇的上冒头与梃的单榫结合,厚度不超过本料厚度的 1/3,宽度不应大于 60 mm

(C)木门窗坯件的锯解,应根据初级板材的配料布局画线规定进行

(D)使用适当刃口宽度的凿子进行榫槽凿削加工,槽的长度方向应留线

77. 常见的拼板加固形式有(　　)。

(A)直枋串　(B)斜枋串　(C)穿销　(D)燕尾销

78. 木材的种类很多,主要从以下几个方面来识别:树皮的形状与颜色,还有(　　)。

(A)木质特征　(B)木材色泽　(C)木材气味　(D)木纹纹理

79. 关于图样上标注的尺寸,以下描述正确的是(　　)。

(A)尺寸线用细实线表示,部分图线可以用为尺寸线

(B)尺寸界线一端离开图样轮廓线不大于 2 mm。图样轮廓线不可用为尺寸界线

(C)尺寸起止符号倾斜方向与尺寸界线成顺时针 45°,长度宜为 2～3 mm

(D)尺寸起止符号位于尺寸线、尺寸界线相交处,可以用箭头或小圆点表示

80. 拼板制作中,以下表述符合工艺要求的是(　　)。

(A)根据工件的厚度来决定拼缝构造形式刨削搭缝

(B)一般穿带条用与拼板料同种树材或者较硬的树材制作而成

(C)拼板工艺中,先制作穿带条,然后制作穿带槽

(D)将穿带条打入穿带槽中,应快速紧固,使之贴紧槽内不松动

81. 榫接的制作,主要分为(　　)和拼装等几个工序。

(A)画线　(B)凿眼　(C)制作榫头　(D)打磨

82. 板与板之间的拼缝构造有(　　)等数种。

(A)平缝　(B)边搭缝　(C)企口缝　(D)犁头缝

83. 以相邻的两个标准直边为依据，拖线画出榫眼的(　　)，并按榫眼的宽度分别拖画确定榫舌的厚度线。

(A)角度引线　(B)凿子刃口　(C)靠边线　(D)宽度线

84. 关于制作榫眼和榫舌，表述错误的有(　　)。

(A)凿制榫眼时，为了榫和眼配合严密，凿眼时一般宜留下两侧的墨线

(B)穿眼两端壁的中段可凿削得略微凸一些，可以使榫头对入紧密严实、牢固

(C)锯割榫舌时，一般留一线墨线，拼装时榫接更牢固

(D)锯榫完成后，一般要将端头的四周边缘削斜除去约 5 mm

85. 榫接画线全部完成后，应详细检查复核，不要急于进行(　　)加工，以免出现差错报废杆件。

(A)刨削　(B)凿眼　(C)锯切　(D)磨砂

86. 阅读物件图形时应详细了解相应的几何形状、(　　)等内容。

(A)尺寸大小　(B)加工特点　(C)材料规定　(D)质量标准

87. 图纸上常用的比例有 1∶50、1∶100 和(　　)。

(A)1∶200　(B)1∶250　(C)1∶300　(D)1∶500

88. 木工铣床加工主要用来(　　)。

(A)起线　(B)裁口　(C)开榫槽　(D)加工各种曲线工件

89. 皮带传动分(　　)两种。

(A)平皮带传动　(B)三角皮带传动

(C)多沟皮带传动　(D)齿形带传动

90. 木工铣刀主要用于铣削(　　)。

(A)榫头　(B)沟槽

(C)缺口　(D)各种断面形状装饰线条

91. 木材纹理中较美观的基本形式有(　　)。

(A)皱状花纹　(B)波浪花纹　(C)鸟眼花纹　(D)横逆纹理

92. 榫接结构式木制品中最常见的连接方式，常见的榫眼结构有(　　)。

(A)圆眼　(B)半眼　(C)穿眼　(D)斜眼

93. 木材防腐剂种类中的水溶性防腐剂包括(　　)。

(A)氟化钠　(B)硼铬合剂　(C)铜铬合剂　(D)林丹

94. 刨削机械主要有(　　)等。

(A)光刨　(B)平刨　(C)压刨　(D)四面刨

95. 木工刀具材料应具备(　　)性能。

(A)热硬性　(B)耐磨性　(C)锋利性　(D)工艺性

96. 影响圆锯片适张度的因素主要有(　　)组成。

(A)温度　(B)锯齿负荷　(C)进给速度　(D)转数

97. 钻床又称打眼机，其操作方式可分为(　　)三种。

(A)脚踏　(B)手扳　(C)半自动　(D)自动

98. 由于外力作用的不同，使木材产生(　　)等内力。

(A)拉力　(B)压力　(C)弯曲　(D)剪切

99. 关于榫接连接画线,以下表述正确的是(　　)。
(A)线条的宽度不得大于 0.3 mm
(B)过线常用于杆件长度控制线的确定,起线常用于板转画线工件
(C)以嵌设于中间的杆件为始,脚料为终,按前后顺序进行画线
(D)了解木制品中各杆件的地位、作用及榫接结构方式,确定画线顺序与方法
100. 胶结合的优点有(　　)。
(A)可以充分利用木材　(B)密合性能好
(C)外形美观　(D)可防止木料崩裂
101. 单面斜角榫的做法常有(　　)两种形式,适用于只需单面具有装饰观赏要求的杆件组合中。
(A)平肩　(B)夹斜肩　(C)夹斜角曲肩　(D)弧边夹直角
102. 常用的短料接长的榫接形式有平面企口、二字平接、(　　)等。
(A)斜面企口　(B)咬合企口　(C)直角曲面　(D)十字榫接
103. 属于制作模型的组织设计内容是(　　)。
(A)模型的造价估算　(B)质量标准及产品保护措施
(C)安全生产的技术措施　(D)模型的分块单位组合与分件粘接结合方案
104. 古代建筑中斗拱制作木材选择要求(　　)。
(A)潮湿　(B)干燥　(C)有木节　(D)不易变形
105. 木制品杆件出现裂缝的处理方法有(　　)。
(A)较小裂缝可经油漆、腻子填补
(B)较大裂缝用无色胶接剂拌相应树种的木屑粉填补
(C)缝隙较大,影响结构强度应绑扎拼接
(D)对于大缝隙,严重影响产品外观形象的应拆下调换
106. 对木材质量的检测包括木材的(　　)。
(A)外观质量　(B)配料出料率　(C)树种　(D)规格与数量
107. 木制品弯曲变形的主要原因有(　　)、杆件的两侧环境湿度不相同等。
(A)原木含水率过高　(B)杆件截面尺寸大
(C)树种易弯曲变形　(D)受力不妥
108. 放样的主要步骤包括阅读设计图纸、(　　)。
(A)选择放样内容　(B)解决关联问题
(C)选择放样基板　(D)放出图样并复核
109. 以下专有名词或术语属于木工的专用名词和术语的是(　　)。
(A)吊墨　(B)量垂　(C)直边　(D)刹料
110. 以下属于木工操作现场坯料的制备工作范围的有(　　)。
(A)堆放　(B)锯解　(C)设计　(D)画线
111. 木线脚的一般表现形式主要有(　　)两种。
(A)平面状　(B)直线状　(C)凹进状　(D)曲线状
112. 线脚安装后,能起到某种(　　)、散发的导向作用。
(A)延长　(B)缩小　(C)指向　(D)集中

113. 最基本的电工电路由(　　)组成。

(A)电源　(B)导线　(C)负载　(D)控制器

114. 电动机的主要技术标准(　　)。

(A)额定电压　(B)额定电流　(C)额定功率　(D)额定转速

115. 欧姆定律反映了电路中(　　)之间的关系。

(A)电压　(B)电流　(C)电阻　(D)功率

116. 弯曲杆件画线的要求包括(　　)。

(A)形体要求　(B)杆件之间的拼装连接要求

(C)木纹顺纹的走势　(D)杆件之间的连接形式

117. 弯曲杆件画线的内容包括(　　)。

(A)构件的外形几何形体控制线、锯割线

(B)规范加工边直角斜线

(C)榫接结构制作控制线

(D)线脚制作线

118. 工艺设计的依据包括(　　)。

(A)产品的设计要求　(B)相应的规范、规程标准

(C)企业本身的条件　(D)工艺设计的内容指标

119. 项目设计的步骤,一般有(　　)三大阶段。

(A)组织　(B)准备　(C)编写　(D)定稿

120. 复杂榫接结构设计中,应该(　　)。

(A)全面掌握杆件的形状、几何尺寸,在产品中的作用及相应的线脚等情况

(B)按照榫接构造方案,使用一等木材制作榫接结构的节点小样,交审核再修改

(C)在了解实际的条件下,进行思索并选择其中的最佳方案,绘制草图

(D)节点的交接要求,重点是在面观视图中的外观形象,找出相贯线的位置

121. 常用的固态润滑剂有(　　)。

(A)石墨　(B)二硫化钼　(C)熟石膏　(D)聚四氟乙烯

122. 液态润滑油比固态润滑脂具有的优点:(　　)。

(A)摩擦系数小,多用于高速部位　(B)冷却作用好

(C)容易实现集中润滑和自动润滑　(D)换注油方便

123. 覆面板封边方法有(　　)、曲线封边等。

(A)插入木条法　(B)槽榫法　(C)三角木块　(D)斜角接合

124. 常见的脚架结构形式有(　　)、塞角式等。

(A)合装式　(B)亮脚式　(C)包脚式　(D)旁板落地式

125. 活动式搁板的安装主要有(　　)。

(A)木节法　(B)直角榫槽法　(C)木条法　(D)搁板销法

126. 背板与柜体的连接有(　　)两种。

(A)固定式　(B)活动式　(C)拆装式　(D)框架式

127. 装配工艺装备主要分为(　　)三大类。

(A)组装工具　(B)检测工具　(C)特殊工具　(D)辅助装置

128. 工艺基准按其作用可分为(　　)。

(A)测量基准　(B)装配基准　(C)定位基准　(D)工序基准

129. 锉削内圆弧面时，锉刀要完成的动作是(　　)。

(A)前进运动　(B)直线往复移动

(C)随圆弧面向左或向右移动　(D)绕锉刀中心线转动

130. 用(　　)和平尺配合使用检验铣床工作台纵向和横行移动对工作台面的平行度。

(A)直尺　(B)卡尺　(C)等高块　(D)百分表

131. 以下属于麻花钻特点的是(　　)。

(A)刚度低　(B)导向性差　(C)切削条件差　(D)轴向力小

132. 钻削时，合理选择切削用量的作用有(　　)。

(A)提高钻孔精度　(B)提高生产效率　(C)防止设备过载　(D)避免损坏机器

133. 手提电钻的功率有(　　)。

(A)0.1 kW　(B)0.2 kW　(C)0.3 kW　(D)0.5 kW

134. 车辆上常用的人造板有塑料贴面板、(　　)。

(A)胶合板　(B)密度板　(C)细木工板　(D)纤维板

135. 壁纸刀主要用于切断(　　)。

(A)薄纸　(B)薄膜　(C)细木材　(D)细钢丝

136. 量具按用途和特点分为(　　)。

(A)万能量具　(B)专用量具　(C)定制量具　(D)标准量具

137. 锉削加工的方法(　　)。

(A)平面锉削　(B)圆弧锉削　(C)通孔锉削　(D)交叉锉削

138. 游标卡尺使用前要先检查(　　)。

(A)刻度是否清晰可见　(B)深度尺是否笔直

(C)零刻度是否对齐　(D)挪动是否顺畅

139. 铣削加工采用逆铣加工方式的特点(　　)。

(A)可手工进料　(B)切削力大　(C)冲击小　(D)切削质量好

140. 螺钉旋具用于装卸木螺栓，分为(　　)。

(A)电动式　(B)人工式　(C)普通式　(D)穿心柄式

141. 木工铣床的切削刃具是铣刀。装在刀轴上，有(　　)两类。

(A)装配式铣刀　(B)单刃铣刀　(C)整体成型铣刀　(D)多刃铣刀

142. 木工车床维修时主要维修内容有(　　)。

(A)检查各部分手柄位置是否正确　(B)检查顶尖安装是否牢固

(C)检查尾座及刀架下面是否有木屑　(D)按润滑要求进行润滑

143. 排(框)锯主要用于锯割(　　)成为板材或方材。

(A)原木　(B)毛方　(C)坯料　(D)方木

144. 按照切削刃相对于铣刀旋转轴线的位置以及切削刃工作时所形成的表面，铣削主要分为(　　)。

(A)梯形铣削　(B)圆柱铣削　(C)圆锥铣削　(D)端面铣削

145. 采用齿形胶接工艺接长木料，工艺过程包括：备料、(　　)、表面加工。

(A)截头 (B)开齿 (C)涂胶 (D)加压

146. 箱框角接合的榫接方法主要有(　　)三种。

(A)直角开口榫 (B)闭口榫 (C)明燕尾榫 (D)半隐燕尾榫

147. 进行刨加工时,都要按顺纹理选择加工面,否则容易出现(　　)等现象。

(A)啃头 (B)嵌楂 (C)崩楂 (D)毛刺

148. 封边机按照部件边沿的形状分为(　　)。

(A)直线平面封边机 (B)立体封边机 (C)单面封边机 (D)直线曲面封边机

149. 游标卡尺的主要功能是(　　)。

(A)外径测量 (B)内径测量 (C)台阶测量 (D)深度测量

150. 按圆锯片相对于木材纤维的锯切方向不同可分为(　　)。

(A)直切圆锯 (B)纵剖圆锯 (C)横截圆锯 (D)纵横锯圆锯

151. 木工机床的特点是(　　)。

(A)切削速度高 (B)噪声比较小 (C)精度比较低 (D)结构比较简单

152. 龙骨按荷载分有(　　)。

(A)主龙骨 (B)次龙骨 (C)顶龙骨 (D)边龙骨

153. 正确的塑料地板铺贴工艺顺序有(　　)。

(A)硬质地板块:基层处理→弹线→塑料地板脱脂除蜡→预铺→刮胶→粘贴→滚压→养护

(B)软质地板块:基层处理→弹线→塑料地板脱脂除蜡→预铺→坡口下料→刮胶→粘贴→焊接→滚压→养护

(C)卷材地板块:基层处理→弹线→裁切→预铺→刮胶→粘贴→焊接→滚压→养护

(D)软质地板块:基层处理→弹线→塑料地板脱脂除蜡→预铺→坡口下料→刮胶→粘贴→滚压→养护

154. 板式家具封边处理主要有木条封边、(　　)。

(A)单板封边 (B)塑料封边 (C)金属封边 (D)油漆封边

155. 客车上常用的木螺钉有(　　)。

(A)沉头木螺钉 (B)半沉头木螺钉 (C)圆头木螺钉 (D)半圆头木螺钉

156. 油漆施工操作的基本技术可用估、(　　)、刷、喷六个字来概括。

(A)削 (B)嵌 (C)磨 (D)配

157. 车辆上常用的油漆有(　　)、醇酸清漆等。

(A)防腐清漆 (B)醇酸磁漆 (C)聚氨酯漆 (D)硝基纤维漆

158. 车辆上油漆作业常用的溶剂有松节油、(　　)、汽油等。

(A)松香水 (B)煤油 (C)稀料 (D)二甲苯

159. 以木结构中榫头侧面能否见人来分,榫的结构分为(　　)。

(A)开口榫 (B)半开口榫 (C)闭口榫 (D)半闭口榫

160. 锻件常用的冷却方法有(　　)。

(A)水冷 (B)空冷 (C)坑冷 (D)炉冷

161. 夹紧装置产生的夹紧力是由力的(　　)三个要素来体现的。

(A)作用点 (B)作用方向 (C)作用时间 (D)作用大小

162. 客车上常用醇酸漆的特点有(　　)。
(A)附着力好　(B)耐久性好　(C)耐水性差　(D)耐碱性差
163. 关于木工刀具切削的后角和切削角的表述,正确的是(　　)。
(A)木材加工中刀具的后角一般取 10°～15°为宜
(B)刀具的后角越大则切削阻力越小,但后角过大会使刀具的楔角随之减小
(C)刀具的切削角越小,其加工阻力越小,但切削角太小将使后角和楔角随之减小
(D)加工硬木,切削角和楔角应适当小一些,而加工软木,应稍大一些
164. 客车木骨架交出前要求进行的三防处理是(　　)。
(A)防水　(B)防火　(C)防蚁　(D)防腐
165. 关于几种常用的木工机床,以下说法正确的是(　　)。
(A)MJ106 型手动进料木工圆锯机结构简单,操作方便,但只能纵向锯削,不能横向锯削
(B)MB506 型木工平刨床其刀轴以 500 r/min 的高速旋转,从而实现刀具对木料的刨削
(C)MB106 单面木工压刨主要由床身、工作台、刀轴、进料机构和辅助机构组成
(D)MC616B 型普通木工车床主轴采用皮带无极变速,可在 60～1 120 r/min 的范围内任意选用,调整方便
166. 木材加工缺陷有(　　) 等三种。
(A)裂纹　(B)缺棱　(C)弯曲　(D)锯口缺陷
167. 以下措施,能够提高胶接强度的是(　　)。
(A)增大粘接面　(B)将粘接表面处理平整、光滑
(C)胶接剂涂均匀,避免产生气泡　(D)提高固化速度
168. 要达到装配要求,采用的装配方法有(　　)。
(A)完全互换法　(B)选配法　(C)调整法　(D)修配法
169. 配合的种类有(　　)。
(A)尺寸配合　(B)间隙配合　(C)过盈配合　(D)过渡配合
170. 钻孔时使用切削液的作用是(　　)。
(A)冷却作用　(B)清洗作用　(C)润滑作用　(D)填充作用
171. 木制品各种缺陷的类型很多,一般多缺陷的处理步骤为:(　　)。
(A)了解缺陷　(B)分析原因　(C)提出方案　(D)处理实施
172. 安全标志分禁止、警告、允许和提示等四种类型,国家制定的安全色 GB 2893—2001 标准中以下说法正确的是(　　)。
(A)红色表示停止和消防　(B)蓝色表示必须遵守规定,强制执行
(C)黄色表示注意和安全　(D)绿色表示提示、安全、通过、允许和工作
173. 减少和防止高处坠落和物体打击事故发生的重要措施是(　　)。
(A)安全帽　(B)安全鞋　(C)安全带　(D)安全网
174. 木制品产品质量检验的形式可分为(　　)。
(A)型式检验　(B)例行检验　(C)抽样检验　(D)出厂检验
175. 工序质量的含义是指(　　)。
(A)工序的产品质量　(B)工序中的工作质量
(C)工程质量　(D)对下道工序的服务质量

176. 好的管理事半功倍，因此施工现场要做好(　　)的管理工作。

(A)人员　(B)工序　(C)环境　(D)材料

177. 关于木制件各项检查测定，表述正确的有(　　)。

(A)含水率测定仪的误差不大于±2%

(B)翘曲测定器具误差不大于 0.1 mm

(C)平整度测定器具误差不大于 0.3 mm

(D)邻边垂直度采用每米误差不大于 0.6 mm 的 3 m 钢卷尺

178. 允许偏差项目是结合对(　　)等的影响程度，根据一般操作水平给出一定的允许偏差范围的质量指标。

(A)部件变形　(B)结构性能　(C)使用功能　(D)观感质量

179. 操作环境的检查内容包括(　　)。

(A)安全生产情况　(B)施工质量　(C)操作条件　(D)环境文明程度

180. 产品目测的检验，是对产品(　　)等进行直觉的主观评价。

(A)结构和完整性　(B)使用功能　(C)尺寸复验　(D)外观形象

181. 属于岗位质量措施与责任的是(　　)。

(A)明白企业的质量方针

(B)岗位工作要按照工艺规程的规定进行

(C)明确不同班次之间相应的质量问题的责任

(D)明确岗位工作的质量标准

182. IRIS 对整个铁路行业的益处包括(　　)。

(A)全行业统一规范的质量管理

(B)有利于降低供应链的风险

(C)有利于提高整个行业的质量水平和效率

(D)可以提高公司知名度

183. 职业性皮肤病包括(　　)。

(A)接触性皮炎　(B)白化病　(C)电光性皮炎　(D)光敏性皮炎

184. 垃圾分类处理的优点包括(　　)。

(A)增加收入　(B)减少占地　(C)变废为宝　(D)减少环境污染

185. 5S 是指整理、整顿、(　　)五个项目。

(A)清洁　(B)清扫　(C)节能　(D)素养

186. 班组质量管理主要是建立在严格的"三检制度"，即(　　)。

(A)自检　(B)工检　(C)互检　(D)专职检

187. 建筑施工的质量信息可分为三种基本类型(　　)。

(A)即时信息　(B)指令信息　(C)动态信息　(D)反馈信息

188. 班组管理要建立严格的"三按"制度，即(　　)。

(A)严格按施工图　(B)按标准或章程

(C)按工艺进行施工　(D)按流水作业程序

189. 现代质量管理经历了(　　)三个阶段。

(A)质量检验阶段　(B)质量改进阶段

(C)统计质量管理阶段　　　　　　(D)全面质量管理阶段

190. 企业生产班组每周安全活动要做到(　　)三落实。

(A)人员　　　　(B)时间　　　　(C)环境　　　　(D)内容

四、判断题

1. 具有阴阳面的原木下料时,应尽量使同一页板材上,既有阴面,又有阳面,这样可以减少木材的翘曲变形。(　　)

2. 木材含水率达到纤维饱和点以下时,随着含水率的降低,木材的强度将有所增加。(　　)

3. 木材是较好的绝缘材料。(　　)

4. 与年轮成45°角截取的方材收缩后变成长方形。(　　)

5. 弦切面板的收缩要比径切面板的收缩率大将近一倍。(　　)

6. 板材产生弓形翘曲主要是由于木材径、弦向与长度方向收缩不一致而引起的。(　　)

7. 活动式隔板的安装主要有木节法、木条法、隔板销法。(　　)

8. 采用热压机进行胶合板附贴塑料皮的工作,由于热压板的温度较高,因此胶合板的含水率高一点不会影响粘贴质量。(　　)

9. 胶合板的单板数量都是奇数,这主要是为了防止翘曲变形,减少顺纹和横纹收缩的差异。(　　)

10. 清漆木制件油漆前擦粉子的主要目的是木制件表面找平。(　　)

11. 木零件弯曲所采用的木材其含水率越低越好。(　　)

12. 三角形木屋架采用齿联接的主要优点是传力明确,构造简单,结构外露,便于安装和检查。(　　)

13. 三角形木屋架下弦承受拉力(无吊顶),且从下弦端节点向中央节点拉力逐渐加大。(　　)

14. 制作弯曲木零件的方法有锯割、旋制和弯曲加工三种。(　　)

15. 木材经过水热处理后可塑性没有变化,不能弯曲。(　　)

16. 含水率大,木材的可塑性提高,弯曲性能好,最适宜的含水率是30%左右。(　　)

17. 木工刨,根据加工木材的软硬其切削角有所不同,一般加工硬木比加工软木的切削角要小。(　　)

18. 木工锯,其纵锯的料度较横截锯的料度要小一些。(　　)

19. 钢丝锯的主要用途是用来锯割各种人造板的曲线。(　　)

20. 锯割原木、板材等大规格料的切削角较锯割小规格料的切削角相对应大一些。(　　)

21. 平皮带传动多用于传动距离较小的场所。(　　)

22. 三角形皮带按断面尺寸分为O、A、B、C、D、E、F七种,C型比D型带断面尺寸大。(　　)

23. 细锯主要用于锯割圆弧或曲线。(　　)

24. 摩擦传动可以传递较大的扭矩。(　　)

25. 齿轮传动的传动比较准确,但制造成本相对较高。(　　)

26. 木工机械比较简单,因此机床润滑不太重要。(　　)

27. 贯通榫的榫头长度应等于有榫孔的零件的宽度或厚度。(　　)

28. 已知三角形屋架跨度为 9 m,其屋架高度应为 2.5 m。(　　)

29. 已知三角形屋架跨度为 12 m,其屋架起拱高度应为 60 mm。(　　)

30. 验算受弯构件时必须进行抗弯强度验算和抗剪强度验算。(　　)

31. 轴心受压构件应进行强度验算和稳定性验算。(　　)

32. 鼠笼式异步电动机与绕组式异步电动机制工作原理不一样。(　　)

33. 单件工时定额是指完成某一工序所规定的时间。(　　)

34. 劳动生产率是指生产的产品与所消耗的时间之比。(　　)

35. 现代家具制造业的基本特征之一是多品种,中、小批量占主导地位。(　　)

36. 生产单元是指在一个封闭的单元内完成一组相似零件的加工。(　　)

37. 基本时间由辅助时间、布置工作时间、休息与生理需要时间组成。(　　)

38. 大批量生产时基本时间所占的比重比较大。(　　)

39. 生产批量是指生产一批零件的数量。(　　)

40. 中批量生产中,辅助时间在单件时间中约占 35%～45%。(　　)

41. 滑动轴承工作可靠、平稳、噪声小,润滑油腊具有吸振能力,故能承受较大的冲击载荷。(　　)

42. 数控机床的控制方式可分为开环控制、半闭环控制和全闭环控制。(　　)

43. 除了基本的力学性质以外,握钉力是与木材生产工艺过程有直接关系的工艺力学性质。(　　)

44. 车厢上各种胶合板件,如两侧、两端墙板、顶板、地板安装时一般采用螺栓接合方式。(　　)

45. 在建筑工程中,大样图主要详细说明某构件、部件的具体做法及尺寸。(　　)

46. 硬质纤维板能广泛代替一般板材,作为天花板、间壁板及为火车、汽车、轮船等内部装修用材。(　　)

47. 软质纤维板一般用作绝缘、保温、隔热、吸声等材料。(　　)

48. 湿木材窑干时在等速干燥阶段,只要环境温度、湿度和空气的流动速度不变,木材含水率降低的速度也不变。(　　)

49. 上下天车梯子时,双手可以拿工具。(　　)

50. 榫头与榫孔的配合其松紧程度要适当,榫腰与榫孔的配合要紧,榫头宽度与榫孔长度的配合要求松。(　　)

51. 木结构的榫头分为明榫和暗榫,明榫比暗榫的强度大。(　　)

52. 调直弯料方法,是在弯料的四面刷水,用微火烘烤面凹面。(　　)

53. 建筑结构中的外墙一般可分为清水墙和混水墙两种形式。(　　)

54. 木屋架的型式很多,但常用的是三角形木屋架。(　　)

55. 木屋架的上弦杆是承受顺木纹方向的压力,属于受拉构件。(　　)

56. 木屋架的下弦杆又名大梁是承受顺木纹方向的拉力,属于受压构件。(　　)

57. 客车上厕所及盥洗室车窗一般使用磨砂玻璃。(　　)

58. 客车上的镜子必须使用磨光玻璃。(　　)

59. 一般中等比重的木材的强重比低碳钢低十几倍。(　　)

60. 木材是以薄壳管状细胞组成，其刚性和抗弯强度比钢铁小得多。(　　)

61. 端面硬度很软的树种是红松。(　　)

62. 木工在作业中凡遇到不是 90°角和 45°角的工件，都必须用活动角尺来划线。(　　)

63. 纤维板是利用木材加工中的废料加入脲醛或酚醛树脂经压制而成。(　　)

64. 塑料贴面板的复面板，冷压时所施压力稍低于热压，为 0.294～0.588 MPa，热压时压力为 0.392～0.882 MPa。(　　)

65. 一般脲醛树脂胶涂胶量：热压为 150～200 g/m²，冷压为 200～300 g/ m²。(　　)

66. 一般脲醛树脂胶热压时温度为 90℃左右。(　　)

67. 木制家具中最基本和最常用的接合方法是胶接。(　　)

68. 刨床加工时，为了提高刨削质量，一般采取顺纹刨削。(　　)

69. 木工用刨的斜度，长刨为 45°，中刨为 44°，细刨为 47°。(　　)

70. 木材经水热处理后弯曲时逐渐形成凹凸两面，凸面上产生压缩应力，凹面上产生拉伸应力。(　　)

71. 中间层即无拉伸又无压缩，称为中性层。(　　)

72. 气干材经水热处理后，最大顺纹拉伸变形为 1%。(　　)

73. 为了改善弯曲性能，需要在拉伸面上加上一金属夹板，使中性层向外移，可提高弯曲性能 40%～50%。(　　)

74. 实际上弯曲木材最适宜的含水率是木材纤维饱和点时的含水率，即在 40%左右。(　　)

75. 生产实践证明：使用窑干过的成材是不适宜弯曲的，因为它的细胞壁中缺乏了附着水。(　　)

76. 圆锯机最常用的传动形式是齿轮传动。(　　)

77. 过盈公差都是上偏差，间隙公差都是下偏差。(　　)

78. 三角屋架选配木料时，最好的料应用于下弦。(　　)

79. 三角形木屋架的竖杆应承受拉力。(　　)

80. 因车辆定期检修或改造，发生 100 kg 以上差异时，经重量检衡后须修改自重标记。(　　)

81. 过盈公差都是下偏差，间隙公差都是上偏差。(　　)

82. 针叶树和少数常青阔叶材的年轮为不规则的扁圆形。(　　)

83. 普通阔叶材的年轮多数呈圆形。(　　)

84. 平刨机主要由机座、前后工作台、刀轴、靠壁、工作升降机构、电动机和传动系统组成。刀刃安装应凸出刀轴端面 3～5 mm 并保持水平。(　　)

85. 平刨机后工作台上平面应与刀刃最高点在同一水平面上，前工作台略低于后工作台，前后工作台上平面高度之差即为平刨机刨削余量。(　　)

86. 木屋架用料的质量应符合承重木结构用材质量标准；当上、下弦材质和断面相同时应把较好的木材用于上弦。(　　)

87. 木屋架用料的质量应符合承重木结构用材质量标准；对下弦和上弦用料，应将质量好的一端用于端节点处。(　　)

88. 胶合板表面粘贴塑料贴面时，胶合板的含水率应保持在 13%以下，板面含水率应均匀

一致。(　　)

89. 木材的防腐方法就是用药物毒杀腐木菌,或用高温直接杀死菌虫,或制造木材与空气隔绝,消除菌虫的生存条件。(　　)

90. 我国铁道线路允许轴重为18 t。(　　)

91. 自然干燥法一般只能使木材含水率降低到16%～20%。(　　)

92. 淬火后再进行高温回火叫调质处理。(　　)

93. 在生产现场影响产品质量五个方面的因素是工资、周期、设计、材料、工时。(　　)

94. 边材是靠近树皮的的部分,其材色较深,水分较少,材质较硬。心材是靠近髓心的部分,其材色较浅,材质较松软,水分较多。(　　)

95. 熔断器在电路中起短路保护作用。(　　)

96. 弯曲成功的零件,主要靠它的压缩变形。(　　)

97. 热继电器是按额定电流选择的,只要当电流大于热元件额定电流,热继电器就会切断主电路和控制电路,起到过载保护作用。(　　)

98. 刀具切削时,刀具的后角越大则切削阻力越小,但后角过大会使刀具的楔角随之减小。(　　)

99. 刀具的切削角越小,其加工阻力越小,但切削角太小将使后角和楔角随之减小。(　　)

100. 木材加工中刀具的后角一般取10°～15°为宜。(　　)

101. 我国当前木材综合利用的主要途径是大力发展人造板材。(　　)

102. 切削速度与工件进给速度不是影响木材切削加工质量的主要因素。(　　)

103. 一般切削速度越低或进料速度越快,木材加工的光洁度越高,反之,越差。(　　)

104. 木材切削加工时要调整刀具的切削角度,如加工硬木,切削角和楔角应适当大一些,而加工软木,应稍小一些。(　　)

105. 门窗制作时,配料、截料要合理确定加工余量,1.5 m以内的料,一面刨光留3 mm加工余量,两面刨光留5 mm。(　　)

106. 门窗制作时,门窗樘料其弯度不超过5%。(　　)

107. 门窗制作时青皮、倒棱如在正面,裁口时必须全部裁去,方可使用。如在背面超过木料厚度的1/6和长度的1/5时,不准使用。(　　)

108. 木材弯曲配料、加工时易选用含水率在12%左右,纹理通直的板材。(　　)

109. 木材弯曲工艺过程主要包括:配料,加工,蒸煮,弯曲,冷却定型及干燥处理。(　　)

110. 客车清漆木质设备件其外露部分只对表面光洁度有特殊要求。(　　)

111. 木质件油漆之前的含水率应符合要求,一般外露木质件的含水率为12%±4%。(　　)

112. 干湿球温度计是测定木材干燥室温度和湿度的专用仪表。(　　)

113. 凭经验用手摸也是鉴别木材干湿度的方法之一。(　　)

114. 轴线是建筑承重结构构件定位、放线的重要依据。(　　)

115. 木屋架适宜的跨度为15～30 m。(　　)

116. 木屋架高度一般为其跨度的1/3。(　　)

117. 蒸汽干燥室在木材干燥过程中为保证木材干燥质量,定期向室内喷洒水分,叫做喷蒸处理。(　　)

118. 构件受轴向压力作用的同时还承受弯矩作用时,称为偏心受压构件或称弯压构件。( )

119. 受拉同时又受弯的构件称为偏心受拉构件或拉弯构件。( )

120. 齿轮传动的效率可达99%。( )

121. 摩擦传动过载时,两轮接触即产生滑动,因而可防止机械损坏,起到保险作用。( )

122. 一个简单的电路是由电源、负载两部分组成。( )

123. 在玻璃窗上直接描绘室外的景物,描出的图形就是透视图。( )

124. 平刨机和圆锯机一般采用电动机通过皮带传动使主轴旋转,电动机皮带轮越大,主轴转速越高。( )

125. 车辆木质件的技术要求,随木质件的部位、类别和作用的不同而不同。( )

126. 摩擦传动可以传递较大的扭矩。( )

127. 齿轮传动的传动比最准确,但制造成本相对较高。( )

128. 链传动可以保持准确的传动比。( )

129. 平皮带传动多用于传动距离较小的场所。( )

130. 当木屋架下弦弯曲时,安装时应凸面向上。( )

131. 当木屋架上弦弯曲时,安装时应凸面向上。( )

132. 三角形木屋架的高度一般为其跨度的1/4～1/5。( )

133. 涂饰油漆前的零部件白坯,表面越是光洁清净,就越能得到良好的油漆效果。( )

134. 木制品油漆质量的好坏,仅决定于选用油漆的本身质量。( )

135. 酚醛树脂漆一般用于中、低级家具。( )

136. 通过髓心的径切板,收缩稍大一些。( )

137. 从零件的生产到产品的组装,只要质量符合标准,就不需要精打细算。( )

138. 用钢丝绳吊挂带有棱角的物件时,在棱角的地方垫放软垫,以免钢丝折断。( )

139. 看图则是根据现有视图想象出零件实际形状。( )

140. 钻削时,切削热大部分由切屑传散出去。( )

141. 经过划线确定加工时的最后尺寸,在加工过程中,应通过划线来保证尺寸的准确度。( )

142. 锯割曲线形木零件一般使用的锯床是细木工带锯或曲线锯。( )

143. 工厂施工中的安全电压为24 V。( )

144. 使用最广泛的建筑模板是木模。( )

145. 榫头与榫孔的配合,松紧要适当,其榫头宽度与榫孔长度配合应产生过盈。( )

146. 木质件收缩变形的主要原因是空气太干燥。( )

147. 人造板广泛应用于家具、车辆,其中在车辆上用途最多的是胶合板。( )

148. 在零件图上用来确定其他点、线、面位置的基准,称为划线基准。( )

149. 平刨机后工作台上平面应与刀刃最高点在同一水平面上,前工作台略低后工作台,前后工作台上平面高度之差即为平刨机刨削余量。( )

150. 从零件表面上切去多余的材料,这一层材料的厚度称为加工余量。( )

151. 由一个或一组工人在一台机床或一个工作地点对一个或同时对几个工件进行加工

所连续完成的那一部分工艺过程为工步。（　）

152. 零件图中尺寸标注的基准一定是定位基准。（　）

153. 用基本视图表达零件结构时，其内部的结构和被遮盖部分的结构形状都用点划线表示。（　）

154. 木工用胶合剂中在使用前需加入硬化剂的是酚醛树脂胶。（　）

155. 我国机械制图采用第一角投影法。根据投影面展开的法则，三个视图的相互位置必然是以主视图为主。（　）

156. 国标中规定用正六面体的六个面做为基本投影面。（　）

157. 木工作业耐水性最好的胶合剂是酚醛树脂胶。（　）

158. 榫头与榫孔的配合其松紧程度要适当，榫头宽度与榫孔长度的配合一般要求过渡配合。（　）

159. 如果要把木材的色斑和不均匀色调消除，需要进行染色处理。（　）

160. 木质件与钢结构的连接多用螺栓接合。（　）

161. 所有木工用胶中使用最为简便的胶液是酚醛树脂胶。（　）

162. 干缩和湿胀是木材的一个最大缺点，它使木制品的形状不稳定。（　）

163. 在用吊车吊挂重物时，挂钩应垂直安置在吊起的载荷上。（　）

164. 下班或中途停电时，必须将各种走刀手柄放在断电位置。（　）

165. 刃磨刀具时，工作者应避免站在砂轮机的正面。（　）

166. 在高速切削时操作人员必须戴防护镜。（　）

167. 设备水平的高低将直接决定产品质量水平的高低。（　）

168. 提高产品质量的决定性环节，在于要大力抓好产品质量产生和形成的起点，这就是生产制造过程。（　）

169. 单榫榫头的厚度一般等于方材厚度或宽度的1/3～1/4。（　）

170. 轴测图是平行光线对物体的投影图形。轴测投影图有两种：正轴测投影图和斜轴测投影图。（　）

171. 如三根轴线和投影面得夹角皆不相等，称为不等正轴测图。不等正轴测图形长、宽、高三个方向相互间的比例都和实际尺寸的比例相同。（　）

172. 木材三个方向的切削中，切刀刃口垂直于纤维方向，而切刀运动方向平行于纤维方向的称为纵向刨削。（　）

173. 在我国的木材加工业中，使用胶合剂最多最广的是酚醛树脂胶。（　）

174. 一般木材胶合时所需压力为20～30 kgf/cm^2。（　）

175. 通过识别年轮，我们不但可以知道树木生长年限，而且还可识别木材的种类。（　）

176. 在三视图中，直线 AB 与 H 面平行，与 W 面倾斜，与 V 倾斜，则 AB 是水平线。（　）

177. 班组的施工质量管理，要贯穿于整个施工过程。（　）

178. 班组原材料、成品与半成品管理易混淆的物料应对其牌号、品种、规范等有明确的标识，确保可追溯性。（　）

179. 施工现场管理是建筑企业管理的重要环节，但跟企业管理无关。（　）

180. 施工现场管理仅仅为现场材料合理堆放，搞好环境卫生，组织文明施工。（　）

181. 工人是本岗位安全生产的第一责任人，在本岗位作业中对自己、对环境、对他人的安全负责。(　　)

五、简 答 题

1. 简述木工放样的含义。
2. 简述木材弯曲工艺。
3. 简述在斜面钻孔的方法。
4. 简述极限强度的含义。
5. 简述许用应力的含义。
6. 简述齿形胶接的含义。
7. 简述木屋架放大样的含义。
8. 简述喷蒸处理的含义。
9. 简述木屋架起拱高度的含义。
10. 简述数控机床的控制方式。
11. 简述数控机床全闭环控制的特点。
12. 简述建筑施工图的种类。
13. 简述建筑平面图。
14. 简述质量检验的步骤。
15. 简述常见的螺纹类型。
16. 简述建筑立面图。
17. 请至少列举出三种以上常用的螺纹嵌件。
18. 简述建筑剖面图。
19. 简述建筑详图。
20. 简述绝对标高。
21. 简述相对标高。
22. 简述木材的阴阳面。
23. 蒸汽干燥室有哪些主要设备？
24. 简述胶合板。
25. 简述纤维板。
26. 简述刨花板。
27. 简述鉴别木材干湿度的方法。
28. 木材的干燥方法有几种？
29. 简述建筑结构的含义。
30. 什么是使用设备的“三好”、“四会”原则？
31. 简述建筑荷载。
32. 简述量规常用的测量方法。
33. 简述带锯机的主要技术参数。
34. 简述带锯条适张度处理。
35. 简述胶合板弯曲方法。

36. 带锯条的滚压适张度由哪些因素决定?
37. 房屋的结构形式有几种?
38. 简述油漆工操作六字诀。
39. 简述油漆的基本组成。
40. 防腐剂的处理方法有哪些?
41. 简述塑料贴面板的理化性能。
42. 简述锯割法弯曲零件。
43. 什么是三聚氰胺贴面板?
44. 简述环境保护的定义。
45. 简述攻丝的注意事项。
46. 简述质量管理体系的八项质量管理原则其中的五项。
47. 简述装配图的定义和使用情况。
48. 简述现场5S。
49. 简述木框榫开榫机的种类。
50. 简述拉六角铆螺母的工具操作过程及质量标准。
51. 简述水平仪的作用及常用的种类。
52. 简述划分锯条粗细的原则及规格。
53. 简述影响木材切削的基本因素。
54. 简述木工压刨机的加工作用。
55. 简述木材弯曲成型的方法。
56. 简述静连接的定义及不可拆卸的静连接的种类。
57. 简述封边机的种类。
58. 简述锯条松紧的调整方法及合适程度。
59. 简述保证锯缝垂直的方法。
60. 简述影响木材弯曲质量的因素。
61. 简述装配简图的含义。
62. 简述齿连接(木屋架)。
63. 简述过盈连接的优点。
64. 简述轴向受压构件。
65. 简述带锯锯齿尖压料处理。
66. 简述装配图的特殊表达方法。
67. 简述画零件工作图的步骤。
68. 什么是单一配料法?
69. 请简述锯削速度和往复长度。
70. 简述识别木材时的“直观鉴别法”。

六、综 合 题

1. 什么是木材平衡含水率?它有何实用价值?
2. 如图1所示在指定位置将主视图画成全剖视图。

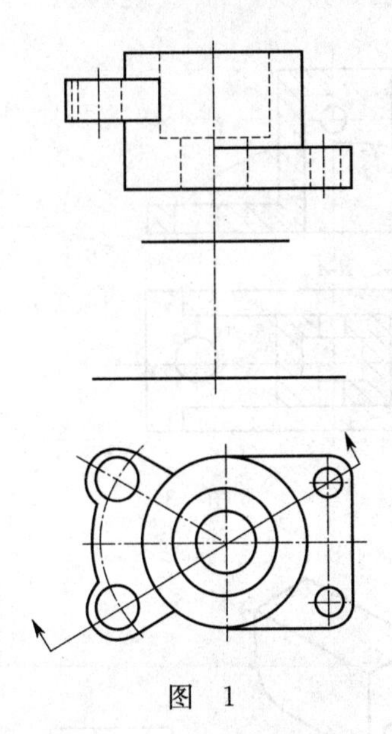

图 1

3. 胶合板表面附贴塑料皮时,对胶合板有何技术要求?

4. 目前客车上常用的油漆有哪些?各有何特性和用途?

5. 木质件油漆之前,木工应达到的技术条件是什么?

6. 如图 2 所示铰链四杆机构中,机架 $l_{AD}=40$ mm,两连架杆长度分别为 $l_{AB}=18$ mm 和 $l_{CD}=45$ mm,则当连杆 l_{BC}的长度在什么范围内时,该机构为曲柄摇杆机构?

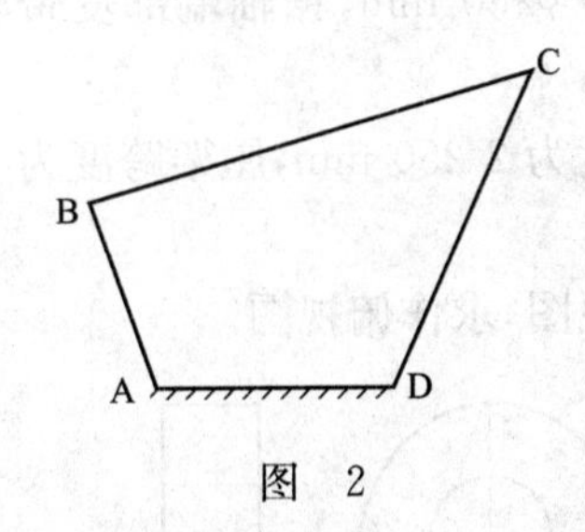

图 2

7. 攻螺纹底孔直径为什么要大于螺纹小径?

8. 举例说明,什么是机客车产品木工放样?

9. 简述划线基准的选择原则。

10. 简述木材弯曲工艺过程步骤和各工序的主要内容。

11. 什么是齿形胶接?齿形胶接的主要工艺过程是什么?

12. 加工木屋架时怎样配料?

13. 门窗制作时,配料、截料的操作要点是什么?

14. 怎样做好量具的维护和保养?

15. 如图 3 所示补画半剖的左视图。

16. 如图 4 所示,已知立体图及三视图中的两个视图,补画主视图。

17. 影响木材切削加工质量的主要因素有哪些?

18. 我国目前木材综合利用的主要途径是什么?

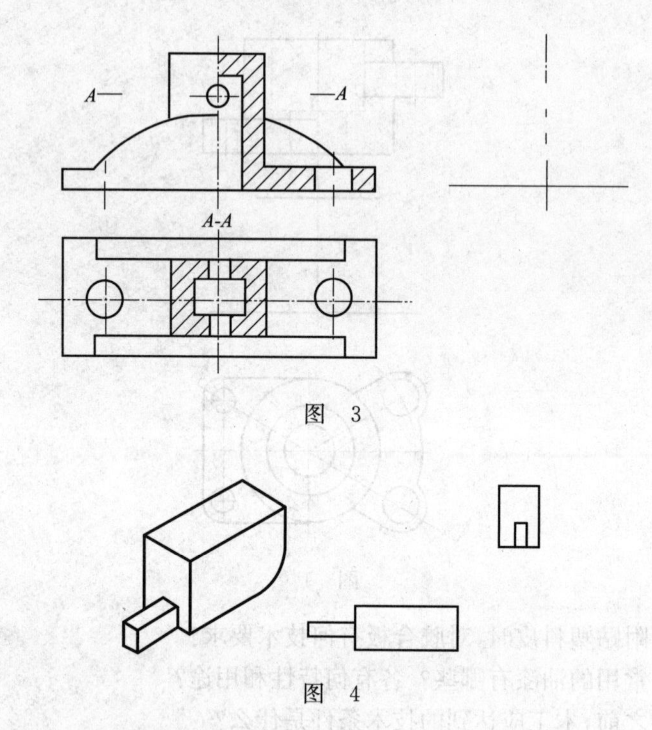

图 3

图 4

19. 提高胶接强度应采取的方法与措施有哪些？

20. 有一圆锯机，电动机通过三角皮带和皮带轮直接带动锯轴旋转，已知电动机转速为 1 440r/min，电动机皮带轮直径为 ϕ280 mm，锯轴端部皮带轮直径为 ϕ100 mm，圆锯片直径 ϕ300 mm，求圆锯的切削速度(m/s)？

21. 三角形木屋架的屋架高度为 2 250 mm，屋架跨度为 9 m，屋架起拱高度为 45 mm，计算屋架上弦长度？

22. 如图 5 所示，根据主、左视图，求作俯视图。

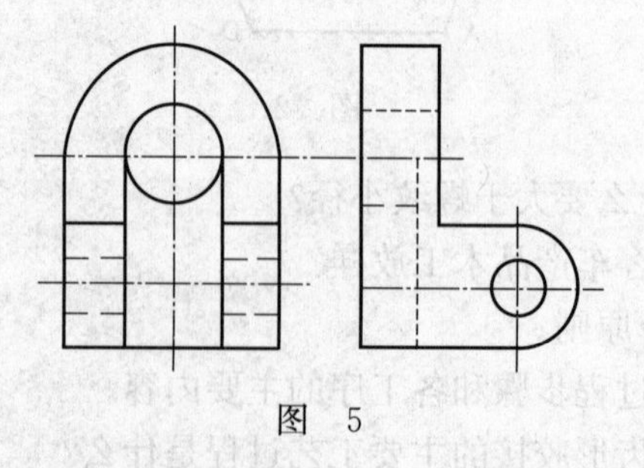

图 5

23. 防止或排除锯路弯曲的方法是什么？

24. 如图 6 所示，根据主、左视图，求作俯视图。

25. 装配图的规定画法是什么？

26. 如图 7 所示根据立体图，补画主视图、俯视图、左视图。

27. 试述放样图与工作图的区别与联系是什么？

28. 节子对木材的加工和木材强度有什么影响？

29. 如图 8 所示，已知主视图、俯视图，补画左视图。

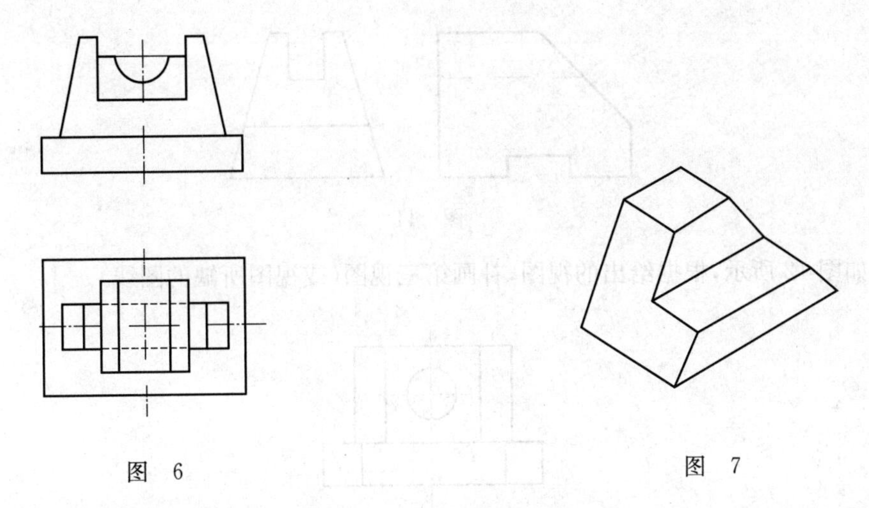

图 6　　图 7

30. 如图 9 所示,已知主视图、俯视图,补画左视图。

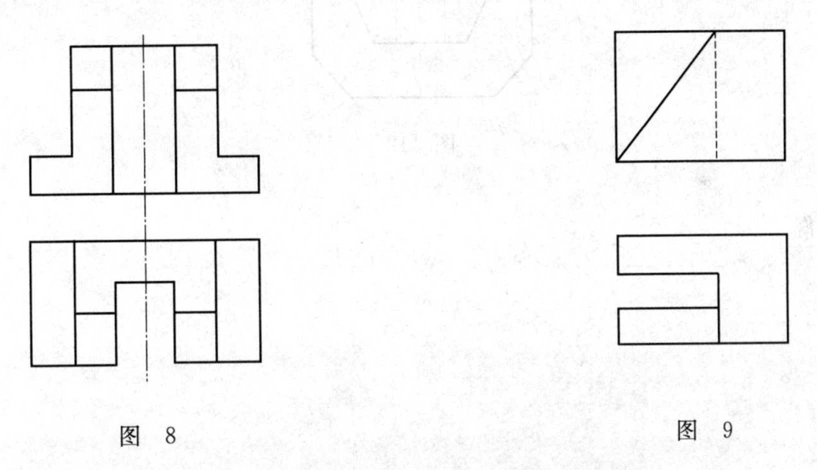

图 8　　图 9

31. 如图 10 所示,已知三视图,根据所给坐标系补画立体图。

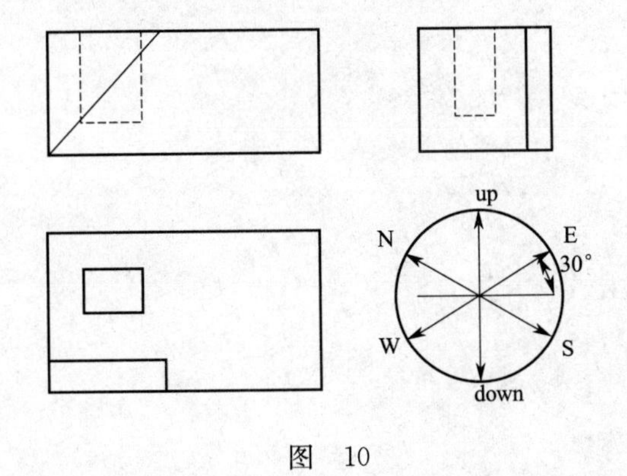

图 10

32. 简述班组质量管理的"三检"和"三按"制度。

33. 全面质量管理的特点是什么?

34. 如图 11 所示,根据给出的视图,补画第三视图(或视图所缺的图线)。

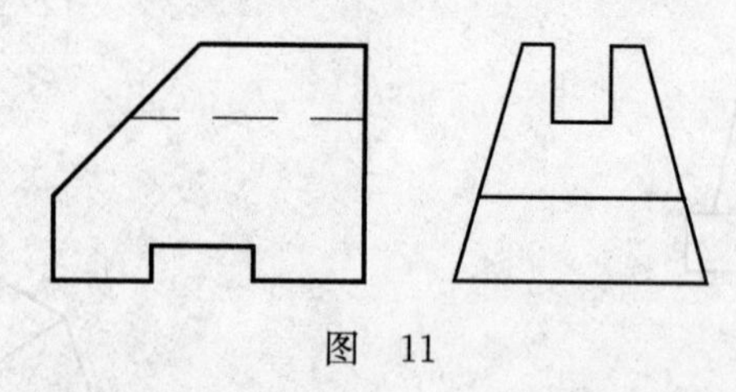

图　11

35. 如图 12 所示，根据给出的视图，补画第三视图(或视图所缺的图线)。

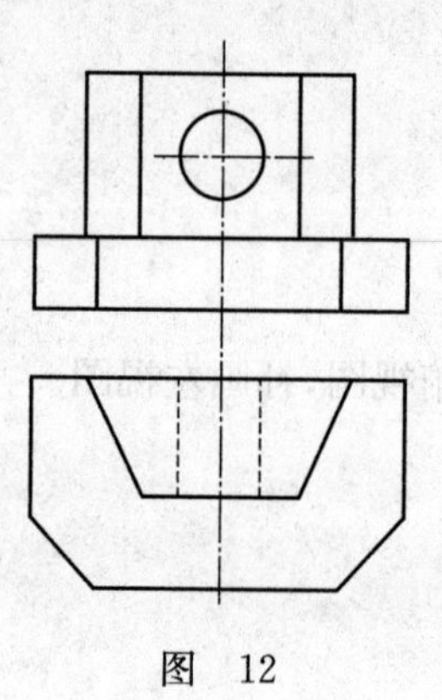

图　12

手工木工(高级工)答案

一、填 空 题

1. 瓦形翘曲　2. 高　3. 抗劈强度　4. 主运动
5. 特性　6. 木材含水率　7. 弦向　8. 奇数层原则
9. 相反方向　10. 稳定性　11. 60°　12. 挠度
13. 30°　14. 较大的集中荷载　15. 活节　16. 环氧树脂胶
17. 干法生产　18. 原木　19. 清漆件油漆　20. 半径
21. 锯制　22. 漏节　23. 旋制　24. 24
25. 冷却　26. 20　27. 26　28. 加压
29. 横向组合　30. 20%　31. 拉弯　32. 40%
33. 1/4～1/5　34. 1/200　35. 1/5　36. 1/3
37. 1/4　38. 1/2～3/5　39. 侧　40. 三路料
41. 0.6～1　42. 1～1.2　43. 木材含水率　44. 6
45. 12　46. 高速钢　47. 2 m　48. 3 m
49. 3 mm　50. 5 mm　51. 自然通风　52. 10%
53. 80°或 90°　54. 90°或 100°　55. 蜗轮蜗杆传动　56. 20%
57. 安全系数　58. $P(A_1+A_2)$　59. 20　60. 换向
61. 压力控制　62. 20%　63. 随动系统　64. 4%
65. 低　66. 热继电器　67. 四连杆　68. 最小条件
69. 三　70. 平行　71. 实物测量法　72. 自锁
73. 流量控制阀　74. 曲率半径　75. 90°　76. 装配工艺技术
77. 钻削与插削　78. 滑动　79. 长度　80. 85～90 dB
81. 生产效率　82. 孔　83. 工序　84. 直槽双刃端
85. 燕尾形端　86. 坑木立柱　87. 截短　88. 板面起毛
89. 15%　90. 工具　91. 图标　92. 偏宽年轮
93. 树瘤　94. ▽——　95. 软化　96. 成膜物质
97. 十字　98. 被补材　99. 涂刷或浸渍　100. 轴流式
101. 减速干燥　102. 木锯(木工锯床)　103. 木刨(木工刨床)　104. 木铣(木工铣床)
105. @　106. 毛刺粗面　107. 方　108. 调直处理
109. 加工速度　110. 刨切面胶合板　111. 桁架　112. 节点
113. 腐蚀　114. 应力　115. 强度　116. 纤维饱和点
117. 荷重(载荷重量)　118. 端面　119. 抗弯　120. 低
121. 硬度　122. 五　123. 容重　124. 安全系数

125. 异向　126. 抗冲击　127. 弦切　128. 12%
129. 纤维板　130. 脲醛树脂胶　131. 酚醛树脂　132. 50
133. 涂胶量　134. 三聚氰胺树脂　135. 楔形　136. 切削的工作运动
137. 滚　138. 拼板　139. 直角　140. 裁口法(企口法)
141. 30　142. 高速　143. 通用　144. 间隙公差
145. 目测　146. 0.2　147. 2 648 mm^3　148. 3 269 mm^2
149. 1 435　150. 11　151. [illegible]　152. 1 位,2 位
153. 奇,偶　154. 21　155. 880　156. 防火
157. 经纬仪　158. 齿形胶接　159. 砂光　160. 榫眼
161. 88°～90°　162. 推板　163. 顺纹　164. 车辆材积
165. 15　166. 300　167. 插削　168. 方形榫眼
169. 片状　170. 套料　171. 工艺基准　172. 检查
173. 材面凸肚(或凸腹与凹腹)　174. 厚度不一致　175. 慢
176. 直背齿　177. 整理　178. 1/3～1/2　179. 最小
180. 薄刨刀　181. 低温高湿　182. 木材纤维饱和点　183. 鱼刺图
184. 细木小料　185. 横截

二、单项选择题

1. A　2. B　3. A　4. B　5. B　6. B　7. D　8. B　9. A
10. C　11. B　12. A　13. B　14. C　15. D　16. B　17. B　18. C
19. A　20. A　21. C　22. D　23. C　24. B　25. A　26. D　27. B
28. A　29. B　30. B　31. C　32. B　33. B　34. A　35. B　36. C
37. B　38. B　39. B　40. B　41. C　42. C　43. C　44. C　45. A
46. A　47. B　48. A　49. B　50. A　51. C　52. B　53. B　54. A
55. C　56. C　57. D　58. B　59. C　60. A　61. A　62. A　63. C
64. B　65. A　66. A　67. D　68. B　69. A　70. C　71. B　72. A
73. D　74. B　75. C　76. A　77. B　78. A　79. D　80. A　81. C
82. B　83. B　84. C　85. D　86. C　87. D　88. A　89. A　90. B
91. C　92. D　93. A　94. A　95. D　96. D　97. B　98. C　99. B
100. B　101. B　102. D　103. A　104. D　105. B　106. A　107. A　108. A
109. D　110. A　111. A　112. A　113. D　114. B　115. D　116. B　117. A
118. C　119. D　120. D　121. D　122. C　123. A　124. A　125. B　126. D
127. B　128. C　129. C　130. A　131. B　132. B　133. A　134. A　135. A
136. A　137. C　138. C　139. D　140. A　141. C　142. B　143. C　144. C
145. B　146. C　147. A　148. B　149. B　150. B　151. B　152. C　153. B
154. A　155. A　156. C　157. B　158. A　159. C　160. C　161. A　162. A
163. C　164. B　165. A　166. D　167. A　168. D　169. B　170. B　171. B
172. C　173. A　174. A　175. B　176. B　177. A　178. C　179. D　180. B
181. C　182. D　183. C　184. A　185. C

三、多项选择题

1. AC 2. AD 3. BCD 4. ACD 5. ABCD 6. AD 7. AC
8. ABCD 9. ACD 10. AD 11. ABD 12. BC 13. AC 14. ABD
15. ABC 16. ABCD 17. ABC 18. AC 19. ABC 20. BCD 21. ABCD
22. ABC 23. BCD 24. CD 25. ABC 26. ACD 27. BD 28. ACD
29. AC 30. ABCD 31. ABC 32. ABCD 33. AB 34. AC 35. CD
36. AC 37. ABCD 38. ABD 39. BC 40. ABC 41. BCD 42. AB
43. AC 44. BCD 45. ABC 46. BCD 47. ABD 48. ACD 49. ABD
50. ABC 51. ABCD 52. CD 53. AC 54. ACD 55. ABC 56. BCD
57. ABD 58. ABCD 59. ABD 60. AD 61. ABCD 62. BCD 63. ACD
64. AB 65. ABD 66. AC 67. ABC 68. ACD 69. AD 70. ABCD
71. ABD 72. BCD 73. ABC 74. AD 75. ABC 76. BCD 77. ABCD
78. ABCD 79. CD 80. BC 81. ABC 82. ABCD 83. BCD 84. AC
85. BC 86. ACD 87. AD 88. ABCD 89. AB 90. ABCD 91. ABC
92. BCD 93. ABC 94. BCD 95. CD 96. ABCD 97. ABC 98. ABCD
99. AD 100. ABCD 101. AB 102. ABD 103. BCD 104. BD 105. ABD
106. ABCD 107. ACD 108. BCD 109. ACD 110. ABD 111. BD 112. CD
113. ABCD 114. ABD 115. ABC 116. ABCD 117. ACD 118. ABC 119. BCD
120. ACD 121. ABD 122. ABCD 123. ABCD 124. BCD 125. ACD 126. AC
127. BCD 128. ABCD 129. ACD 130. CD 131. ABC 132. ABCD 133. BCD
134. ACD 135. AB 136. ABD 137. ABC 138. ACD 139. BD 140. CD
141. AC 142. ABCD 143. AB 144. BCD 145. BCD 146. ACD 147. ABCD
148. AD 149. ABCD 150. BCD 151. ACD 152. ABD 153. AB 154. ABCD
155. ABD 156. BCD 157. ABCD 158. ABCD 159. ACD 160. BCD 161. ABD
162. ABCD 163. ABC 164. BCD 165. CD 166. BCD 167. AC 168. ABCD
169. BCD 170. ABC 171. ABCD 172. ABD 173. ACD 174. AD 175. ABCD
176. ABD 177. ABD 178. BCD 179. ACD 180. ABD 181. BCD 182. ABC
183. ACD 184. BCD 185. ABD 186. ACD 187. BCD 188. ABC 189. ACD
190. ABD

四、判 断 题

1. × 2. √ 3. √ 4. × 5. √ 6. √ 7. √ 8. × 9. √
10. × 11. × 12. √ 13. × 14. √ 15. × 16. √ 17. × 18. √
19. × 20. √ 21. × 22. × 23. × 24. × 25. √ 26. × 27. √
28. × 29. √ 30. × 31. √ 32. × 33. √ 34. √ 35. √ 36. √
37. × 38. √ 39. √ 40. × 41. √ 42. √ 43. √ 44. × 45. √
46. √ 47. √ 48. √ 49. × 50. × 51. √ 52. × 53. √ 54. √
55. × 56. × 57. √ 58. √ 59. × 60. × 61. √ 62. √ 63. ×

64. √　65. ×　66. √　67. ×　68. √　69. √　70. ×　71. √　72. ×
73. √　74. ×　75. √　76. ×　77. √　78. √　79. √　80. √　81. ×
82. ×　83. ×　84. √　85. √　86. ×　87. √　88. √　89. √　90. ×
91. ×　92. √　93. ×　94. ×　95. √　96. √　97. √　98. √　99. √
100. √　101. √　102. ×　103. ×　104. √　105. √　106. ×　107. √　108. ×
109. √　110. ×　111. √　112. √　113. √　114. √　115. ×　116. ×　117. ×
118. √　119. √　120. √　121. √　122. ×　123. √　124. √　125. √　126. ×
127. √　128. √　129. ×　130. √　131. ×　132. √　133. √　134. ×　135. √
136. √　137. ×　138. √　139. √　140. √　141. ×　142. √　143. ×　144. √
145. √　146. ×　147. √　148. ×　149. √　150. √　151. ×　152. ×　153. ×
154. ×　155. √　156. √　157. √　158. ×　159. ×　160. √　161. ×　162. √
163. √　164. ×　165. √　166. √　167. ×　168. ×　169. ×　170. √　171. ×
172. √　173. ×　174. ×　175. √　176. √　177. √　178. √　179. ×　180. ×
181. √

五、简 答 题

1. 答:产品图纸上的零部件图样,大部分都比实物小几倍或十几倍,在实际生产中为了制作出符合图纸尺寸的零部件(2 分),有时必须制作一些与工件实物大小完全一致的样板(2 分),木工按照图纸制作这类样板的过程称为木工放样(1 分)。

2. 答:木料经过蒸煮后,采用专用设备和模具将其弯曲成所需的形状,然后经冷却和干燥定型后加工成需要的弯曲形零件(5 分)。

3. 答:用立铣刀或錾子在斜面上加工出一小平面(1.5 分),然后先用中心钻或小直径钻头在小平面上钻出一个浅坑(1.5 分),最后用钻头钻出所需的孔(2 分)。

4. 答:木材受到外力作用,单位面积上所产生的最大抵抗力,称为极限强度(5 分)。

5. 答:验算木材强度时为确保构件的安全(1 分),强度计算值必须低于一个安全应力数值(1 分),该数值等于木材的极限强度除以一个安全系数(2 分),称为许用应力(1 分)。

6. 答:齿形胶接是一种将短木料用专用机床和刀具开齿(2 分),然后施胶加压接成长料的木料接长方法(3 分)。

7. 答:根据图样将屋架的全部零部件及其接合关系用足尺(1∶1)绘制出来(2 分),求得各构件的正确尺寸和形状(1 分),从而保证加工的准确(1 分)。这种绘图方法称为放大样(1 分)。

8. 答:蒸汽干燥室在木材干燥过程中为保证木材干燥质量,定期向室内喷洒湿热蒸汽,叫做喷蒸处理(2 分),喷蒸处理分为预热(1 分)、中间处理(1 分)和后期处理三种(1 分)。

9. 答:当屋架受荷载作用后,多少要有些变形,另外,由于长期的使用节点而松驰,整个屋架就要下垂(2 分)。因此,将屋架下弦中部在设计和制造时稍微向上起拱(1 分)。拱度的大小一般取屋架跨度的 1/200,称为起拱高度(2 分)。

10. 答:按控制方式可分为开环控制(1.5 分)、半闭环控制(1.5 分)和全闭环控制(2 分)。

11. 答:全闭环控制的特点是带有直线光栅作为位置检测元件(1 分),位置检测系统直接检测工作台位移(1 分),并将产生的误差反馈后进行补偿(1 分),实现高精度定位(2 分)。

12. 答:建筑施工图的种类虽然很多,但主要的是平面图、立面图、剖面图和详图四种(评分标准:总分5分,少答一种减1分)。

13. 答:所谓建筑平面图,是假想将房屋沿着门窗洞口的水平方向切开,移去上部,该切面在水平面上的投影,向下看出房屋内部的布置情况(3分)。平面图表示一个单位工程的平面布置和尺寸规格(2分)。

14. 答:(1)检验的准备(1分);(2)测量或试验(1分);(3)记录(1分);(4)比较和判定(1分);(5)确认和处置(1分)。

15. 答:普通螺纹、米制螺纹、管螺纹、梯形螺纹、矩形螺纹和锯齿形螺纹(评分标准:每种1分,总分5分,答出5种即可)。

16. 答:建筑立面图是表示房屋的外形的,它包括正立面图、侧立面图和背立面图(3分)。立面图可以表示出建筑物的高度、门窗口、阳台和雨篷的标高,以及外墙面的做法、要求等(2分)。

17. 答:(1)钢丝螺套(1.5分);(2)螺纹衬套(1.5分);(3)自攻螺套(2分)。

18. 答:建筑剖面图是用一假想的垂直平面将房屋切开,该剖切面在垂直面上的投影(3分),从一侧反映出房屋内部的构造情况(2分)。

19. 答:建筑详图是将平面图、立面图和剖面图中需要详细绘制的部位,按比例放大绘制而成的图形(3分),用以说明具体构造、细部尺寸和要求等(2分)。

20. 答:绝对标高是以我国黄海平均海平面为基准的标高(3分),一般注在总平面图或图纸的总说明中(2分)。

21. 答:相对标高是以该建筑物底层室内地面为零点的标高(3分),高于此点为正,低于此点为负(2分)。

22. 答:树干向阳一面生长较快,年轮较宽,材质较软(2分),而树干背阴一面生长缓慢,年轮间距较窄,材质较硬(2分),也就是说树干向阳面与背阴面材质有所不同(1分)。

23. 答:蒸汽干燥室的主要设备有加热器(2分)、风机(1分)、疏水器(1分)和喷汽管等(1分)。

24. 答:胶合板由多层薄板胶合而成,由于它的相邻单板的的纤维方向成十字形相互交错,故能降低顺纹和横纹材性之间的不均匀性(2分)。使各向受力大致相同,不易产生变形(2分)。胶合板材质轻收缩小而均匀,宜做天花板和木装修用材(1分)。

25. 答:纤维板是以木材碎料为原料,经过分离成植物纤维,并在其中加入防水剂、防火剂、胶合剂等制成浆液(2分),再用成型机制成板坯,最后通过热压而制成的人造板材(2分)。硬质纤维板能广泛代替一般板材(1分)。

26. 答:刨花板是利用木材加工过程中产生的边皮、小料、刨花、锯末、废物草板等经过分选、粉碎、加胶、搅拌热压成型等工序制成的人造板材(3分)。可作为家具、车辆、轮船、礼堂的装饰用材(2分)。

27. 答:鉴别木材干湿度的方法主要有以下三种(0.5分):一是凭经验用手摸(1.5分);二是容重测量法(1.5分);三是用湿度计进行测量(1.5分)。

28. 答:对湿木材的干燥方法有自然干燥法(1.5分)、窑干法(1.5分)和特种干燥法(2分)三大类。

29. 答:建筑结构是房屋的骨架,对建筑物的坚固、耐久具有决定的作用(1分),也直接影响建筑物的使用(1分)。按材料不同可分为:钢结构(1分),木结构(1分),钢筋混凝土结构(0.5分),混合结构等(0.5分)。

30. 答:“三好”是操作者应管好、用好、修好设备(2分);“四会”是会使用、会维护、会检查、会排除故障(3分)。

31. 答:建筑物在使用和施工过程中将受到力的作用,这些力就是荷载(3分),荷载按作用时间长短可分为永久荷载(1分)和可变荷载两种(1分)。

32. 答:四种:通止法(1.5分)、着色法(1.5分)、光隙法(1分)、指示表法(1分)。

33. 答:带锯机的主要技术参数有锯轮直径(1分)、最大锯路高度(1分)、锯轮转速(1分)、最大进给速度(1分)和锯切功率(1分)。

34. 答:锯条经滚压法使锯条的中部伸长,使其产生延伸变形(2分),即可提高锯条的表面硬度和抗拉强度,从而提高锯条的刚性(2分)。经滚压使其伸长的量,就是适张度(1分)。

35. 答:第一种是毛料蒸煮处理后,用手工沿样模施加压力使其弯曲(1.5分);第二种是用胶合板经热加工使其弯曲(1.5分);第三种是单板胶合弯曲,即将一摞涂有胶的单板加压弯曲,直至胶层固化(2分)。

36. 答:带锯条的滚压适张度由锯条的宽窄、厚薄、钢质、被锯解木材的软硬和木材进料速度等因素决定(评分标准:总分5分,每项1分)。

37. 答:根据现有房屋的结构形式,可分为混合、大模、框架、装配式和砖木等结构形式(评分标准:总分5分,每项1分)。

38. 答:油漆施工操作的基本技术可用估、嵌、磨、配、刷、喷六个字来概括(评分标准:答出其中五项即可,每项1分)。

39. 答:油漆的成分主要分为五大部分:(1)油料(1分);(2)树脂(1分);(3)颜料(1分);(4)溶剂和稀释剂(1分);(5)辅助材料(1分)。

40. 答:涂刷法(1分);常温浸渍法(1分);扩散法(1分);冷热槽法(1分);加压浸注法(1分)。

41. 答:塑料贴面板的理化性能包括强度、刚度、表面硬度、耐湿性、耐酸性、耐碱性、耐热烫性和燃烧性等(评分标准:答出其中五项即可,每项1分)。

42. 答:锯割法弯曲零件就是直接利用整块板材锯割出所需的弯曲零件(3分)。缺点是木材消耗量大(2分)。

43. 答:三聚氰胺贴面板是客车常用的贴面板,由表层纸、装饰纸、复盖纸、底层纸等几种专用纸(2.5分),经过三聚氰胺树脂胶和酚醛树脂胶浸渍、干燥、高温高压压制而成(2.5分)。

44. 答:环境保护是指人类为解决现实的或潜在的环境问题(1.5分),协调人类与环境的关系(1.5分),保障经济社会的持续发展而采取的各种行动的总称(2分)。

45. 答:每正转一周,要倒转1/4圈,切屑碎断后,再继续攻(2分);在不锈钢材质上攻丝时,转速必须慢,同时用润滑油进行润滑、冷却(2分);最好采用风动工具,因为高压风从电钻中出来,可以起到冷却的作用(1分)。

46. 答:以顾客为关注焦点;领导作用;全员参与;过程方法;管理的系统方法;持续改进;基于事实的决策方法;与供方互利的关系。(评分标准:答出其中5项即可,每项1分)

47. 答:表达机器或部件的图样称为装配图(1.5分)。在进行设计(0.5分)、装配(0.5分)、调整(0.5分)、检验(0.5分)、安装(0.5分)、使用(0.5分)和维护(0.5分)时都需要装配图。

48. 答:5S是指整理(0.5分)、整顿(0.5分)、清扫(0.5分)、清洁(0.5分)、素养(0.5分)

五个项目,因日语的罗马拼音均为“S”开头,所以简称为5S(2.5分)。

49. 答:木框榫开榫机可分为单面开榫机(2分)和双面开榫机两类(3分)。

50. 答:操作过程:钻孔(0.5分)、沉孔(0.5分)、拉六角(0.5分)、去毛刺(0.5分)、安装六角螺母(0.5分)。

质量标准:螺母头要与接触面密贴(1分);螺母头不得有裂纹,边缘的毛细裂纹除外,有裂纹时应更换(1.5分)。

51. 答:水平仪是测量微小倾斜度的一种计量器具(1分),它可以测量各种导轨和平面的直线度、平面度、平行度和垂直度(1分),还用于调整安装各种设备的水平和垂直位置(1分)。常用的有条式水平仪(1分)和框式水平仪(1分)两种。

52. 答:锯齿粗细是用锯条上每25 mm长度内的齿数多少来表示的(2分)。目前有14齿、18齿、24齿和32齿等几种规格(1分),分别为粗齿(0.5分)、中齿(0.5分)、细齿(0.5分)和极细齿(0.5分)。

53. 答:影响木材切削的基本因素有:(1)切削角(1分);(2)切刀前面角;(3)切刀后面角;(4)切削厚度(1分);(5)木材的含水率(1分)。

54. 答:压刨机主要是将工件制成一定的厚度和宽度(5分)。

55. 答:木材弯曲成型的方法分为方材弯曲(1.5分)、薄板弯曲胶合(1.5分)和人造板弯曲等(2分)。

56. 答:被连接件间相互固定,不能作相对运动的连接称为静连接(2分)。铆接(1分)、焊接(1分)、胶接(1分)都是不可拆卸的静连接。

57. 答:封边机按操作方式分为手动、机械和自动三种(1.5分);按加热方式分为电阻加热式、低电压加热式和高频加热式(1.5分);按板式部件边沿的形状分为直线平面封边机、直线曲面封边机、旋转式圆弧封边机等(2分)。

58. 答:锯条的松紧由锯弓上的蝶形螺母调节(2分)。在调节锯条松紧时,蝶形螺母不宜旋得太紧或太松,其松紧程度可用手扳动锯条,以感觉硬实即可(3分)。

59. 答:锯条的松紧要控制适当(1分);装好的锯条应与锯弓保持在同一中心面内(1分);起锯时,位置准确、行程短、压力小、速度慢(1分);锯削过程中,锯削速度和往复长度要适中(2分)。

60. 答:影响木材弯曲质量的因素主要有木材的含水率(1分)、树种(1分)、蒸煮条件(1分)、端面压力(1分)及断面形状与弯曲度(1分)。

61. 答:所谓装配简图,就是利用各个零部件之间的装配特征(1分),简单表述它们之间的装配关系(1分)、装配顺序(1分)、装配关键尺寸(1分)的示意图;这种图不按照严格的比例尺寸,只是简单表述相互关系(1分)。

62. 答:在木屋架各构件的连接中(1分),在一根构件的端头做成齿(1分),而在另一根与其连接的构件上刻成槽(1分),将齿与槽嵌合起来(1分),即成齿连接(1分)。

63. 答:过盈连接结构简单(1分),同轴精度高(1分),承载能力强(1分),能承受变载和冲击力(1分),同时可避免键连接中切削键槽而消弱零件强度的不足(1分)。

64. 答:轴向受压构件一般指细长构件如房屋的立柱,其轴向承受压力,无其他侧向阻力(5分)。

65. 答:带锯锯齿尖压料处理,是用压料机把锯尖压扁、压宽,以增加锯路的宽度,防止夹锯(5分)。

66. 答:(1)沿零件结合面剖切和拆卸画法;(2)假想画法;(3)展开画法;(4)夸大画法;(5)简化画法(评分标准:总分5分,少答1项扣1分)。

67. 答:(1)选择比例和图幅;(2)选定主视图及表达方案,布置图面完成底稿;(3)检查底稿,标注尺寸和技术要求后描深图形;(4)填写标题栏(评分标准:总分5分,少答1项扣1分)。

68. 答:单一配料法,是在同一锯材上(2分),配制出一种规格的方材毛料的配料方法(3分)。

69. 答:锯削速度以每分钟往复20~40次为宜(1分);速度过快,会降低切削效率(1分);速度太慢,效率不高(1分);锯削时最好使锯条的全部长度都能进行锯割,往复长度不应小于锯条长度的2/3(2分)。

70. 答:识别木材时主要采用"直观鉴别法",它是通过不同树种木材具有的特征(2分),如树皮的特点、结构的粗细、材质软硬、心边材的区分、早晚材的变化、木材的产地和气味等(1分),并与已知材种进行比较来识别(2分)。

六、综合题

1. 答:木材的平衡含水率是指当木材长期暴露在大气中,湿材会逐渐变干,而干材吸收水分而变湿,在一定的气候条件下,木材在大气中变干或变湿,最终会达到与周围空气湿度相平衡的状态,木材在大气中变干或变湿最终所趋向的含水率叫做木材的平衡含水率(5分)。木材平衡含水率对于木材的实际应用有着极重要的实际意义,当木制品的含水率高于木材的平衡含水率时,将会由于木材失去水分而引起木制品的收缩变形,从而产生质量问题,相反,如果木材太干则会吸收水分。因此木材含水率过低将会造成不必要的木材干燥能源的浪费(5分)。

2. 答:如图1所示(评分标准:每条线各0.5分,错、漏、多一条线各扣0.5分,剖面线位置0.5分,共10分)。

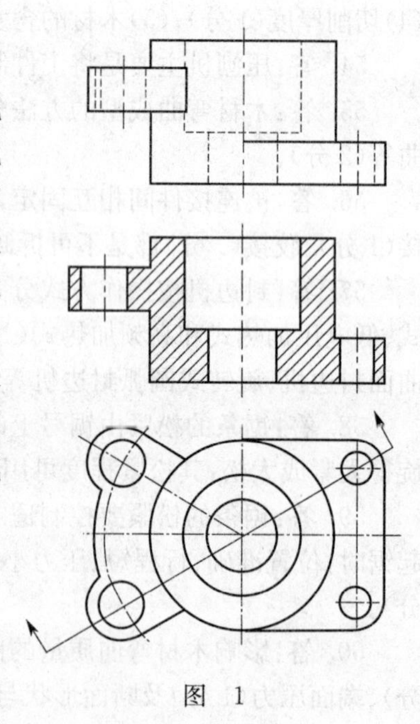

图 1

3. 答:有以下技术要求:(1)胶合板应符合国家一、二类胶合板标准的要求(2分);(2)胶合板的含水率应控制在14%以下,板面含水率应均匀一致(2分);(3)胶合板厚度应均匀,为此应对胶合板进行等厚砂光(2分);(4)胶合板表面要平整、光洁、无杂质、无污染,胶合板表面无脱落节、无裂痕、孔洞等缺陷(2分);(5)胶合表层板厚度应大于0.8 mm,芯板无叠层,离缝现象(2分)。

4. 答:客车上常用的油漆有:(1)油性漆如各种清油(鱼油),这种油漆干燥较慢,油膜柔韧,易发粘,多用于车辆木骨架的防腐油(2分);(2)天然树脂漆类,包括虫胶片和大漆。虫胶片又名漆片,不耐水,耐热性差,但使用方便,多用于木工工具的表面涂饰。大漆也叫天然漆,有较好的耐久性,耐酸性,耐水性,耐磨性好,漆膜坚硬发亮。缺点是不耐强碱及强氧化剂,有毒,易引起皮炎,多用于高级客车的个别设备件上(3分);(3)醇酸树脂漆类,包括醇酸清漆和醇酸磁漆。该类油漆具有较好的附着力、光泽度和耐久性。缺点是耐水、耐碱性较差,目前在客车上应用比较广泛，如有些客车的墙板、间壁板、设备件等常用醇酸漆(3分)；(4)聚氨酯漆类，它是一种新型高级涂料，该种漆附着力强，漆膜坚硬，富有弹性，外观平整，丰满，光亮，耐磨，耐水，耐热，耐寒，耐碱，多用于高级客车车内装饰和油漆(2分)。

5. 答：木质件油漆之前木工应达到的技术条件是：(1)木质件的含水率应符合要求，一般外露木质件的含水率为12%±4%(2.5分)；(2)外露木质件应进行精刨或砂光，木质件表面处理的越好，油漆质量越高，一般清漆色的光洁度应高于色漆件(2.5分)；(3)对于清漆件根据车辆等级，有的需造花配色，材质应一致(2.5分)；(4)对于修理客车用的木质件允许控制处理，具体应按厂修规程施工(2.5分)。

6. 答：根据题意，机架长度为40 mm，两连架杆分别为曲柄和摇杆，$l_{AB}=18$ mm为最短杆。(2分)

先设：连杆长度 $l_{BC}>45$ mm(1分)

则：$l_{BC}+18$ mm $\leqslant 40$ mm $+45$ mm(1分)

因此：$l_{BC}\leqslant 67$ mm(1分)

再设：连杆长度 $l_{BC}<45$ mm(1分)

则：45 mm $+18$ mm $\leqslant l_{BC}+40$ mm(1分)

因此：$l_{BC}\geqslant 23$ mm(1分)

所以，当23 mm $\leqslant l_{BC}\leqslant$ 67 mm时，该机构可成为曲柄摇杆机构。(2分)

7. 答：攻螺纹时，丝锥除对材料起切削作用外(2分)，还对材料产生挤压，使牙型顶端凸起一部分(2分)，材料塑性愈大，则挤压凸起部分愈多(2分)，此时如果螺纹牙型顶端与丝锥刀齿根部没有足够的空隙，就会使丝锥轧住或折断(2分)，所以攻螺纹前的底孔直径必须大于螺纹标准中规定的螺纹小径(2分)。

8. 答：机客车产品图纸上的零、部件图样，大部分比实物缩小几倍或十几倍，在实际生产中，为了制作出符合图纸尺寸的零、部件，有时必须制作一些与工件实际大小和尺寸完全一致的样板，木工将按照这些样板划线和加工，制作这些样板的过程就叫做木工放样(5分)。如客车木骨件样板，即根据客车木骨架图纸，将每种木骨架的长度、榫头形状、尺寸、木梁中部的开口位置等全部画在1∶1的样板上，然后可照此样板在木料上划线和加工(5分)。

9. 答：(1)划线基准应尽量与设计基准重合(2分)；(2)形状对称的工件，应以对称中心线为基准(2分)；(3)有孔的工件，应以主要的孔的中心线为基准(2分)；(4)在未加工的毛坯上划线，应以重要的不加工表面为基准(2分)；(5)在加工过的表面上划线，应以加工过的表面为基准(2分)。

10. 答：木材弯曲工艺过程主要包括：配料，加工，蒸煮，弯曲，冷却定型及干燥处理(2分)。配料、加工——选用含水率在30%左右，纹理通直的板材，按照设计要求，将其加工成所需规格(2分)。蒸煮——将待弯曲的木料放进专用蒸煮罐中，通入蒸汽蒸煮1～2 h，使木材进行塑化(2分)。加压弯曲——将煨弯胎模固定在专用工作台上；准备好专用金属夹板和卡具；将蒸煮好的木料取至胎模一侧，使金属夹板贴靠在木料上，夹板一端用专用卡具固定在胎模上，然后加外力，使夹板兜住木料贴靠在胎模上，最后用卡具卡牢(2分)。冷却定型及干燥处理——将弯曲好的零件和胎具一起从工作台上取下，室温冷却3～4 h，然后送进干燥室定型(2分)。

11. 答：齿形胶接是一种将短木料开齿，接成长料的接长法(4分)。其主要工艺是：(1)备料(胶接的木料含水率在10%～18%，树种应一样，去除缺陷，旧料去掉铁钉和螺栓孔)(1

分);(2)截头(将待接木料用活盘截锯将端部锯齐)(1分);(3)开齿(采用专用机床和刀具将待接木料端部加工成锯齿形)(1分);(4)涂胶(在开齿处涂脲醛树脂胶,涂胶表面应保持清洁)(1分);(5)加压(待接长木料,涂胶并组成后,在端部加压,压力为0.49～0.98 MPa,并在60℃温度下干燥24 h)(1分);(6)表面加工(将胶接后的木料采用平、压刨床加工成所需断面的成材)(1分)。

12. 答:配料时应首先检查木料规格、质量,并丈量其尺寸,然后根据各杆件长度及断面,对木材进行长短搭配,合理安排,各杆件的材质要符合设计要求(2分)。木料如有弯曲,当用于下弦时,凸面应向上,用于上弦时,凸面应向下。榫接处不允许有疤节、裂纹及斜纹,木材的髓心应避开槽齿部分及螺栓排列部位。上弦,斜杆断料长度要比样板实长多30～50 mm,以留做凸榫用,下弦可按样板实长断料(4分)。如果弦杆需接长,则各屋架的各段长度应尽可能取得一致(2分)。料接好后,在木料上弹出中心线,把样板放在木料上,使两中心线对准,然后沿样板边缘划线,最后按线加工(2分)。

13. 答:(1)配料应精打细算,配套下料,避免大材小用,长材短用(2分);(2)要合理确定加工余量,1.5 m以内的料,一面刨光留3 mm加工余量,两面刨光留5 mm;超出1.5 m以上的料随其长度适当增加加工余量,如门樘立梃应放长70 mm,门窗樘中冒头、中竖梃应加长10 mm,门窗扇梃应放长40 mm等(3分);(3)门窗樘料其弯度不超过2%,扭弯者一般不准使用(2分);(4)青皮、倒棱如在正面,裁口时必须全部裁去方可使用。如在背面超过木料厚度的1/6和长度的1/5时,不准使用(3分)。

14. 答:为保证量具的使用寿命,对量具的维护和保养应注意:(1)使用前后,必须将量具的测量面和被测量工件表面擦干净(1分);(2)量具使用过程中,不要随便和其它工具放在一起,以免碰伤(1.5分);(3)不要把精密量具放在磁场附近,以免量具励磁(1.5分);(4)量具不应放在热源附近,以免使量具受热变形(1.5分);(5)较长时间不用的量具,应擦净涂油,存放在干燥地方(1.5分);(6)发现量具不正常时,不得自行拆修,应送计量部门检修(1.5分);(7)量具应按计量部门规定,定期送计量部门鉴定和保养(1.5分)。

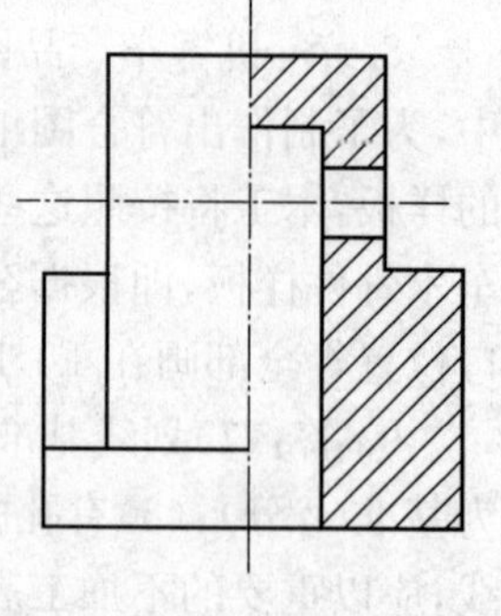

图　2

15. 答:如图2所示(评分标准:每条线各0.5分,,错、漏、多一条线各扣1分,剖面线符合规定3分,共10分)。

16. 答:如图3虚线框所示(评分标准:每条直线各1.5分,错、漏、多一条线各扣1.5分,弧线1分,共10分)。

17. 答:主要有:(1)切削速度与工件进给速度,一般切削速度越高或进料速度越慢,木材加工的光洁度越高,反之,越差(3分);(2)木材性质,如木材的硬度,木材的纹理、疤节的多少等都会直接影响木材切削加工的质量(3分);(3)切削刀具的切削角度和刀刃的锋利程度,如加工硬木,切削角和楔角应适当大一些,而加工软木,应稍小一些(4分)。

18. 答:我国当前木材综合利用的主要途径主要应从两方面入手:(1)大力发展人造板工业,如胶合板、刨花板、细木工板和纤维板等(5分);(2)用小料、胶合板下角料加工粘接成所需规格的木材,如短料经齿形胶接成长规格料;又如车辆厂将胶合板下角料粘压成厚板,然后加工成车辆用垫木等(5分)。

19. 答:(1)尽量增大粘接面(1分);(2)粘接表面应粗糙(1分);(3)胶接剂应涂均匀,避免气泡产生，胶接剂厚度以 0.1～0.15 mm 为宜(2 分)；(4)粘接面应清洁干燥、无油污(2 分)；(5)固化速度要适宜，在固化过程中，不得使胶接件移动(2 分)；(6)在有机胶接剂中，可根据需要加入适量填料，改善其性能(2 分)。

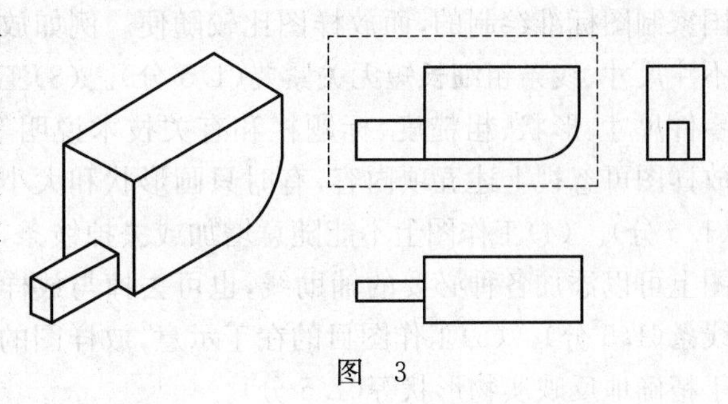

图 3

20. 解：首先求出锯轴的转速 $n_2=n_1D_1/D_2$(2 分)；其中 $n_1=1\ 440$ r/min，$D_1=280$ mm，$D_2=100$ mm(2 分)；代入公式：$n_2=1\ 440\times280/100=4\ 032$(r/min)(2 分)；然后求切削速度 $v=\pi DN/(60\times1\ 000)=(\pi\times300\times4\ 032)/60\ 000=63.3$(m/s)(3 分)。

答：圆锯的切削速度为 63.3 m/s(1 分)。

21. 解：屋架上弦杆长度 $L_1=\sqrt{(H+h)^2+(L/2)^2}=\sqrt{(2\ 250+45)^2+(9\ 000/2)^2}=5\ 051.4$ mm(7 分)。

答：屋架上弦杆长度为 5 051.4 mm(3 分)。

22. 答：如图 4 所示(评分标准：每条线各 0.5 分，错、漏、多一条线各扣 0.5 分，中心线一条 0.5，虚、实线符合规定 1.5 分，共 10 分)。

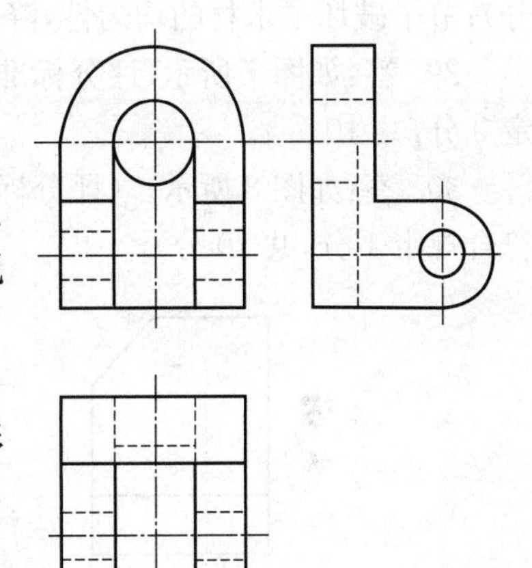

图 4

23. 答：属于设备方面的应该为：(1)调整锯轮(2 分)；(2)拧紧紧固螺栓、螺母，更换轴承(2 分)；(3)更换跑车梯形轮(2 分)；(4)检查并校正轨道，清除轨面上障碍物(2 分)；(5)调整锯条张紧程度(2 分)。

24. 答：如图 5 所示(评分标准：每条线各 0.5 分，错、漏、多一条线各扣 0.5 分，虚、实线符合规定 2 分，共 10 分)。

25. 答：(1)相邻两零件的接触面和配合面只画一条线，而当相邻两零件有关部分基本尺寸不同时，即使间隙很小，也必须画两条线(3 分)；(2)同一零件在不同视图中，剖面线的方向和间隔应保持一致；相邻零件的剖面线应有明显区别，或斜线方向相反或间隔不等，以便在装配图内区分不同零件(3 分)。(3)装配图中，对于螺栓等紧固件及实心件，若按纵向剖切，且剖切平面通过其对称平面或轴线时，则这些零件均按未剖绘制(4 分)。

26. 答：如图 6 所示(评分标准：每个视图 3 分，基准线 1 分，共 10 分)。

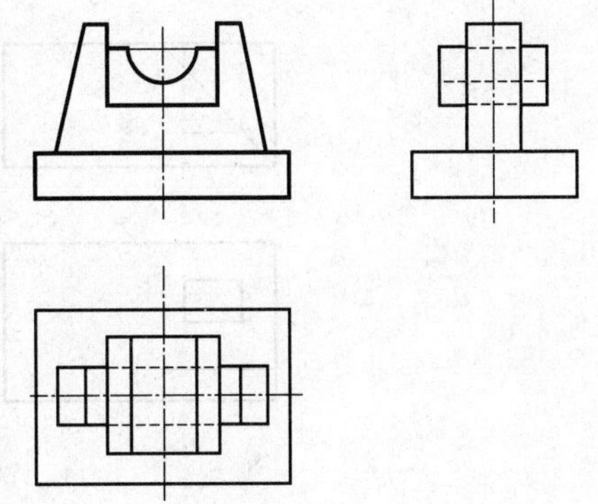

图 5

27. 答：根据放样图上量得的实际尺寸制出样板，可做为下料、加工、装配等工序的原始依据。所以放样图和工作图有着密切联系(2.5 分)，但它们又有区别，其主要方面有：(1)工作图的比例不是固定的，它可以按制图标准规定缩小或放大。而放样图一般限于 1∶1(1.5 分)。(2)工作图是按国家制图标准绘制的，而放样图比较随便。例如放样图可不注尺寸、线条粗细长短无关紧要(1.5分)。(3)工作图有零件尺寸、形状、粗糙度、标题栏和有关技术说明等内容。放样图可忽视上述五项内容，有时只画形状和大小就成了(1.5分)。(4)工作图上不能随意增加或去掉线条，而放样图上可以添加各种必要的辅助线，也可去掉与放样无关的线条(1.5分)。(5)工作图目的在于示意，放样图的目的在于精确地反映实物形状等(1.5分)。

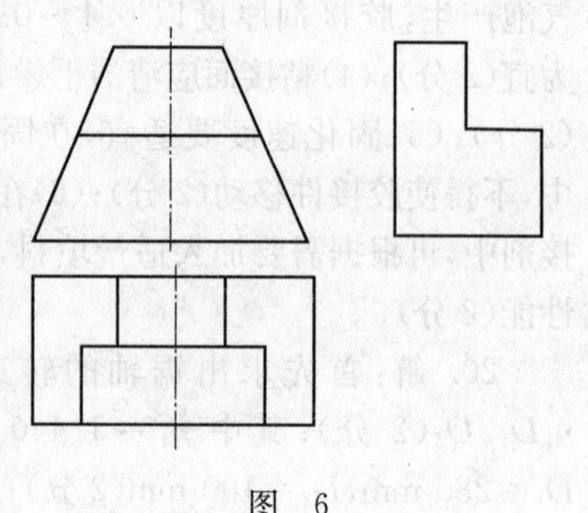
图 6

28. 答：由于节子材质坚硬，易使锯齿或刀具刃变化或缺损，所以在加工中遇到节子应放慢进料速度(3分)；节子使局部木材出现斜纹，会造成加工表面不光滑，易起毛或产生劈渣等缺陷，影响木材外观(3分)；节子破坏了木材的均匀性，降低了木材强度，对受弯曲的木构件影响极大(4分)。

29. 答：如图7所示(评分标准：每条线各1分，错、漏、多一条线各扣1分，虚、实线符合规定3分，共10分)。

30. 答：如图8所示。(评分标准：每条线各1.5分，错、漏、多一条线各扣1.5分，虚、实线符合规定1分，共10分)。

图 7　　图 8

31. 答：如图9所示(评分标准：每条线各0.5分，错、漏、多一条线各扣0.5分，形状正确1分，共10分)。

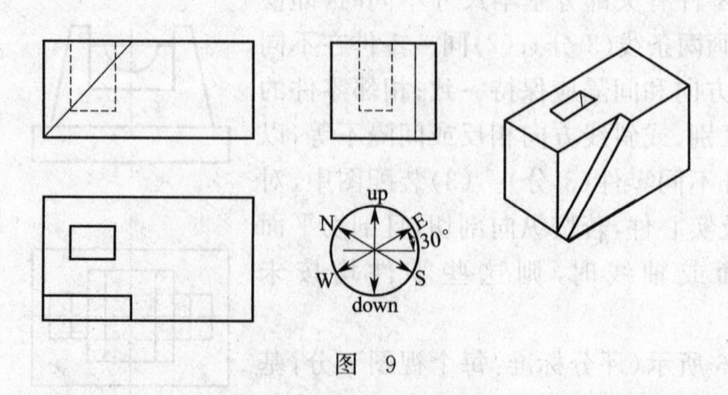

图 9

32. 答：班组质量管理的“三检制度”：即自检、互检、专职检(2分)。自检：自我检查、自己区分合格与不合格，自做标识，严格控制自检正确率(2分)。互检：在一起工作的作业人员互相检查，互相督促，共把质量关(2分)。专职检：即专职人员检查，对完成的施工工序或部位，及时通知技术员、质量检查员，按质量标准进行检验验收，合格产品须填写表格，进行签字，不合格产品要立即组织原施工人员进行维修和返工(2分)。“三按”制度，即：严格地按施工图、按标准或章程、按工艺进行施工(2 分)。

33. 答:全面质量管理的特点是:全面、全员、全过程(4 分)。全面:全面质量管理的管理对象不仅包括产品质量,还包括工序质量和工作质量,并着重于工作质量的管理。要求以提高工作质量水平来保证工序质量,以控制工序质量来保证产品质量(2 分)。全员:产品质量是企业各项管理的综合反映,关系到企业的每个部门和人员。因此,加强质量管理必须由企业领导亲自抓,才能推动和协调各部门的工作;另一方面,必须动员和教育企业的全体人员共同参与质量管理工作,特别是不断提高本岗位的工作质量(2 分)。全过程:要对影响产品质量的所有环节,如研究设计、生产制造、售后服务等进行管理,将不合格的产品消灭在生产的过程中,必须将质量管理从单纯的事后检查、管"结果"的方式,转为事先控制、管理影响质量的"因素"的方式(2 分)。

34. 答:如图 10 所示(评分标准:每条线各 0.5 分,错、漏、多一条线各扣 0.5 分,共 10 分)。

35. 答:如图 11 所示(评分标准:每条线各 1 分,错、漏、多一条线各扣 1 分,共 10 分)。

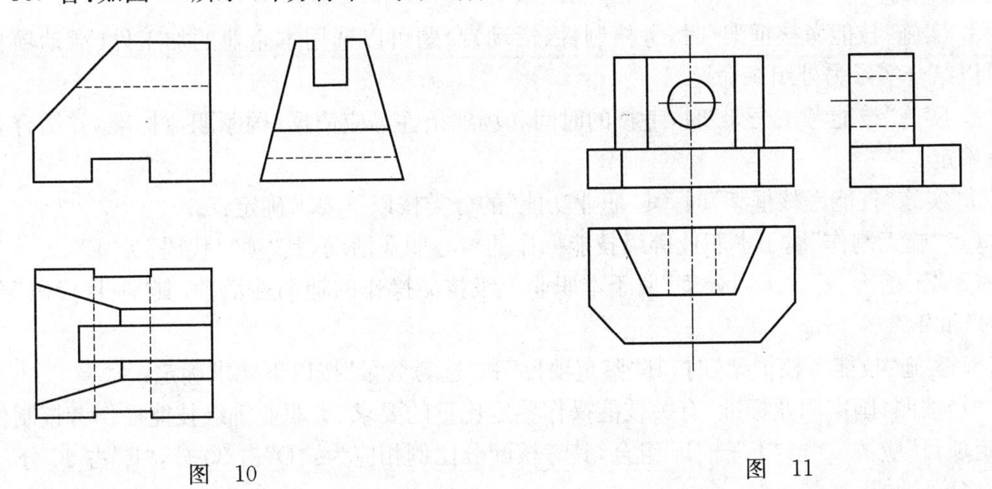

图 10　　图 11

手工木工(初级工)技能操作考核框架

一、框架说明

1. 依据《国家职业标准》[注],以及中国北车确定的“岗位个性服从于职业共性”的原则,提出手工木工(初级工)技能操作考核框架(以下简称:技能考核框架)。

2. 本职业等级技能操作考核评分采用百分制。即:满分为 100 分,60 分为及格,低于 60 分为不及格。

3. 实施“技能考核框架”时,考核制件(活动)命题可以选用本企业的加工件(活动项目),也可以结合实际另外组织命题。

4. 实施“技能考核框架”时,考核的时间和场地条件等应依据《国家职业标准》并结合企业实际确定。

5. 实施“技能考核框架”时,其“职业功能”的分类按以下要求确定:

(1)“施工制作”属于本职业等级技能操作的核心职业活动,其“项目代码”为“E”。

(2)“工前准备”、“工后处理”属于本职业等级技能操作的辅助性活动,其“项目代码”分别为“D”和“F”。

6. 实施“技能考核框架”时,其“鉴定项目”和“选考数量”按以下要求确定:

(1)按照《国家职业标准》有关技能操作鉴定比重的要求,本职业等级技能操作考核制件的“鉴定项目”应按“D”+“E”+“F”组合,其考核配分比例相应为:“D”占 30 分,“E”占 60 分,“F”占 10 分。

(2)依据中国北车确定的“核心职业活动选取 2/3,并向上取整”的规定,在“E”类鉴定项目——“施工制作”的全部 5 项中,至少选取 4 项。

(3)依据中国北车确定的“其余‘鉴定项目’的数量可以任选”的规定,“D”和“F”类鉴定项目——“工前准备”、“工后处理”中,至少分别选取 1 项。

(4)依据中国北车确定的“确定‘选考数量’时,所涉及‘鉴定要素’的数量占比,应不低于对应‘鉴定项目’范围内‘鉴定要素’总数的 60%,并向上取整”的规定,考核制件(活动)的鉴定要素“选考数量”应按以下要求确定:

①在“D”类“鉴定项目”中,在已选定的至少 1 个鉴定项目中,至少选取已选鉴定项目所对应的全部鉴定要素的 60%项,并向上保留整数。

②在“E”类“鉴定项目”中,在已选定的至少 4 个鉴定项目所包含的全部鉴定要素中,至少选取总数的 60%项,并向上保留整数。

③在“F”类“鉴定项目”中,在已选定的至少 1 个鉴定项目中,至少选取已选鉴定项目所对应的全部鉴定要素的 60%项,并向上保留整数。

举例分析:

按照上述“第 6 条”要求,若命题时按最少数量选取,即:在“D”类鉴定项目中选取了“识图与制图”1项,在“E”类鉴定项目中选取了“选料、配料”、“木制品零件加工”、“简单木制构件的制作和安装”、“木家具制作”4项,在“F”类鉴定项目中选取了“质量检查”1项。则:此考核制件所涉及的“鉴定项目”总数为6项,具体包括:“识图与制图”,“选料、配料”,“木制品零件加工”,“简单木制构件的制作和安装”,“木家具制作”,“质量检查”。

此考核制件所涉及的鉴定要素“选考数量”相应为12项,具体包括:“识图与制图”1个鉴定项目包含的全部2个鉴定要素中的2项,“选料、配料”、“木制品零件加工”、“简单木制构件的制作和安装”、“木家具制作”4个鉴定项目包括的全部12个鉴定要素中的8项,“质量检查”1个鉴定项目包含的全部2个鉴定要素中的2项。

7. 本职业等级技能操作需要两人及以上共同作业的,可由鉴定组织机构根据“必要、辅助”的原则,结合实际情况确定协助人员的数量。在整个操作过程中,协助人员只能起必要、简单的辅助作用。否则,每违反一次,至少扣减应考者的技能考核总成绩10分,直至取消其考试资格。

8. 实施“技能考核框架”时,应同时对应考者在质量、安全、工艺纪律、文明生产等方面行为进行考核。对于在技能操作考核过程中出现的违章作业现象,每违反一项(次)至少扣减技能考核总成绩10分,直至取消其考试资格。

注:按照中国北车规定,各《职业技能操作考核框架》的编制依据现行的《国家职业标准》或现行的《行业职业标准》或现行的《中国北车职业标准》的顺序执行。

二、手工木工(初级工)技能操作鉴定要素细目表

职业功能	鉴定项目				鉴定要素		
	项目代码	名称	鉴定比重(%)	选考方式	要素代码	名称	重要程度
工前准备	D	识图与制图	30	任选	001	能够看懂建筑与装饰工程分部、分项施工图、木工施工翻样图和简单家具图	X
					002	能够准确领会设计意图	X
		工机具准备			001	能够正确选用木工工具和轻便机具	X
		材料准备			001	能够按施工用量准确配备材料	X
		施工现场准备			001	能够做好工作环境的准备	X
					002	能够合理地堆放、保管易燃材料及可燃材料	Y
		施工技术准备			001	能够看懂一般木结构施工操作工艺规程和施工工艺	X
施工制作	E	选料、配料	60	至少选4项	001	能够根据配料加工单合理选料	X
					002	能够根据配料加工单合理下料	X
					003	能够根据配料加工单合理配料	X
		木制品零件加工			001	能够使用各种刨具对毛料进行刨削加工	X
					002	能够完成板缝拼接工作	X
					003	能够完成各种木构件的榫接合工作	X

续上表

职业功能	项目代码	名称	鉴定比重(%)	选考方式	要素代码	名称	重要程度
施工制作	E	简单木结构的制作和安装		至少选4项	001	能够按图制作放样	X
					002	能够设计简单的卯榫结构,并能加工组装	X
					003	能完成简单木构件安装工作	X
					004	掌握一般木制构件的各种连接方式	X
					005	能完成一般木模板的施工	X
		室内木装修			001	能够完成一般顶棚吊件、龙骨及面板的安装工作	X
					002	能够完成塑料地板的铺贴工作	X
					003	能够完成空铺木地板的铺设工作	X
					004	能够完成一般窗帘盒、窗台板的制作安装工作	X
		木家具制作			001	能够完成一般简单木家具的制作工作	X
工后处理	F	现场整理	10	任选	001	能对木工施工现场进行清理	X
		质量检查			001	能够检查成品是否符合设计要求及质量标准	X
					002	能够找出产生质量缺陷的原因	X

注:重要程度中X表示核心要素,Y表示一般要素,Z表示辅助要素。下同。

手工木工(初级工)技能操作考核样题与分析

职业名称：______________________

考核等级：______________________

存档编号：______________________

考核站名称：______________________

鉴定责任人：______________________

命题责任人：______________________

主管负责人：______________________

中国北车股份有限公司劳动工资部制

职业技能鉴定技能操作考核制件图示或内容(一)

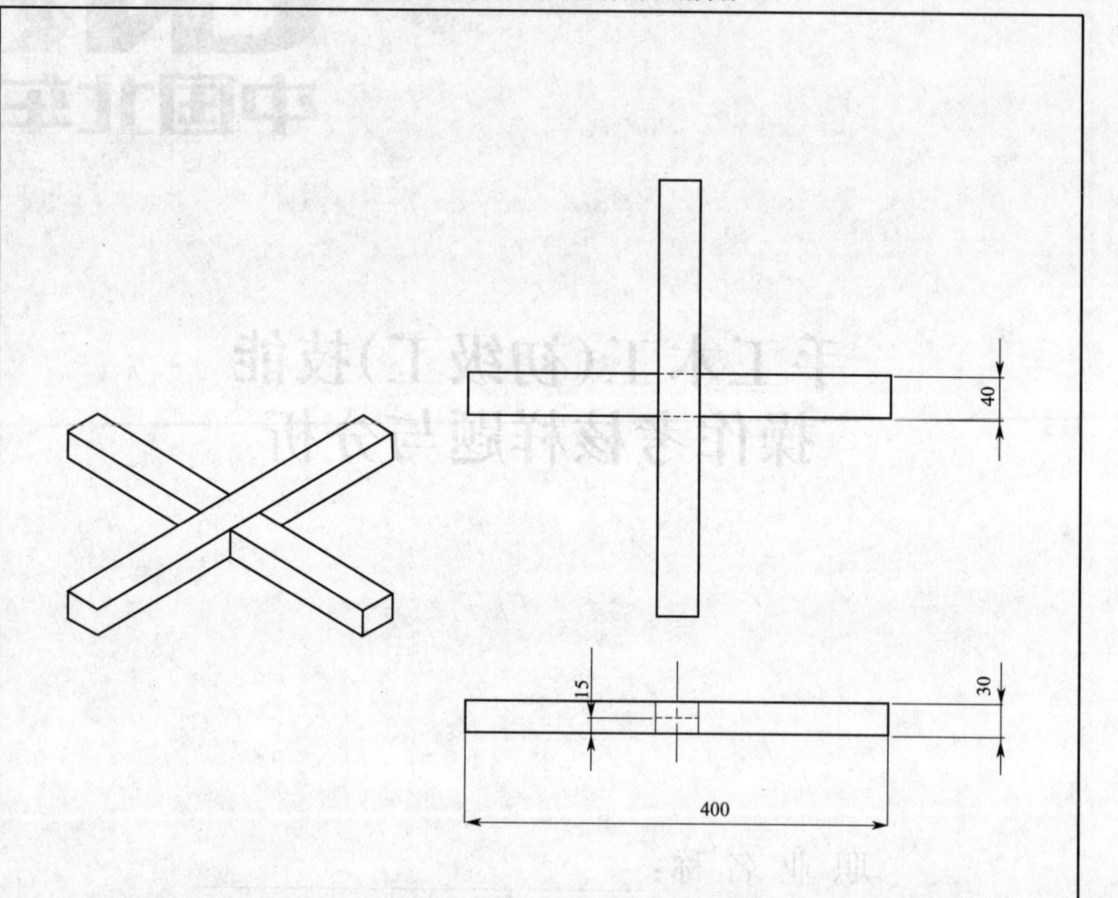

说明:

1. 检查木料是否符合技术要求,刨削木料达到图纸尺寸,并按图纸尺寸划线。
2. 按线加工豁口,尺寸要求见图纸。
3. 用螺钉及胶合剂连接十字搭接。要求零件平整,对角线偏差为±2 mm。
4. 零件图另附。

遵守安全操作规程、工艺纪律、文明生产,对于在技能操作考核过程中出现的违章作业现象,每违反一项(次)至少扣减技能考核总成绩10分,直至取消其考试资格。

职业名称	手工木工
考核等级	初级工
试题名称	十字搭接制作
材质等信息	

职业技能鉴定技能操作考核制件图示或内容(二)

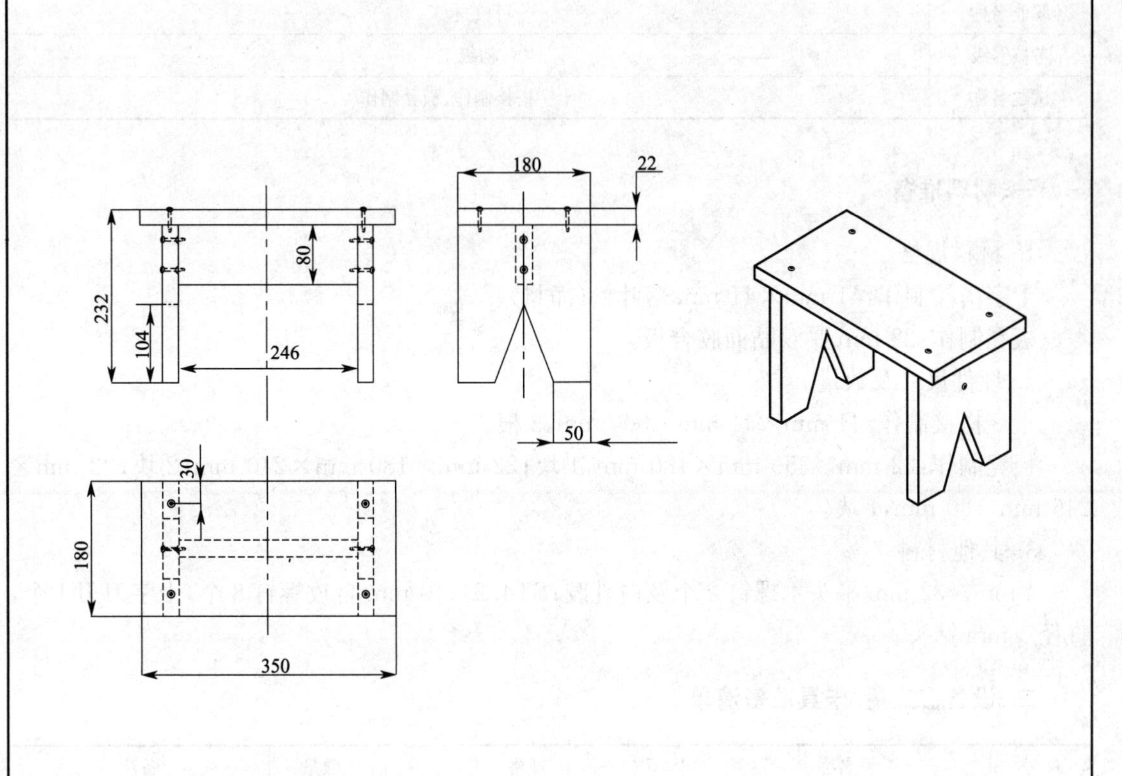

说明：

1. 检查 22 mm 厚贴面胶板是否符合尺寸和技术要求，画组装定位线。
2. 用手电钻钻孔达到定位尺寸要求。
3. 螺钉安装符合安装规范。
4. 集成牢固严密，符合图样。

遵守安全操作规程、工艺纪律、文明生产，对于在技能操作考核过程中出现的违章作业现象，每违反一项(次)至少扣减技能考核总成绩 10 分，直至取消其考试资格。

职业名称	手工木工
考核等级	初级工
试题名称	板凳制作
材质等信息	

职业技能鉴定技能操作考核准备单

职业名称	手工木工
考核等级	初级工
试题名称	十字搭接制作、板凳制作

一、材料准备

1. 材料规格

十字搭接制作：41 mm×41 mm 落叶松（净材）。

板凳制作：22 mm 厚双贴面胶合板。

2. 坯件尺寸及数量

十字搭接制作：41 mm×41 mm×500 mm，2 根。

板凳制作：22 mm×350 mm×180 mm，1 块；22 mm×180 mm×210 mm，2 块；22 mm×246 mm×80 mm，1 块。

3. 其他材料

4 mm×32 mm 平头木螺钉 2 个及白乳胶；ST4.2×40 mm 自攻螺钉 8 个，十字刀刃 1 个，直径 5 mm 钻头。

二、设备、工、量、卡具准备清单

序号	名称	规格	数量	备注
1	锯、铲、刨子、锤子、锉		各 1	
2	铅笔、方尺		各 1	
3	手电钻		1	
4	工作台		1	

三、考场准备

1. 相应的公用设备：推台锯。

2. 相应的场地及安全防范措施：能正确执行安全操作规程，安全生产无事故。设备状态良好，按公司有关文明生产规定，正确穿戴劳保用品，工作场地整洁，工件、工具摆放整齐。

3. 其他准备：饮用水等。

四、考核内容及要求

1. 考核内容（按考核制件图示及要求制作）

(1)十字搭接制作

1)检查木料是否符合技术要求，刨削木料达到图纸尺寸，并按图纸尺寸划线。

2)按线加工豁口，尺寸要求见图纸。

3)用螺钉及胶合剂连接十字搭接，要求零件平整，对角线偏差为±2 mm。

(2)板凳制作

1)检查 22 mm 厚贴面胶板是否符合尺寸和技术要求,画组装定位线。

2)用手电钻钻孔达到定位尺寸要求。

3)螺钉安装符合安装规范。

4)集成牢固严密,符合图样。

遵守安全操作规程、工艺纪律、文明生产,对于在技能操作考核过程中出现的违章作业现象,每违反一项(次)至少扣减技能考核总成绩 10 分,直至取消其考试资格。

2. 考核时限:120 分钟

3. 考核评分(表)

十字搭接制作、板凳制作考核评分表

试件编号: 得分:

考核项目	考核内容	配分	评分标准	扣分说明	得分
识图与制图	十字搭接和板凳的图纸识别	8	1 处图纸识别错误扣 2 分		
工机具准备	考件工、机具的正确选用	8	1 项不正确扣 2 分		
材料准备	考件材料用量的配备	8	1 项配备不全扣 2 分		
施工现场准备	考件施工环境的准备	6	1 处准备不到位扣 1 分		
选料、配料	十字搭接和板凳按图合理选料	4	有 1 处缺陷扣 1 分		
	考核板凳腿的下料	4	不合理扣 2 分		
	考核板凳腿的配料和粘贴、修边	4	不合理扣 2 分		
木制品零件加工	十字搭接和板凳制作过程的锯、刨加工	12	有 1 处缺陷扣 2 分		
	十字搭接构件的榫接合	8	不能完成扣 8 分		
简单木构件的制作和安装	板凳腿制作放样	8	1 处不正确或尺寸错误扣 2 分		
	板凳构件的安装	8	有 1 处安装缺陷扣 2 分		
	十字搭接和板凳的连接方式	6	有 1 处连接问题或强度不够扣 2 分		
木家具制作	完成板凳的制作	6	不能完成全扣		
现场整理	试件制作前后及过程中的现场清理	2	清理不及时扣 2 分		
质量检查	十字搭接构件和板凳的检查和质量标准的掌握	5	1 处测量不正确扣 1 分		
	十字搭接构件和板凳产生质量问题的原因	3	1 处检查不到位扣 1 分		
质量、安全、工艺纪律、文明生产等综合考核项目	考核时限	不限	每超时 10 分钟,扣 5 分		
	工艺纪律	不限	依据企业有关工艺纪律管理规定执行,每违反一次扣 10 分		
	劳动保护	不限	依据企业有关劳动保护管理规定执行,每违反一次扣 10 分		
	文明生产	不限	依据企业有关文明生产管理规定执行,每违反一次扣 10 分		
	安全生产	不限	依据企业有关安全生产管理规定执行,每违反一次扣 10 分,有重大安全事故,取消成绩		

考评员: 时间:

职业技能鉴定技能考核制件(内容)分析

职业名称	手工木工
考核等级	初级工
试题名称	十字搭接制作、板凳制作
职业标准依据	手工木工国家职业标准

试题中鉴定项目及鉴定要素的分析与确定

分析事项 \ 鉴定项目分类	基本技能“D”	专业技能“E”	相关技能“F”	合计	数量与占比说明
鉴定项目总数	5	5	2	12	
选取的鉴定项目数量	4	4	2	10	核心职业活动鉴定项目选取占比大于2/3
选取的鉴定项目数量占比(%)	80	80	100	83	
对应选取鉴定项目所包含的鉴定要素总数	6	12	3	21	鉴定要素数量选取占比大于60%
选取的鉴定要素数量	4	9	3	16	
选取的鉴定要素数量占比(%)	67	75	100	76	

所选取鉴定项目及相应鉴定要素分解与说明

鉴定项目类别	鉴定项目名称	国家职业标准规定比重(%)	《框架》中鉴定要素名称	本命题中具体鉴定要素分解	配分	评分标准	考核难点说明
“D”	识图与制图	30	能够看懂建筑与装饰工程分部、分项施工图、木工施工翻样图和简单家具图	十字搭接和板凳的图纸识别	8	1处图纸识别错误扣2分	制图基础
	工机具准备		能够正确选用木工工具和轻便机具	考核工、机具的正确选用	8	1项不正确扣2分	选用的合理性
	材料准备		能够按施工用量准确配备材料	考核材料用量的配备	8	1项配备不全扣2分	配备的全面性
	施工现场准备		能够做好工作环境的准备	考核施工环境的准备	6	1处准备不到位扣1分	准备的周到性
“E”	选料、配料	60	能够根据配料加工单合理选料	十字搭接和板凳按图合理选料	4	有1处缺陷扣1分	做到无缺陷
	木制品零件加工		能够根据配料加工单合理下料	考核板凳腿的下料	4	不合理扣2分	锯制的合理性
			能够根据配料加工单合理配料	考核板凳腿的配料和粘贴、修边	4	不合理扣2分	尺寸的正确性
			能够使用各种锯、刨工具对毛料进锯、刨加工	十字搭接和板凳制作过程的锯、刨加工	12	有1处缺陷扣2分	手法正确尺寸掌握
	简单木构件的制作和安装		能够完成较简单木构件的榫接合工作	十字搭接构件的榫接合	8	不能完成扣8分	垂直度和平行度同时保证
			能够按图制作放样	板凳腿制作放样	8	1处不正确或尺寸错误扣2分	基准尺寸的掌握
			能完成简单木构件安装工作	板凳构件的安装	8	有1处安装缺陷扣2分	总体尺寸和功能的实现
			掌握一般木制构件的各种连接方式	十字搭接和板凳的连接方式	6	有1处连接问题或强度不够扣2分	多种连接方式的掌握
	木家具制作		能够完成一般简单木家具的制作工作	完成板凳的制作	6	不能完成全扣	综合能力

续上表

鉴定项目类别	鉴定项目名称	国家职业标准规定比重(%)	《框架》中鉴定要素名称	本命题中具体鉴定要素分解	配分	评分标准	考核难点说明
"F"	现场整理	10	能对木工施工现场进行清理	试件制作前后及过程中的现场清理	2	清理不及时扣2分	清理及时
	质量检查		能够检查成品是否符合设计要求及质量标准	十字搭接构件和板凳的检查和质量标准的掌握	5	1处测量不正确扣1分	测量的正确性
			能够找出产生质量缺陷的原因	十字搭接构件和板凳产生质量问题的原因	3	一处检查不到位扣1分	质量标准的掌握
质量、安全、工艺纪律、文明生产等综合考核项目				考核时限	不限	每超时10分钟，扣5分	
				工艺纪律	不限	依据企业有关工艺纪律管理规定执行，每违反一次扣10分	
				劳动保护	不限	依据企业有关劳动保护管理规定执行，每违反一次扣10分	
				文明生产	不限	依据企业有关文明生产管理规定执行，每违反一次扣10分	
				安全生产	不限	依据企业有关安全生产管理规定执行，每违反一次扣10分，有重大安全事故，取消成绩	

手工木工(中级工)技能操作考核框架

一、框架说明

1. 依据《国家职业标准》注，以及中国北车确定的“岗位个性服从于职业共性”的原则，提出手工木工(中级工)技能操作考核框架(以下简称：技能考核框架)。

2. 本职业等级技能操作考核评分采用百分制。即：满分为100分，60分为及格，低于60分为不及格。

3. 实施“技能考核框架”时，考核制件(活动)命题可以选用本企业的加工件(活动项目)，也可以结合实际另外组织命题。

4. 实施“技能考核框架”时，考核的时间和场地条件等应依据《国家职业标准》并结合企业实际确定。

5. 实施“技能考核框架”时，其“职业功能”的分类按以下要求确定：

(1)“施工制作”属于本职业等级技能操作的核心职业活动，其“项目代码”为“E”。

(2)“工前准备”、“工后处理”属于本职业等级技能操作的辅助性活动，其“项目代码”分别为“D”和“F”。

6. 实施“技能考核框架”时，其“鉴定项目”和“选考数量”按以下要求确定：

(1)按照《国家职业标准》有关技能操作鉴定比重的要求，本职业等级技能操作考核制件的“鉴定项目”应按“D”+“E”+“F”组合，其考核配分比例相应为：“D”占30分，“E”占60分，“F”占10分。

(2)依据中国北车确定的“核心职业活动选取2/3并向上取整”的规定，在“E”类鉴定项目——“施工制作”的全部3项中，至少选取2项。

(3)依据中国北车确定的“其余‘鉴定项目’的数量可以任选”的规定，“D”和“F”类鉴定项目——“工前准备”、“工后处理”中，至少分别选取1项。

(4)依据中国北车确定的“确定‘选考数量’时，所涉及‘鉴定要素’的数量占比，应不低于对应‘鉴定项目’范围内‘鉴定要素’总数的60%，并向上取整”的规定，考核制件(活动)的鉴定要素“选考数量”应按以下要求确定：

①在“D”类“鉴定项目”中，在已选定的至少1个鉴定项目中，至少选取已选鉴定项目所对应的全部鉴定要素的60%项，并向上保留整数。

②在“E”类“鉴定项目”中，在已选定的至少2个鉴定项目所包含的全部鉴定要素中，至少选取总数的60%项，并向上保留整数。

③在“F”类“鉴定项目”中，对应选定的至少1个鉴定项目中，至少选取已选鉴定项目所对应的全部鉴定要素的60%项，并向上保留整数。

举例分析：

按照上述“第6条”要求，若命题时按最少数量选取，即：在“D”类鉴定项目中选取了“识图与制图”1项，在“E”类鉴定项目中选取了“施工测量”、“木制构件基础操作”2项，在“F”类鉴定项目中选取了“质量检查”1项。则:此考核制件所涉及的“鉴定项目”总数为4项,具体包括:“识图与制图”,“施工测量”,“木制构件基础操作”,“质量检查”。

此考核制件所涉及的鉴定要素“选考数量”相应为12项,具体包括:“识图与制图”1个鉴定项目包含的全部2个鉴定要素中的2项;“施工测量”、“木制构件基础操作”2个鉴定项目包含的全部12个鉴定要素中的8项;“质量检查”鉴定项目包含的全部3个鉴定要素中的2项。

7. 本职业等级技能操作需要两人及以上共同作业的,可由鉴定组织机构根据“必要、辅助”的原则,结合实际情况确定协助人员的数量。在整个操作过程中,协助人员只能起必要、简单的辅助作用。否则,每违反一次,至少扣减应考者的技能考核总成绩10分,直至取消其考试资格。

8. 实施“技能考核框架”时,应同时对应考者在质量、安全、工艺纪律、文明生产等方面行为进行考核。对于在技能操作考核过程中出现的违章作业现象,每违反一项(次)至少扣减技能考核总成绩10分,直至取消其考试资格。

注:按照中国北车规定,各《职业技能操作考核框架》的编制依据现行的《国家职业标准》或现行的《行业职业标准》或现行的《中国北车职业标准》的顺序执行。

二、手工木工(中级工)技能操作鉴定要素细目表

职业功能	鉴定项目				鉴定要素		
	项目代码	名称	鉴定比重(%)	选考方式	要素代码	名称	重要程度
工前准备	D	识图与制图	30	任选	001	能够识读一般建筑与装饰工程的全套图纸与家具图	X
					002	能够用图示方法说明施工内容并绘制本专业一般结构大样图	X
		工、机具准备			001	能够正确选用木工施工用轻便机具	X
					002	能进行常用木工机具的操作	X
					003	能够完成木工施工用轻便机具的维修工作	X
		材料准备			001	能够按设计和施工要求完成主要材料的准备工作	X
					002	能够按设计和施工要求完成辅助材料的准备工作	X
		施工技术准备			001	能够看懂较复杂木结构施工操作工艺规程和施工工艺	
					002	能够进行较复杂木结构施工前的技术准备	X
施工制作	E	施工测量	60	至少选2项	001	能够完成一般工程的水准测量	X
					002	能够完成一般工程的抄平、放线工作	X
		木制构件基础操作			001	能够完成较复杂木质构件单件的放样工作	X
					002	能够按图纸和技术要求合理配料	X
					003	能够完成较复杂木制构件的单件制作	X
					004	能够完成较复杂木制构件的单件装饰	X
					005	能够完成各种木构件的榫接合工作	X
					006	能使用多种材料和连接方式	X
					007	能够完成较复杂木质构件的基准确定	X

续上表

职业功能	鉴定项目				鉴定要素		
	项目代码	名称	鉴定比重(%)	选考方式	要素代码	名称	重要程度
施工制作	E	木制构件基础操作		至少选2项	008	能够完成较复杂木质构件的划线或放线工作	X
					009	能够完成较复杂木质构件的放样工作	X
					010	能够完成较复杂木质构件的找平、找直、找正工作	X
		木制构件的组装操作			001	掌握较复杂木质构件组件安装的操作方法	X
					002	能完成较复杂木构件组件的安装、调修	X
					003	掌握较复杂木质构件总体安装的操作方法	X
					004	能够完成较复杂木质构件总体的组装、调修	X
					005	能协同相关工种完成安装工作	X
工后处理	F	质量检查	10	任选	001	能够按施工验收规范对工件进行自查、修补	X
					002	能够按设计要求对初级手工木工的施工质量进行检查并提出修补意见	X
					003	能够根据实际分析出常见的误差及缺陷产生的原因	X
		现场整理			001	能够完成工、机具使用后的检查与保养	X

手工木工(中级工)技能操作考核样题与分析

职 业 名 称：

考 核 等 级：

存 档 编 号：

考核站名称：

鉴定责任人：

命题责任人：

主管负责人：

中国北车股份有限公司劳动工资部制

职业技能鉴定技能操作考核制件图示或内容(一)

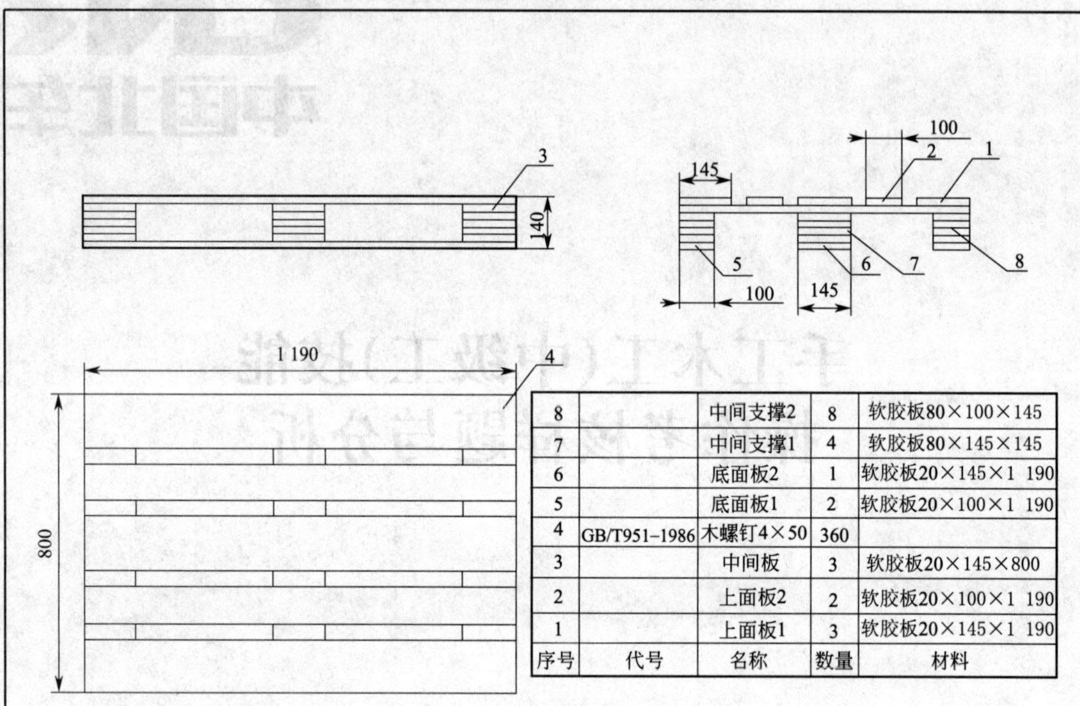

序号	代号	名称	数量	材料
8		中间支撑2	8	软胶板80×100×145
7		中间支撑1	4	软胶板80×145×145
6		底面板2	1	软胶板20×145×1 190
5		底面板1	2	软胶板20×100×1 190
4	GB/T951-1986	木螺钉4×50	360	
3		中间板	3	软胶板20×145×800
2		上面板2	2	软胶板20×100×1 190
1		上面板1	3	软胶板20×145×1 190

说明：

1. 尺寸精确，对角线误差不大于 3 mm。
2. 材质为 20 mm 厚胶板或木板。
3. 表面连接采用 4 mm×50 mm 木螺钉，其余为 3.5 寸钢钉，钉帽须沉入表面 2～3 mm。
4. 遵守安全操作规程、工艺纪律、文明生产，对于在技能操作考核过程中出现的违章作业现象，每违反一项(次)至少扣减技能考核总成绩 10 分，直至取消其考试资格。

职业名称	手工木工
考核等级	中级工
试题名称	木制托盘
材质等信息	

职业技能鉴定技能操作考核制件图示或内容(二)

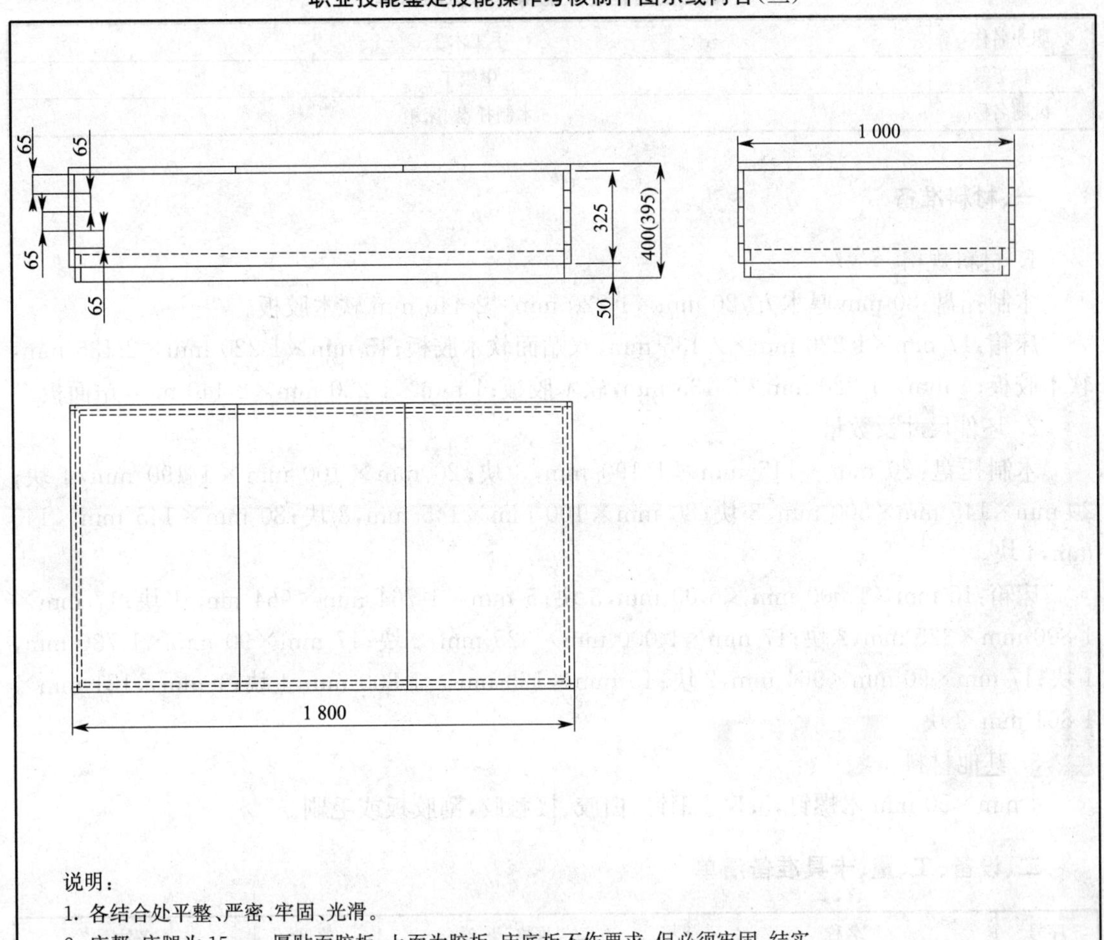

说明:

1. 各结合处平整、严密、牢固、光滑。
2. 床帮、床腿为 15 mm 厚贴面胶板,上面为胶板,床底板不作要求,但必须牢固,结实。
3. 床帮采用直角榫结合形式,床腿和床面与床帮采用螺钉连接。

遵守安全操作规程、工艺纪律、文明生产,对于在技能操作考核过程中出现的违章作业现象,每违反一项(次)至少扣减技能考核总成绩 10 分,直至取消其考试资格。

职业名称	手工木工
考核等级	中级工
试题名称	床箱
材质等信息	

职业技能鉴定技能操作考核准备单

职业名称	手工木工
考核等级	中级工
试题名称	木制托盘、床箱

一、材料准备

1. 材料规格

木制托盘:80 mm 厚木方,20 mm×1 220 mm×2 440 mm 软木胶板。

床箱:17 mm×1 220 mm×2 135 mm,双贴面软木胶板;15 mm×1 220 mm×2 135 mm,软木胶板;5 mm×1 220 mm×2 135 mm,软木胶板;1 mm×1 220 mm×2 440 mm,贴面板。

2. 坯件尺寸及数量

木制托盘:20 mm×145 mm×1 190 mm,3 块;20 mm×100 mm×1 190 mm,4 块;20 mm×145 mm×800 mm,3 块;80 mm×100 mm×145 mm,8 块;80 mm×145 mm×145 mm,4 块。

床箱:15 mm×1 000 mm×6 00 mm,3 块;5 mm×1 764 mm×964 mm,1 块;17 mm×1 800 mm×325 mm,2 块;17 mm×1 000 mm×325 mm,2 块;17 mm×90 mm×1 730 mm,1 块;17 mm×90 mm×964 mm,2 块;15 mm×120 mm×1 800 mm,1 块;1 mm×121 mm×1 801 mm,2 块。

3. 其他材料

4 mm×50 mm 木螺钉,3.5 寸钢钉,白胶、接触胶,刮胶板或毛刷。

二、设备、工、量、卡具准备清单

序号	名称	规格	数量	备注
1	刨子、铲、锉、锤子		各 1	
2	钢卷尺		1	
3	方尺		1	
4	螺钉旋具		1	
5	曲线锯		1	
6	手电钻		1	

三、考场准备

1. 相应的公用设备:推台锯。

2. 相应的场地及安全防范措施:能正确执行安全操作规程,安全生产无事故。设备状态良好,按公司有关文明生产规定,正确穿戴劳保用品,工作场地整洁,工件、工具摆放整齐。

3. 其他准备:饮用水等。

四、考核内容及要求

1. 考核内容(按考核制件图示及要求制作)

(1)木制托盘

1)制作如图样式托盘，要求试件外形为 1 190 mm×800 mm×140 mm，尺寸准确不超差。

2)形状完整符合图样。

3)各板用连接件连接严密牢固。

4)零件加工工艺合理。

(2)床箱

1)各结合处平整、严密、牢固、光滑。

2)床帮、床腿为 15 mm 厚贴面胶板，上面为胶板，床底板不作要求，但必须牢固，结实。

3)床帮采用直角榫结合形式，床腿和床面与床邦采用螺钉连接。

4)形状完整符合图样。

5)制作过程工艺合理。

遵守安全操作规程、工艺纪律、文明生产，对于在技能操作考核过程中出现的违章作业现象，每违反一项(次)至少扣减技能考核总成绩 10 分，直至取消其考试资格。

2. 考核时限：240 分钟

3. 考核评分(表)

木制托盘、床箱制作考核评分表

试件编号：　　　　　　　　　　　　　　　　　　　　　　　得分：

考核项目	考核内容	配分	评分标准	扣分说明	得分
识图与制图	托盘和床箱用图的识读	8	1 处识读有误扣 2 分		
工、机具准备	选用托盘和床箱施工用轻便机具	3	1 项选用不合理扣 0.5 分		
	托盘和床箱施工机具的操作	7	1 项操作有问题扣 1 分		
材料准备	完成托盘和床箱所用材料的准备	3	一处缺陷料没发现扣 1 分		
	完成试件所用的钉子、螺栓、白胶等辅助材料的准备	3	辅助材料准备不全扣 0.5 分		
施工技术准备	看懂托盘和床箱制作工艺规程和施工工艺	3	1 处工艺理解有误扣 1 分		
	能进行托盘和床箱施工前的技术准备	3	1 处准备不到位扣 1 分		
木制构件基础操作	床帮的放样	4	1 处不方正或不正确扣 1 分		
	托盘和床箱的配料	2	有 1 处配料问题扣 1 分		
	1 块床腿的粘接贴面板和修边操作	5	有 1 处缺陷或尺寸超差扣 1 分		
	能够完成床箱开卯榫接合	5	1 处有缺陷扣 1 分		
	托盘和床箱的钉连接	2	1 处连接问题扣 1 分		
	托盘和床箱制作过程中的基准确定	3	1 处不正确或不合理扣 1 分		
	托盘和床箱床箱开卯榫和集成过程的划线	4	1 处有问题扣 1 分		
	托盘和床箱制作过程中的找平、找直、找正	5	1 处不平直或不方正扣 1 分		
木制构件的组装操作	托盘和床箱组件的安装方法	3	1 处操作方法不正确扣 1 分		
	能完成托盘和床箱组件的安装、调修	8	1 处尺寸超差扣 1 分		
	掌握托盘和床箱总体的安装、调修方法	4	1 处操作方法不正确扣 1 分		
	能完成托盘和床箱总体的组装、调修	15	不能完成全扣		

续上表

考核项目	考核内容	配分	评分标准	扣分说明	得分
质量检查	木托盘和床箱的成品件检查、修补	4	1处检查或修补不到位扣1分		
	分析托盘和床箱出现尺寸误差的原因	4	1处分析不合理扣1分		
现场整理	曲线锯和推台锯等工、机具使用后的检查与保养	2	不及时扣1分		
质量、安全、工艺纪律、文明生产等综合考核项目	考核时限	不限	每超时10分钟，扣5分		
	工艺纪律	不限	依据企业有关工艺纪律管理规定执行，每违反一次扣10分		
	劳动保护	不限	依据企业有关劳动保护管理规定执行，每违反一次扣10分		
	文明生产	不限	依据企业有关文明生产管理规定执行，每违反一次扣10分		
	安全生产	不限	依据企业有关安全生产管理规定执行，每违反一次扣10分，有重大安全事故，取消成绩		

考评员：　　　　　　　　　　　　　　　　　　　　　　时间：

职业技能鉴定技能考核制件(内容)分析

职业名称	手工木工
考核等级	中级工
试题名称	木制托盘、床箱制作
职业标准依据	手工木工国家职业标准

试题中鉴定项目及鉴定要素的分析与确定

分析事项 \ 鉴定项目分类	基本技能“D”	专业技能“E”	相关技能“F”	合计	数量与占比说明
鉴定项目总数	4	3	2	11	核心职业活动占比大于2/3
选取的鉴定项目数量	4	2	2	8	
选取的鉴定项目数量占比(%)	100	67	100	73	
对应选取鉴定项目所包含的鉴定要素总数	9	15	4	28	鉴定要素数量占比大于60%
选取的鉴定要素数量	7	12	3	22	
选取的鉴定要素数量占比(%)	78	80	75	79	

所选取鉴定项目及相应鉴定要素分解与说明

鉴定项目类别	鉴定项目名称	国家职业标准规定比重(%)	《框架》中鉴定要素名称	本命题中具体鉴定要素分解	配分	评分标准	考核难点说明
“D”	识图与制图	30	能够识读一般建筑与装饰工程的全套图纸与家具图	托盘和床箱用图的识读	8	1处识读有误扣2分	制图基础
	工、机具准备		能够正确选用木工施工用轻便机具	选用托盘和床箱施工用轻便机具	3	1项选用不合理扣0.5分	机具选择合理
			能进行常用木工机具的操作	托盘和床箱施工机具的操作	7	1项操作有问题扣1分	熟练程度
	材料准备		能够按设计和施工要求完成主要材料的准备工作	完成托盘和床箱所用材料的准备	3	一处缺陷料没发现扣1分	选料无缺陷
	施工技术准备		能够按设计和施工要求完成辅助材料的准备工作	完成试件所用的钉子、螺栓、白胶等辅助材料的准备	3	辅助材料准备不全扣0.5分	辅助材料的全面准备
			能够看懂较复杂木结构施工操作工艺规程和施工工艺	看懂托盘和床箱制作工艺规程和施工工艺	3	1处工艺理解有误扣1分	工艺规程的全面掌握
			能够进行较复杂木结构施工前的技术准备	能进行托盘和床箱施工前的技术准备	3	1处准备不到位扣1分	准备到位
“E”	木制构件基础操作	60	能够完成较复杂木质构件单件的放样工作	床帮的放样	4	1处不方正或不正确扣1分	放样精度
			能够按图纸和技术要求合理配料	托盘和床箱的配料	2	有1处配料问题扣1分	合理配料
			能够完成较复杂木制构件的单件制作	1块床腿的粘接贴面板和修边操作	5	有1处缺陷或尺寸超差扣1分	尺寸精度
			能够完成各种木构件的榫接合工作	能够完成床箱开卯榫接合	5	1处有缺陷扣1分	结合的严密性
			能使用多种材料和连接方式	托盘和床箱的钉连接	2	1处连接问题扣1分	连接的可靠性

续上表

鉴定项目类别	鉴定项目名称	国家职业标准规定比重(%)	《框架》中鉴定要素名称	本命题中具体鉴定要素分解	配分	评分标准	考核难点说明
"E"	木制构件基础操作		能够完成较复杂木质构件的基准确定	托盘和床箱制作过程中的基准确定	3	1处不正确或不合理扣1分	定位基准选择合理
			能够完成较复杂木质构件的划线或放线工作	托盘和床箱床箱开卯榫和集成过程的划线	4	1处有问题扣1分	划线尺寸的掌握
			能够完成较复杂木质构件的找平、找直、找正工作	托盘和床箱制作过程中的找平、找直、找正	5	1处不平直或不方正扣1分	平直方正的把握
	木制构件的组装操作		掌握较复杂木质构件组件安装的操作方法	托盘和床箱组件的安装方法	3	1处操作方法不正确扣1分	组件操作的合理性
			能完成较复杂木构件组件的安装、调修	能完成托盘和床箱组件的安装、调修	8	1处尺寸超差扣1分	组件的尺寸把握
			掌握较复杂木质构件总体安装的操作方法	掌握托盘和床箱总体的安装、调修方法	4	1处操作方法不正确扣1分	总体操作的合理性
			能够完成较复杂木质构件总体的组装、调修	能完成托盘和床箱总体的组装、调修	15	不能完成全扣	总体尺寸的把握
"F"	质量检查	10	能够按施工验收规范对工件进行自查、修补	木托盘和床箱的成品件检查、修补	4	1处检查或修补不到位扣1分	检查和找补的能力
			能够根据实际分析出常见的误差及缺陷产生的原因	分析托盘和床箱出现尺寸误差的原因	4	1处分析不合理扣1分	分析能力
	现场整理		能够完成工、机具使用后的检查与保养	曲线锯和推台锯等工、机具使用后的检查与保养	2	不及时扣1分	做到及时定期
质量、安全、工艺纪律、文明生产等综合考核项目				考核时限	不限	每超时10分钟，扣5分	
				工艺纪律	不限	依据企业有关工艺纪律管理规定执行，每违反一次扣10分	
				劳动保护	不限	依据企业有关劳动保护管理规定执行，每违反一次扣10分	
				文明生产	不限	依据企业有关文明生产管理规定执行，每违反一次扣10分	
				安全生产	不限	依据企业有关安全生产管理规定执行，每违反一次扣10分，有重大安全事故，取消成绩	

手工木工(高级工)技能操作考核框架

一、框架说明

1. 依据《国家职业标准》注,以及中国北车确定的“岗位个性服从于职业共性”的原则,提出手工木工(高级工)技能操作考核框架(以下简称:技能考核框架)。

2. 本职业等级技能操作考核评分采用百分制。即:满分为 100 分,60 分为及格,低于 60 分为不及格。

3. 实施“技能考核框架”时,考核制件(活动)命题可以选用本企业的加工件(活动项目),也可以结合实际另外组织命题。

4. 实施“技能考核框架”时,考核的时间和场地条件等应依据《国家职业标准》并结合企业实际确定。

5. 实施“技能考核框架”时,其“职业功能”的分类按以下要求确定:

(1)“施工制作”属于本职业等级技能操作的核心职业活动,其“项目代码”为“E”。

(2)“工前准备”、“工后处理”、“施工管理”属于本职业等级技能操作的辅助性活动,其“项目代码”分别为“D”和“F”。

6. 实施“技能考核框架”时,其“鉴定项目”和“选考数量”按以下要求确定:

(1)按照《国家职业标准》有关技能操作鉴定比重的要求,本职业等级技能操作考核制件的“鉴定项目”应按“D”+“E”+“F”组合,其考核配分比例相应为:“D”占 35 分,“E”占 40 分,“F”占 25 分(其中:工后处理 10 分,施工管理 15 分)。

(2)依据中国北车确定的“核心职业活动选取 2/3,并向上取整”的规定,在“E”类鉴定项目——“施工制作”的全部 2 项中,必须选取 2 项。

(3)依据中国北车确定的“其余‘鉴定项目’的数量可以任选”的规定,“D”和“F”类鉴定项目——“工前准备”、“工后处理”、“施工管理”中,至少分别选取 1 项。

(4)依据中国北车确定的“确定‘选考数量’时,所涉及‘鉴定要素’的数量占比,应不低于对应‘鉴定项目’范围内‘鉴定要素’总数的 60%,并向上取整”的规定,考核制件(活动)的鉴定要素“选考数量”应按以下要求确定:

①在“D”类“鉴定项目”中,在已选定的至少 1 个鉴定项目中,至少选取已选鉴定项目所对应的全部鉴定要素的 60%项,并向上保留整数。

②在“E”类“鉴定项目”中,在已选定的至少 2 个鉴定项目所包含的全部鉴定要素中,至少选取总数的 60%项,并向上保留整数。

③在“F”类“鉴定项目”中,对应“工后处理”在已选定的 1 个或全部鉴定项目中,至少选取已选鉴定项目所对应的全部鉴定要素的 60%项,并向上保留整数;对应“施工管理”在已选定的 1 个或全部鉴定项目中,至少选取已选鉴定项目所对应的全部鉴定要素的 60%项,并向上保留整数。

举例分析:

按照上述“第 6 条”要求,若命题时按最少数量选取,即:在“D”类鉴定项目中选取了“识图与制图”1 项，在“E”类鉴定项目中选取了“木质构件的基础操作”、“木质构件的组装操作”2 项，在“F”类鉴定项目中选取了“质量检查”、“施工现场管理”2 项。则：此考核制件所涉及的“鉴定项目”总数为 5 项，具体包括：“识图与制图”，“木质构件的基础操作”“木质构件的组装操作”，“质量检查”、“施工现场管理”。

此考核制件所涉及的鉴定要素“选考数量”相应为 13 项，具体包括：“识图与制图”鉴定项目包含的全部 2 个鉴定要素中的 2 项，“木质构件的基础操作”、“木质构件的组装操作”2 个鉴定项目包含的全部 13 个鉴定要素中的 8 项，“质量检查”1 个鉴定项目包含的全部 1 个鉴定要素中的 1 项，“施工现场管理”1 个鉴定项目包含的全部 3 个鉴定要素中的 2 项。

7. 本职业等级技能操作需要两人及以上共同作业的，可由鉴定组织机构根据“必要、辅助”的原则，结合实际情况确定协助人员的数量。在整个操作过程中，协助人员只能起必要、简单的辅助作用。否则，每违反一次，至少扣减应考者的技能考核总成绩 10 分，直至取消其考试资格。

8. 实施“技能考核框架”时，应同时对应考者在质量、安全、工艺纪律、文明生产等方面行为进行考核。对于在技能操作考核过程中出现的违章作业现象，每违反一项(次)至少扣减技能考核总成绩 10 分，直至取消其考试资格。

注：按照中国北车规定，各《职业技能操作考核框架》的编制依据现行的《国家职业标准》或现行的《行业职业标准》或现行的《中国北车职业标准》的顺序执行。

二、手工木工(高级工)技能操作鉴定要素细目表

<table>
<tr><th rowspan="2">职业功能</th><th colspan="4">鉴定项目</th><th colspan="3">鉴定要素</th></tr>
<tr><th>项目代码</th><th>名称</th><th>鉴定比重(%)</th><th>选考方式</th><th>要素代码</th><th>名称</th><th>重要程度</th></tr>
<tr><td rowspan="12">工前准备</td><td rowspan="12">D</td><td rowspan="2">识图与制图</td><td rowspan="12">35</td><td rowspan="12">任选</td><td>001</td><td>轴测图与透视图的识读</td><td>X</td></tr>
<tr><td>002</td><td>复杂家具或复杂木制构件的识读</td><td>X</td></tr>
<tr><td rowspan="5">工具、劳动力、材料准备</td><td>001</td><td>能理解工程定额的含义，能根据实际进行定额的计算</td><td>X</td></tr>
<tr><td>002</td><td>能够根据施工进度和施工内容的要求完成各工序劳动力和中级以下技术工人的合理调配工作</td><td>X</td></tr>
<tr><td>003</td><td>能够做好各环节材料的管理</td><td>X</td></tr>
<tr><td>004</td><td>能够根据特殊施工需要，制作本工种施工用的手工工具</td><td>X</td></tr>
<tr><td>005</td><td>能够对初、中级手工木工的材料准备工作进行检查</td><td>X</td></tr>
<tr><td>技术准备</td><td>001</td><td>能够完成工艺卡的编制工作</td><td>X</td></tr>
<tr><td rowspan="3">施工前工艺设计</td><td>001</td><td>能够根据图纸设计制作加工模具、加工模板及工装卡具</td><td>X</td></tr>
<tr><td>002</td><td>能够按工艺设计施工方案和施工工序</td><td>X</td></tr>
<tr><td>003</td><td>能够对木模板进行合理设计</td><td>X</td></tr>
<tr><td>木质构件的基础操作</td><td>001</td><td>能够完成木质构件单件的放样工作</td><td>X</td></tr>
<tr><td></td><td></td><td></td><td></td><td></td><td>002</td><td>能够完成木质构件的单件加工</td><td>X</td></tr>
</table>

续上表

职业功能	鉴定项目				鉴定要素		
	项目代码	名称	鉴定比重（%）	选考方式	要素代码	名称	重要程度
施工制作	E	木质构件的基础操作	40	必选2项	003	能够完成木质构件的单件修整与装饰	X
					004	能够完成木质构件的基准确定并找正	X
					005	能够完成木质构件的划线或放线工作	X
					006	能够完成木质构件的放样工作	X
					007	能够完成木质构件的找平、找直、找正工作	X
		木质构件的组装操作			001	掌握木质构件组件安装的操作方法	X
					002	能够完成木质构件的组件的安装、调修	X
					003	掌握木质构件模块安装的操作方法	X
					004	能够完成木质构件模块的安装、调修	X
					005	掌握木质构件总体安装的操作方法	X
					006	能够完成木质构件总体的组装、调修	X
工后处理	F	质量检查	10	任选	001	能够对初、中级手工木工的施工质量进行跟踪检查	X
		现场整理			001	能够完成施工后各种技术资料、设计文件的整理归档工作	X
					002	能够完成施工后工具、机具、剩余材料的统计检查工作	X
施工管理		施工现场管理	15		001	能完成施工现场平面布置工作	X
					002	能够制定班组材料进出库制度	X
					003	能够完成班组生产管理、质量管理、劳动纪律管理工作	X
		指导、培训			001	能够对初、中级手工木工的专业技能进行指导培训	X

手工木工(高级工)技能操作考核样题与分析

职业名称：______________

考核等级：______________

存档编号：______________

考核站名称：______________

鉴定责任人：______________

命题责任人：______________

主管负责人：______________

中国北车股份有限公司劳动工资部制

职业技能鉴定技能操作考核制件图示或内容(一)

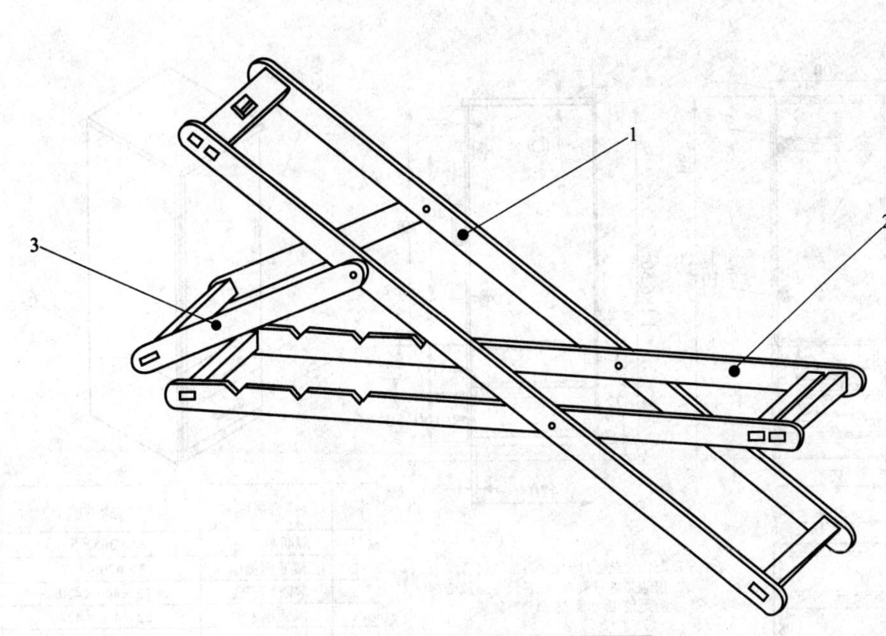

序号	零件名称	数量
1	休闲椅外框	1
2	休闲椅内框	1
3	休闲椅框	1

说明：

1. 各杆件均为半成品。
2. 要求各件制作和组装工艺过程合理。
3. 组装后运转灵活，满足使用功能、美观。
4. 各单件制作符合图纸和技术要求。
5. 组装及单件图另附。

遵守安全操作规程、工艺纪律、文明生产，对于在技能操作考核过程中出现的违章作业现象，每违反一项(次)至少扣减技能考核总成绩10分，直至取消其考试资格。

职业名称	手工木工
考核等级	高级工
试题名称	休闲椅构架
材质等信息	

职业技能鉴定技能操作考核制件图示或内容

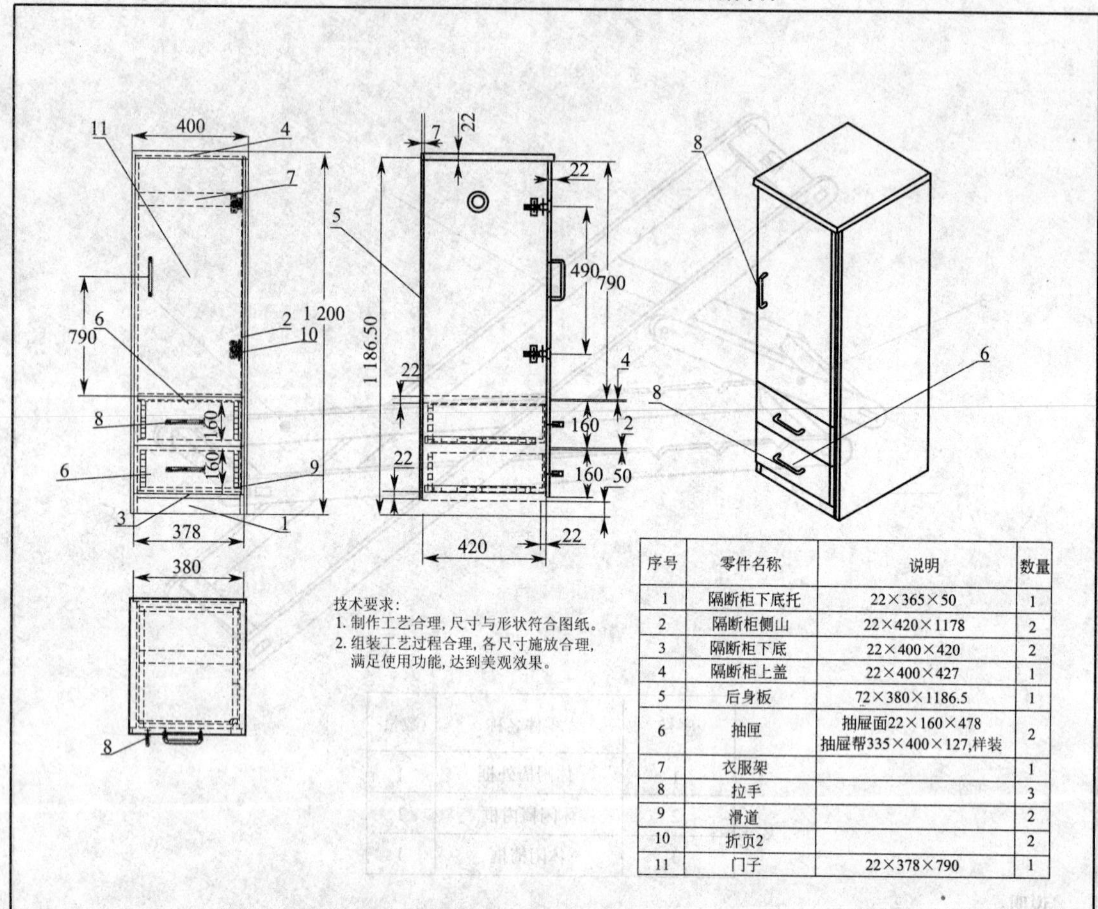

技术要求：

1. 制作工艺合理，尺寸与形状符合图纸。
2. 组装工艺过程合理，各尺寸施放合理，满足使用功能，达到美观效果。

序号	零件名称	说明	数量
1	隔断柜下底托	22×365×50	1
2	隔断柜侧山	22×420×1178	2
3	隔断柜下底	22×400×420	2
4	隔断柜上盖	22×400×427	1
5	后身板	72×380×1186.5	1
6	抽匣	抽屉面22×160×478 抽屉帮335×400×127,样装	2
7	衣服架		1
8	拉手		3
9	滑道		2
10	折页2		2
11	门子	22×378×790	1

说明：

1. 门板为半成品，抽屉为成品。
2. 要求各件制作和组装工艺过程合理。
3. 各单件制作符合图纸和技术要求。
4. 柜子后身板划伤处做腻子油漆处理。
5. 组装后门板、抽屉开启灵活，满足使用功能、美观。
6. 组装及单件图另附。

遵守安全操作规程、工艺纪律、文明生产，对于在技能操作考核过程中出现的违章作业现象，每违反一项（次）至少扣减技能考核总成绩10分，直至取消其考试资格。

职业名称	手工木工
考核等级	高级工
试题名称	隔断柜组装
材质等信息	

职业技能鉴定技能操作考核准备单

职业名称	手工木工
考核等级	高级工
试题名称	休闲椅构架、隔断柜组装

一、材料准备

1. 材料规格

休闲椅构架:水曲柳 25 mm×40 mm 方材;水曲柳 25 mm×30 mm 方材;水曲柳 25 mm×50 mm 方材。

隔断柜组装:20 mm×1 220 mm×2 440 mm 软木胶板;1 mm×1 220 mm×2 440 mm 不可煨贴面板;0.7 mm×1 220 mm×2 440 mm 可煨贴面板;5 mm×1 220 mm×2 440 mm 软木胶板;PVC 封边带 1 mm×27 mm。

2. 坯件尺寸及数量

休闲椅构架:25 mm×40 mm×1 250 mm,2 块;25 mm×40 mm×1 080 mm,2 块;25 mm×50 mm×550 mm,1 块;25 mm×30 mm×1 600 mm,1 块;25 mm×30 mm×600 mm,2 块。

隔断柜组装:22 mm×365 mm×50 mm,1 块;22 mm×428 mm×1 178 mm,2 块;22 mm×420 mm×400 mm,2 块;22mm×450mm×400mm,1 块;7 mm×389 mm×1 186 mm,1 块;22 mm×160 mm×384 mm,2 块;27 mm×331 mm×400 mm,2 块;22 mm×378 mm×790 mm,1 块。

3. 其他材料

休闲椅构架:ϕ10 mm 钻头、ϕ10 mm 端头螺母、M10 mm 平垫、M10 mm×60 mm 螺钉、木工砂纸。

隔断柜组装:ϕ4.2 mm 钻头,4.2 mm×16 mm 沉头自攻螺钉,M4.2 mm×30 mm 沉头自攻螺钉,门和抽屉拉手,直臂弹簧折页,水砂纸,白、灰、黄自喷漆、腻子粉。

二、设备、工、量、卡具准备清单

序号	名称	规格	数量	备注
1	木工刨子		1	适合精刨加工
2	手锯、铲、凿、锉、锤子		各 1	
3	手电钻		1	
4	曲线锯		1	
5	划线工具		1	
6	盒尺		1	
7	木工操作工作台		1	

三、考场准备

1. 相应的公用设备:推台锯。

2. 相应的场地及安全防范措施:能正确执行安全操作规程,安全生产无事故。设备状态良好,按公司有关文明生产规定,正确穿戴劳保用品,工作场地整洁,工件、工具摆放整齐。

3. 其他准备:饮用水等。

四、考核内容及要求

1. 考核内容(按考核制件图示及要求制作)

(1)休闲椅构架

1)休闲椅构架单件成品制作。休闲椅构架的单件成品或半成品,要求将单件半成品制作成适合组装的成品件,制作工艺合理,尺寸与形状、表面等符合图纸和技术要求。

2)休闲椅构架整体集成。将单件成品件组成休闲椅构架整体成品件,要求组装工艺过程合理,各尺寸施放合理,满足使用功能,符合图纸和技术要求,达到美观效果。

(2)隔断柜组装

1)隔断柜单件成品制作。配备隔断柜的单件成品或半成品,要求将单件半成品制作成适合组装的成品件,半成品制作工艺合理,尺寸与形状、表面等符合图纸和技术要求。

2)隔断柜整体集成。将单件成品件组成隔断柜整体成品件,要求组装工艺过程合理,各尺寸施放合理,满足使用功能,符合图纸和技术要求,达到美观效果。

3)将隔断柜后身板划伤处做腻子油漆找补,做到无明显划伤。遵守安全操作规程、工艺纪律、文明生产,对于在技能操作考核过程中出现的违章作业现象,每违反一项(次)至少扣减技能考核总成绩 10 分,直至取消其考试资格。

2. 考核时限:240 分钟

3. 考核评分(表)

休闲椅构架、隔断柜组装考核评分表

试件编号: 得分:

考核项目	考核内容	配分	评分标准	扣分说明	得分
识图与制图	隔断柜轴测图的识读	5	看错 1 处扣 1 分		
	休闲椅构架和隔断柜平面图的理解识读	5	识图错 1 处扣 0.5 分		
工具、劳动力、材料准备	以所给材料为基础试计算休闲椅构架成品后材料的损耗率	2	算错扣 2 分		
	休闲椅构架和隔断柜制作所需材料各环节的管理	5	管理状态不良扣 1		
工具、劳动力、材料准备	休闲椅构架和隔断柜所备材料的检查	5	1 处检查不到位扣 0.5 分		
施工前工艺设计	休闲椅构架和隔断柜制作所需的模板和工装卡具的设计、制作	8	设计制作不合理或无工装卡具扣 2 分		
	设计休闲椅构架和隔断柜的施工方案和施工工序	5	1 项不合理扣 1 分		
木质构件的基础操作	休闲椅构架和隔断柜需要单件轮廓一致性的放样	4	轮廓不一致或缺少放样过程扣 1～4 分		
	组成休闲椅构架和隔断柜的单件加工	6	尺寸每超差 1 处扣 1 分		
	隔断柜后身板划痕油漆找补	4	目测色调酌情扣 1～4 分		
	休闲椅构架和隔断柜制作和安装定位基准的确定和找正	2	有 1 处基准选择不合理或不方正扣 1 分		
	休闲椅构架和隔断柜单件加工和整体组装的划线	4	1 处划线不正确扣 1 分		
	休闲椅构架和隔断柜单件或组装件的找平、找正、找直	4	有 1 处缺陷扣 1～2 分		

续上表

考核项目	考核内容	配分	评分标准	扣分说明	得分
木质构件的组装操作	休闲椅构架和隔断柜各组件安装操作方法	2	有1处方法不正确扣1～2分		
	休闲椅构架和隔断柜各组件安装、调修	4	有1处不符合要求扣1分		
	休闲椅构架和隔断柜总体的安装操作方法	2	有1处方法不正确扣1～2分		
	休闲椅构架和隔断柜总体的安装、调修	8	有1处缺陷扣1分		
现场整理	施工后休闲椅构架和隔断柜所用图纸及考卷的整理	5	不正确扣2～4分		
	施工后休闲椅构架和隔断柜所用工具、机具、剩余材料的统计检查	8	检查不到位扣2～3		
施工现场管理	所在班组生产管理、质量管理、劳动纪律管理情况	6	每1项有问题扣2分		
	个人对初、中级手工木工的专业技能进行指导培训情况	6	有问题扣2～6分		
质量、安全、工艺纪律、文明生产等综合考核项目	考核时限	不限	每超时10分钟，扣5分		
	工艺纪律	不限	依据企业有关工艺纪律管理规定执行，每违反一次扣10分		
	劳动保护	不限	依据企业有关劳动保护管理规定执行，每违反一次扣10分		
	文明生产	不限	依据企业有关文明生产管理规定执行，每违反一次扣10分		
	安全生产	不限	依据企业有关安全生产管理规定执行，每违反一次扣10分，有重大安全事故，取消成绩		

考评员：　　　　　　　　　　　　　　　　　　　　时间：

职业技能鉴定技能考核制件(内容)分析

职业名称	手工木工				
考核等级	高级工				
试题名称	休闲椅构架、隔断柜制作				
职业标准依据	手工木工国家职业标准				
试题中鉴定项目及鉴定要素的分析与确定					
鉴定项目分类 分析事项	基本技能"D"	专业技能"E"	相关技能"F"	合计	数量与占比说明
鉴定项目总数	4	2	4	10	核心职业活动鉴定项目选取占比大于2/3
选取的鉴定项目数量	3	2	3	8	
选取的鉴定项目数量占比(%)	75	100	75	80	
对应选取鉴定项目所包含的鉴定要素总数	10	13	6	29	鉴定要素数量选取占比大于60%
选取的鉴定要素数量	7	10	4	21	
选取的鉴定要素数量占比(%)	70	77	67	72	

所选取鉴定项目及相应鉴定要素分解与说明

鉴定项目类别	鉴定项目名称	国家职业标准规定比重(%)	《框架》中鉴定要素名称	本命题中具体鉴定要素分解	配分	评分标准	考核难点说明
"D"	识图与制图	35	轴测图与透视图的识读	隔断柜轴测图的识读	5	看错1处扣1分	对不同构造图的理解
			复杂家具或复杂木制构件的识读	休闲椅构架和隔断柜平面图的理解识读	5	识图错1处扣0.5分	尺寸的正确性
	工具、劳动力、材料准备		能理解工程定额的含义,能根据实际进行定额的计算	以所给材料为基础试计算休闲椅构架成品后材料的损耗率	2	算错扣2分	损耗率的定义
			能够做好各环节材料的管理	休闲椅构架和隔断柜制作所需材料各环节的管理	5	管理状态不良扣1	操作过程的材料管理
			能够对初、中级手工木工的材料准备工作进行检查	休闲椅构架和隔断柜所备材料的检查	5	1处检查不到位扣0.5分	检查的有效性
	施工前工艺设计		能够根据图纸设计制作加工模具、加工模板及工装卡具	休闲椅构架和隔断柜制作所需的模板和工装卡具的设计、制作	8	设计制作不合理或无工装卡具扣2分	工装、卡具要实用
			能够按工艺设计施工方案和施工工序	设计休闲椅构架和隔断柜的施工方案和施工工序	5	1项不合理扣1分	施工方案和工序要合理

续上表

鉴定项目类别	鉴定项目名称	国家职业标准规定比重(%)	《框架》中鉴定要素名称	本命题中具体鉴定要素分解	配分	评分标准	考核难点说明
"E"	木质构件的基础操作	40	能够完成木质构件单件的放样工作	休闲椅构架和隔断柜需要单件轮廓一致性的放样	4	轮廓不一致或缺少放样过程扣1～4分	放样基准的掌握
			能够完成木质构件的单件加工	组成休闲椅构架和隔断柜的单件加工	6	尺寸每超差1处扣1分	刀具调整和通长直线操作圆弧一致
			能够完成木质构件的单件修整与装饰	隔断柜后身板划痕油漆找补	4	目测色调酌情扣1～4分	与基材色调的协调性
			能够完成木质构件的基准确定并找正	休闲椅构架和隔断柜制作和安装定位基准的确定和找正	2	有1处基准选择不合理或不方正扣1分	基准选择要合理
			能够完成木质构件的划线或放线工作	休闲椅构架和隔断柜单件加工和整体组装的划线	4	1处划线不正确扣1分	正确划线
			能够完成木质构件的找平、找直、找正工作	休闲椅构架和隔断柜单件或组装件的找平、找正、找直	4	有1处缺陷扣1～2分	找平、找正、找直要确保灵活
	木质构件的组装操作		掌握木质构件组件安装的操作方法	休闲椅构架和隔断柜各组件安装操作方法	2	有1处方法不正确扣1～2分	方法合理
			能够完成木质构件组件的安装、调修	休闲椅构架和隔断柜各组件安装、调修	4	有1处不符合要求扣1分	安装定位准确
			掌握木质构件总体安装的操作方法	休闲椅构架和隔断柜总体的安装操作方法	2	有1处方法不正确扣1～2分	方法合理
			能够完成木质构件总体的组装、调修	休闲椅构架和隔断柜总体的安装、调修	8	有1处缺陷扣1分	结构尺寸正确
"F"	现场整理	10	能够完成施工后各种技术资料、设计文件的整理归档工作	施工后休闲椅构架和隔断柜所用图纸及考卷的整理	5	不正确扣2～4分	做到及时整理
			能够完成施工后工具、机具、剩余材料的统计检查工作	施工后休闲椅构架和隔断柜所用工具、机具、剩余材料的统计检查	5	检查不到位扣2～3	分析设计要求
	施工现场管理	15	能够完成班组生产管理、质量管理、劳动纪律管理工作	所在班组生产管理、质量管理、劳动纪律管理情况	7	每1项有问题扣2分	管理技能
	指导、培训		能够对初、中级手工木工的专业技能进行指导培训	个人对初、中级手工木工的专业技能进行指导培训情况	8	有问题扣2～6分	指导培训技能
质量、安全、工艺纪律、文明生产等综合考核项目				考核时限	不限	每超时10分钟，扣5分	
				工艺纪律	不限	依据企业有关工艺纪律管理规定执行，每违反一次扣10分	
				劳动保护	不限	依据企业有关劳动保护管理规定执行，每违反一次扣10分	

续上表

鉴定项目类别	鉴定项目名称	国家职业标准规定比重(%)	《框架》中鉴定要素名称	本命题中具体鉴定要素分解	配分	评分标准	考核难点说明
质量、安全、工艺纪律、文明生产等综合考核项目				文明生产	不限	依据企业有关文明生产管理规定执行,每违反一次扣10分	
				安全生产	不限	依据企业有关安全生产管理规定执行,每违反一次扣10分,有重大安全事故,取消成绩	